普通高等教育系列教材

SolidWorks 2014 三维设计及应用教程

曹　茹　商跃进　等编著

机械工业出版社

本书系统地介绍了计算机三维辅助机械设计的基本原理及实现方法。通过机械设计案例，介绍了运用 SolidWorks 及其插件进行零件建模、虚拟装配、图样绘制及产品展示等 CAD 技术，进行强度动力学仿真的 CAE 技术，进行数控编程的 CAM 技术。本书主要内容包括三维设计概述、零件建模、虚拟装配设计、工程图创建、Solidworks 提高设计效率的方法、机构运动/动力学仿真、机械零件结构设计、计算机辅助制造等。本书最大的特色是内容系统全面、讲述因用就简、范例通用实用。

本书可作为大、中专院校机械类专业和各种培训机构相关课程的教材和参考书，也可作为从事机械 CAD/CAE/CAM 研究与应用的工程技术人员的参考用书。

本书配有电子教案，需要的教师可登录 www.cmpedu.com 免费注册，审核通过后下载，或联系编辑索取（微信：15910938545，电话：010-88379739）。

图书在版编目（CIP）数据

SolidWorks 2014 三维设计及应用教程 / 曹茹等编著. —3 版. —北京：机械工业出版社，2014.7（2024.2 重印）
普通高等教育系列教材
ISBN 978-7-111-47243-8

Ⅰ. ①S… Ⅱ. ①曹… Ⅲ. ①机械设计－计算机辅助设计－应用软件－高等学校－教材 Ⅳ. ①TH122

中国版本图书馆 CIP 数据核字（2014）第 147194 号

机械工业出版社（北京市百万庄大街 22 号　邮政编码 100037）
责任编辑：和庆娣　　责任校对：张艳霞
责任印制：单爱军

河北鑫兆源印刷有限公司印刷

2024 年 2 月第 3 版·第 11 次印刷
184mm×260mm·23 印张·571 千字
标准书号：ISBN 978-7-111-47243-8
定价：65.00 元

电话服务　　　　　　　　　　　网络服务
客服电话：010-88361066　　　机　工　官　网：www.cmpbook.com
　　　　　010-88379833　　　机　工　官　博：weibo.com/cmp1952
　　　　　010-68326294　　　金　书　网：www.golden-book.com
封底无防伪标均为盗版　　　机工教育服务网：www.cmpedu.com

前　　言

三维 CAD 系统设计的零部件不仅所见即所得，而且由于全相关，即零件、装配和工程中只要一处修改，所有涉及的内容自动修改；并且可以对零部件进行质量属性分析、装配干涉分析、空间运动仿真、应力应变分析、可加工性分析等一系列的仿真，极大地提高了设计水平和效率。目前，我国已有数百万机械设计从业人员，而且正在与日俱增，急需学习和掌握三维机械设计的原理、方法与技术。

三维机械设计技术涉及的内容十分广泛，软件命令繁多，如何合理组织和编排其核心技术内容，形成通俗易懂、简练实用的教材，是本书首要解决的问题。本书以 SolidWorks 2014 为参照，本着 CAD/CAE/CAM 一体化的思路组织内容，按照"通用、实用、系统、精练"的原则编写，重在培养读者基于三维技术的机械设计创新能力。尽力使读者真正做到不仅知其然，而且知其所以然，从本质上提高设计能力。本书的主要特色如下。

1）内容系统全面——更注重"知识的系统性"，力求做到"设计与制造仿真"。尽力使读者明白计算机三维辅助设计是机械制图、机械原理、机械设计及机械制造等课程中所学理论知识的综合运用，使读者真正理解三维 CAD 软件是"机械产品的设计与制造仿真，而非简单的画图"。

2）讲述因用就简——更注重"因用而学"，力求做到"删繁就简"。按照机械产品设计的需求组织和讲解最常用的命令，尽力做到选材精练、图文并茂、通俗易懂。

3）范例通用实用——更注重"理论指导下的实践"和"设计能力的培养"，力求做到"让读者专注于设计而非软件本身"。深入浅出地讲解理论，在理论指导下完成工程实例的设计实践。使读者在实践过程中进一步理解和掌握理论，通过举一反三，去解决工程实际问题。力求做到"范例有实际工程背景"，运用真实机械零部件的设计过程把设计、绘图、生产工艺等各个步骤连接起来，使读者建立全新的基于三维技术的机械设计知识体系。

本书的第 2 章由曹茹编写，第 3 章由曹兴潇编写，第 4 章由刘万选编写，第 5 章由李刚编写，第 6 章、第 7.5 节由商跃进编写，第 7.1～7.4 节由薛海编写，第 1 章、第 8 章苗莉编写。全书由曹茹和商跃进统稿，并对例题进行了上机验证。

本书编写过程中，得到了兰州交通大学机电工程学院有关老师的大力支持和帮助，在此表示衷心的感谢。

由于作者水平所限，难免存在不妥之处，敬请读者提出宝贵意见和建议。

编　者

目　录

第1章 三维设计概述

制造的全球化、信息化及需求的个性化，都要求企业能在最短的时间内推出用户满意的产品，并快速占领市场。欲适应这种瞬息万变的市场需求，缩短设计制造周期，提高产品质量，必须有先进的设计制造技术。计算机技术与设计制造技术相互渗透、依存、结合并共同发展，产生了一门综合性应用技术——计算机辅助设计与制造（Computer Aided Design and Computer Aided Manufacturing，CAD/CAM）。该技术是把人和计算机的最佳特性结合起来，辅助进行产品的设计分析与制造的一种技术，是综合了计算机与工程设计方法的最新发展而形成的一门新兴学科。

1.1 CAD/CAM 技术概述

CAD/CAM 技术的发展和应用已经成为衡量一个国家科技现代化与工业现代化水平的重要指标。本节主要介绍三维设计技术的意义、任务及其建模方法等。

1.1.1 三维设计基础

与二维设计相比，三维参数化设计是在装配设计的大环境下建立的，它可以用统一的、无须人为更改的数据，直接进行必要的结构强度等应力/应变分析，以保证新设计符合实际工程需要，而这也正是 CAD 的关键所在。

1. 三维设计的意义与作用

三维 CAD 系统中，用参数化约束设计零部件的尺寸关系，使得所设计的产品修改更容易，管理更方便。在装配设计中除了定义零部件之间的关系时需要采用参数化、变量化设计以外，为了更好地表述设计者的构思，也需要用参数化和变量化技术来建立装配体中各个零部件之间的特征形状和尺寸之间的关系，使得当其中某个零部件的形状和尺寸发生变化时，其他相关零部件的结构与尺寸也随之改变。支持在装配环境下设计新零件，可以用已有零件的形状作为参考，建立新零件与已有零件之间的形状关联。当参考零件的形状和尺寸发生变化时，新零件的结构与尺寸也随之变动。还可以利用参数化建立装配体中不同零部件之间的尺寸关联，定义驱动尺寸和参考尺寸。

三维 CAD 系统中，由于使用了统一的数据库，可借助于完整的三维实体模型、齐全的尺寸和几何约束、充分的参数驱动数据，完成设计的修改和调整、零部件的装配、力学分析、运动仿真、数控加工等 CAD 设计过程。通过必要的模拟仿真，可以直接应用和指导生产。

三维 CAD 系统中，工程图可以直接由三维模型投影而成，从而保证各个视图的正确性，可以根据三维模型的尺寸，自动生成二维尺寸，只需要对视图中个别线条进行调整，并标注工程符号，即可满足工程图的要求。由于三维 CAD 系统中三维/二维的全相关性，在不同的设计环境中的模型都是相互关联的，可以在三维/二维或其他设计环境中直接修改模型的结构和尺寸，其他设计环境中的模型可以自动更新，从而可以使得设计的修改在三维与二维模型中保持一致。

在三维 CAD 系统中，可以调节渲染所设计产品的一些基本属性，如光源、模型属性（颜色等），还可以设置模型的纹理、反射、景深、阴影等效果，从而达到渲染产品外观的效果。

只有在三维的 CAD 设计中，才可能建立进行有限元分析的原始基本数据，进而实现产品的优化设计。用三维模型在装配状态下进行零件设计，可避免实际的干涉现象，达到事半功倍的效果。凡此种种，二维的绘图设计只能在局部勉强达到，因此，采用三维设计是设计理念的一种变革，是 CAD 应用的真正开始。

2. CAD/CAM 的功能和任务

CAD/CAM 的主要任务是对产品设计制造过程中的信息进行处理。这些信息主要包括：需求分析、概念设计、设计建模、设计分析、设计评价和设计表示、加工工艺分析、数控编程等。其工作流程如图 1-1 所示。

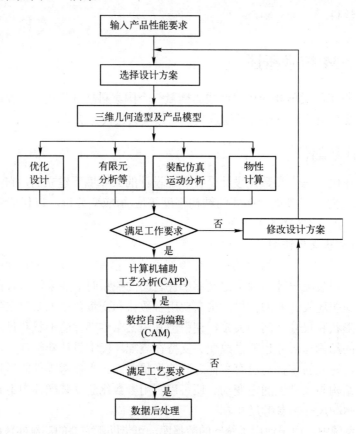

图 1-1 CAD/CAM 的工作流程

3. CAD 建模方式与方法

常用建模方式与方法见表 1-1。随着 CAD／CAM 的发展，产品模型研究和集成的要求迫切需要建立一个统一的产品信息模型，以满足设计、加工和检验等需要。特征建模正是针对这一问题而进行的一项卓有成效的探索，这种技术对几何形体的定义不仅限于名义形状的描述，还包括规定的公差、表面处理以及其他制造信息和类似的几何处理。面向设计过程、

2

制造过程的特征建模方法，克服了几何造型的缺陷，是一种理想的产品建模方式。

表 1-1　常用建模方式与方法

方　式	应　用　范　围	局　限　性	方　法	特　点
线框建模	画二维、三维线框图	不能表示实体，图形会有二义性	体素法	实体模型通过连接基本体素（球体、长方体、锥体、圆柱体）来构造。连接操作有：加、减、交、补
表面建模	艺术图形、形体表面的显示、数控加工	不能表示实体		
实体建模	物性计算、有限元分析、用集合运算构造形体	只能产生正则实体	扫描法	先生成一个 2D 轮廓，然后沿某一导向线进行三维扩展成实体。方法有：拉伸、旋转、扫描、放样
特征建模	在实体建模基础上加入实体的精度信息、材料信息、技术信息等	目前还没有实用化系统问世，主要集中在概念的提出和特征的定义及描述上		

1.1.2　三维设计软件快速入门

所有的三维视图、三维动画都是通过专业的三维设计软件制作的。不同的三维设计软件的主要侧重功能不一样，正确了解每个软件的特性有助于读者更好地运用三维设计软件。

1. CAD/CAM 系统组成

由一定硬件和软件组成的供辅助设计与制造使用的系统称为 CAD/CAM 系统。

（1）CAD/CAM 系统的硬件

CAD/CAM 系统的硬件由主机和外围设备组成，如图 1-2 所示。

（2）CAD/CAM 系统的软件

CAD/CAM 系统的软件可分为 3 个层次：系统软件、支撑软件和应用软件。

系统软件指操作系统和系统实用程序等，它用于计算机的管理、控制和维护。其包括操作系统、编译系统和系统实用程序。

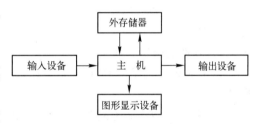

图 1-2　CAD/CAM 系统硬件的组成

支撑软件包括：几何建模软件，如 SolidWorks 等；数据库管理系统，如 FoxPro 工程数据库等；工程分析及计算软件，如 ANSYS 等；机构分析软件，如 ADAMS 等；文档制作软件，如 Word 等。

应用软件是用户为解决各类实际问题，在系统软件的支持下设计、开发的程序，或利用支撑软件进行二次开发形成的程序。

2. 产品对 CAD 软件功能的需求

不同企业因产品结构、生产方式和组织管理形式不同，对 CAD 软件的功能有不同需求。从大多数企业和 CAD 应用情况来看，对 CAD 软件的功能大致有如下需求。

1）计算机二维绘图功能。"甩掉图板"把科技人员从烦琐的手工绘图中解放出来，是 CAD 应用工程的主要目标，也是 CAD 技术的最基本功能。

2）三维 CAD/CAM 功能。可以解决企业的三维设计、虚拟设计与装配、机构运动分析、应力应变分析、钣金件的展开等困难，使企业走向真正的 CAD 设计。

3）计算机辅助工艺设计（CAPP）功能。生产工艺是企业从设计到加工的桥梁，CAPP 软件应具有工艺设计、工艺设计任务管理、材料定额管理等功能，实现工艺过程标准化，保证获得高质量的工艺规程，提高企业工艺编制的效率和标准化程度。

4）产品数据管理 PDM。复杂产品的设计和开发，不仅要考虑产品设计开发结果，而且必须考虑产品设计开发过程的管理与控制，管理产品生命周期的所有数据（包括图样技术文档）以及产品开发的工艺过程，使 CAD/CAPP/CAM 等系统实现数据的共享，使产品设计工作保持规范化，保证图样、工艺卡、加工代码、技术资料等的安全性。

5）企业的应用软件。企业在引进二维/三维 CAD/CAPP/CAE/CAM/PDM 的基础上，针对本企业的技术特征所进行的二次开发，如汉化、厂标、行业标库建设、图库的扩充等。根据本企业产品的特点，建立分析、仿真优化、成本分析等专用或专业 CAD 系统，并和引进的 CAD 系统集成，形成本企业的 CAD 系统。

3．市场上流行的 CAD 系统技术特点

CAD 软件可分为高端工作站 CAD 系统、中端微机 CAD 系统和低端微机 CAD 系统 3 类。

1）高端工作站 CAD 系统。这类系统的特点是以 UNIX 操作系统为支撑平台。比较流行的有：Pro/Engineer 软件、I-DEAS 软件和 UG 软件。

2）中端微机 CAD 系统。随着计算机技术的发展，基于 Windows 技术的微机 CAD 系统也迅速发展。目前，国际上流行的有 SolidWorks 软件和 MDT 软件等，国内也推出清华CAD 工程中心的 GEMS 及华正公司的 CAXA-ME。

3）低端微机 CAD 系统。纯二维 CAD 系统在国外已经不多，应用比较广泛的是AutoCAD 软件。

4．软件的选用原则

以上简单介绍了几种 CAD/CAM 软件，选择适合自己的软件时一般应考虑以下几个因素。

1）系统功能与能力配置。目前，CAD/CAM 系统的系统软件和支撑软件很多，且大多采用了模块化结构和即插即用的连接与安装方式。不同的功能通过不同的软件模块实现，通过组装不同模块的软件构成不同规模和功能的系统。因此，要根据系统的功能要求确定系统所需要的软件模块和规模。

2）软件性能价格比。与硬件系统一样，选定软件产品时，也要进行系统的调研与比较，选择满足要求、运行稳定可靠、容错性好、人机界面友好、具有良好性能价格比的产品。同时，要注意欲购软件的版本号，该版本推出的日期相比之前版本的功能改进等方面。

3）与硬件的匹配性。不同的软件往往要求不同的硬件环境支持。如果软、硬件都需配置，则要先选软件，再选硬件，软件决定着 CAD/CAM 系统的功能。如果已有硬件，只配软件，则要考虑硬件能力，配备相应档次的软件。大多数软件分工作站版和微机版，有的是跨平台的。

4）二次开发能力与环境。为高质、高效地发挥 CAD/CAM 软件作用，通常都需要进行二次开发，要了解所选软件是否具备二次开发的能力、开放性程度、所提供的二次开发工具、进行二次开发所需要的环境和编程语言等。

5）开放性。所选软件应与 CAD/CAM 系统中的设备、其他软件和通用数据库具有良好的接口、数据格式转换和集成能力，具有与绘图仪或打印机等设备的接口，具备升级能力，便于系统的应用和扩展。

6）可靠性。所选软件应在遇到一些极限处理情况或某些误操作时，能进行相应处理而不产生系统死机和系统崩溃的现象。

5．SolidWorks 快速入门

SolidWorks 作为三维设计软件，具有全面的零件及装配建模功能，利用该软件还可快速生成工程图。下面将通过建立举重杠铃的三维零件模型、组装装配体以及生成杠铃片零件工程图的实际操作过程，领略 SolidWorks 特征造型及装配的方便快捷，初步体会 SolidWorks 的主要功能、基本工作流程及其操作方法。内容包括建立杠铃杆和杠铃片的零件模型、杠铃轮对装配体、生成杠铃片工程图。

（1）杠铃杆实体造型

1）启动 SolidWorks "零件" 模块。

选择 "开始" → "程序" → "SolidWorks" 命令，在弹出的 "新建 SolidWorks 文件" 对话框中，选中零件 ，单击 "确定" 按钮，进入 SolidWorks 的 "零件" 造型界面。选择 "文件" → "保存" 命令，在弹出的 "文件" 对话框中设置文件名为 "杠铃杆"，单击 "保存" 按钮。

2）杠铃杆造型。

① 绘截面：选择右视基准面。单击草图工具栏上的 "草图绘制" → "圆" 按钮，指针变为 。将指针移到草图原点，单击并移动指针，再次单击完成圆的绘制。单击 "智能尺寸" 按钮。选择圆线，移动指针单击放置该直径尺寸的位置，将直径设置为 50mm，单击 "确定" 按钮。

② 拉杆身：在 CommandManager 中单击 "特征" → "拉伸凸台/基体" 按钮，在图 1-3 所示的对话框中选 "两侧对称"，设 为 2200mm，单击 "确定" 按钮。单击视图工具栏上的 "整屏显示全图" 按钮，以显示整个杠铃杆的全图并使其居中于图形区域。

③ 分抓手：选择前视基准面。单击草图工具栏上的 "草图绘制" → "矩形工具"，如图 1-4 所示绘制两个相距 1000mm，宽 100mm 的矩形，两者关于原点对称。选择 "插入" → "曲线" → "分割线" 命令，单击杠铃杆圆柱面，单击 "确定" 按钮。

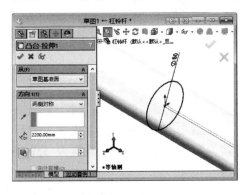

图 1-3　杠铃杆造型

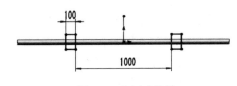

图 1-4　分抓手草图

（2）杠铃片造型

1）新建 "零件"。

选择 "文件" → "新建" 命令，在弹出的 "新建 SolidWorks 文件" 对话框中，单击零件按钮，再单击"确定"按钮，进入 SolidWorks 的"零件"造型界面。选择"文件"→"保存"命令，在弹出的对话框设置文件名为"杠铃片"，单击"保存"按钮。

2）造片体。

① 绘制截面：选择前视基准面。单击草图工具栏上的"草图绘制"→"圆" 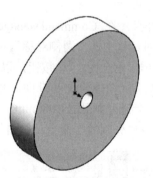按钮，将指针移到草图原点，单击并移动指针，再次单击即完成圆的绘制。单击"智能尺寸" 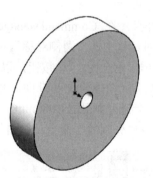按钮，选择圆，移动指针单击放置该直径尺寸的位置，将直径设置为 450mm，单击"确定" 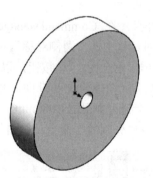按钮。

② 拉片体：在 CommandManager 中单击"特征"→"拉伸凸台/基体" 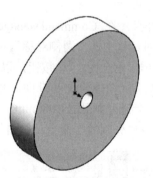按钮，在拉伸对话框中设"两侧对称"，设 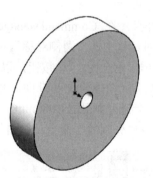为 100mm，单击"确定" 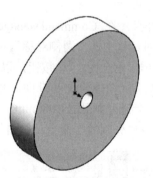按钮。

3）打片孔。

① 绘孔圆：利用旋转工具 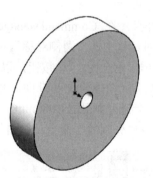选择片体端面。单击草图工具栏上的"草图绘制"→"圆" 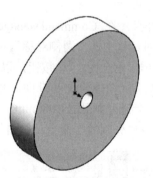按钮，将指针移到草图原点，单击并移动指针，再次单击即完成圆的绘制。单击智能尺寸 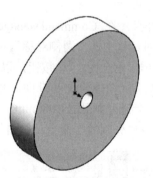按钮，选择圆，移动指针单击放置该直径尺寸的位置，将直径设置为 50mm，单击"确定" 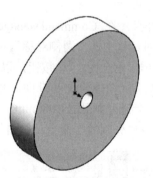按钮。

② 切孔体：在 CommandManager 中单击"特征"→"拉伸切除" 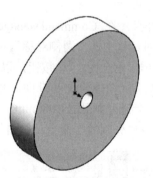按钮，如图 1-5 所示，设 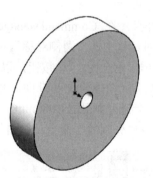为"完全贯穿"，单击"确定" 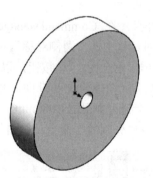按钮。单击"视图定向"→"等轴测" 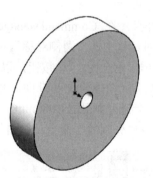按钮以显示等轴测。

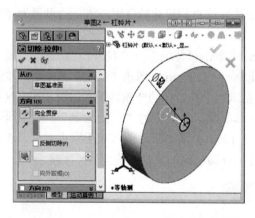

图 1-5 打片孔

4）挖片面。

① 绘槽圆：选择片体前端面。单击草图工具栏上的"草图绘制"→"圆" 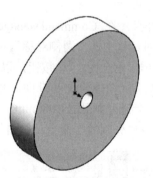按钮，将指针移到草图原点，单击并移动指针，再次单击即完成内圆的绘制。重复上述步骤绘制外圆，单击"智能尺寸" 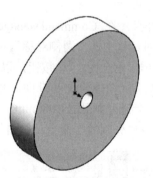按钮，如图 1-6 所示，将内圆和外圆直径分别设置为 150mm 和 350mm，单击"确定" 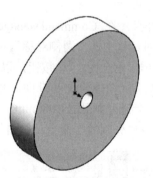按钮。

② 挖片槽：在 CommandManager 中单击"特征"→"拉伸切除" 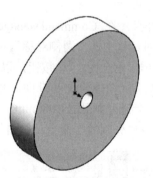按钮，设 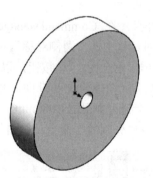为"给定深度"，深度为 20mm，斜度为 30 度，单击"确定" 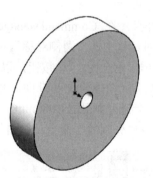按钮。

③ 镜像面：在 CommandManager 中单击"镜像" 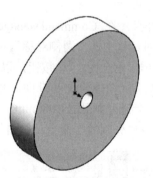按钮，如图 1-7 所示，在打开的特征树中选"前视基准面"为镜像面，选"切除-拉伸 2"为要镜像的特征，单击"确定" 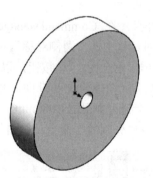按钮。

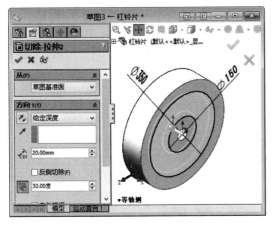

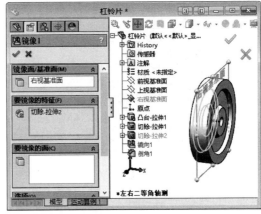

图 1-6 挖片槽 　　　　　　　　　　　　　图 1-7 镜像槽

（3）杠铃组装

1）生成新的装配文档。单击标准工具栏上的"新建" ⬜ 按钮。新建 SolidWorks 文件对话框出现。单击"装配体" 🧊 按钮，然后单击"确定"按钮，新装配窗口出现。

2）插入杠铃杆。在"插入零部件"对话框中单击"浏览"按钮，在图 1-8 所示的对话框中，找到"杠铃杆"零件后，单击"打开"按钮。再单击"确定" ✔ 按钮即可插入杠铃杆，该零件默认为固定零件。单击"视图定向"→"等轴测" 🧊 按钮以显示等轴测。选择"文件"→"保存"命令，在弹出文件对话框设文件名为"杠铃"，单击"确定"按钮。

3）插入杠铃片。在 CommandManager 中单击"装配体"→"插入零部件" 📇 按钮，单击"浏览"按钮，找到杠铃片，单击"打开"按钮，在图形区空白处单击，即插入杠铃片。重复上述步骤，插入另一个杠铃片，如图 1-9 所示。

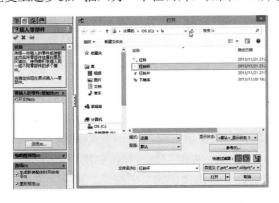

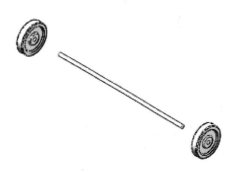

图 1-8 插入杠铃杆 　　　　　　　　　　　图 1-9 插入杠铃片

4）设定杆片同心配合。在装配工具栏中单击"配合" 🔩 按钮，在图形区中选中杠铃杆柱面和杠铃片孔圆柱面，如图 1-10 所示，选中"同轴心"，单击"确定" ✔ 按钮完成同心配合。重复上述步骤完成杠铃杆和另一个杠铃片同心配合。

5）设定片面内侧距配合。在装配工具栏上单击"配合" 🔩 按钮，在图形区中选中两杠铃片内侧面，设距离 ⬚ 为 2000mm，单击"确定" ✔ 按钮完成杠铃片距离配合，如图 1-11 所示。

7

图 1-10　杆片"同轴心"设置

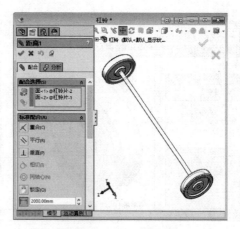

图 1-11　片面内侧距配合

6）设定片内侧面对称。在装配工具栏上单击"配合按钮，选择高级配合中的"对称"如图 1-12 所示，在图形区中选中两杠铃片内侧面，在设计树中选择杠铃杆右视面为对称面，单击"确定"✔按钮完成杠铃片内侧面对称配合，如图 1-13 所示。

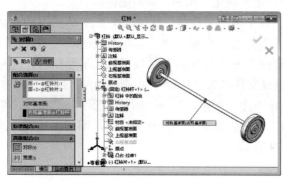

图 1-12　对称配合

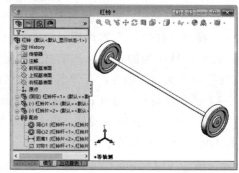

图 1-13　杠铃装配

（4）杠铃工程图

1）生成新的工程图文档。单击标准工具栏上的"新建"按钮，"新建 SolidWorks 文件"对话框出现。如图 1-14 所示，单击"工程图"按钮。在弹出的"图纸格式/大小"对话框中单击"确定"按钮接受系统默认设置，新工程图窗口出现。

2）生成标准三视图。单击"视图布局"→"标准三视图"按钮，如图 1-15 所示，在弹出的"标准三视图"对话框中浏览到杠铃文件，并单击"确定"✔按钮。选择"文件"→"保存"命令，在弹出文件对话框设文件名为"杠铃"，单击"确定"按钮。

3）调整视图比例。在设计树中单击鼠标右键（以下简称右击）"图纸格式 1"，从弹出的快捷菜单中选择"属性"命令，设置图纸比例为 1:2.5，单击"确定"按钮，拖动视图定位。

4）标注尺寸。单击"局部放大"按钮，将"右侧视图"放大，然后单击"草图"→"智能尺寸"按钮后，在绘图区中分别单击左、右杠铃片的内侧线来标注杠铃片内侧距。

（5）验关联

打开杠铃片，选中片面为草图平面，单击"视图定向"→"正视于"按钮，在其上绘制一个圆，使用"拉伸切除"命令中的"完全贯穿"选项生成孔后保存。然后，分别打

8

开杠铃装配文件和工程图文件，可见两文件的杠铃均已经添加了辐板孔。说明零件、装配和工程图是全相关的。

图 1-14 新建工程图

图 1-15 生成标准三视图

（6）添材料

打开杠铃装配文件，如图 1-16 所示，在装配设计树中右击杠铃杆中的"材质"，从弹出的快捷菜单中选择"黄铜"命令，右击杠铃片<1>中的"材质"，从弹出的快捷菜单中选择"橡胶"命令，零件赋予相应材料并变为相应颜色。

（7）称重量

在杠铃装配环境中，选择"工具"→"质量属性"命令，弹出图 1-17 所示的"质量属性"对话框，可知杠铃质量为 62.265 千克。

图 1-16 添材料

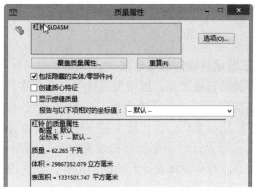

图 1-17 称质量

（8）核强度

打开杠铃杆零件文件，如图 1-18 所示，单击"办公室产品"中的"SolidWorks Simulition"启动分析功能，如图 1-19 所示。

在"SolidWorks Simulition"中的"算例顾问"中选择"新算例"，单击"确定"✔按钮进入默认的静力分析。

单击工具栏"夹具顾问"中的"固定几何体"，选中两个手把圆柱面，单击"确定"✔按钮。单击"外载荷顾问"中的"力"，如图 1-20 所示，选中杠铃杆两端面，在力属性对话框中选中"选定方向"单选按钮，在特征树中单击"上视基准面"为载荷法向面，输入杠铃片重量载荷300N，选中"反向"，单击"确定"✔按钮。单击工具栏中的运行，计算结果如图 1-21 所示。

图 1-18　新算例　　　　　　　　　　　图 1-19　计算结果

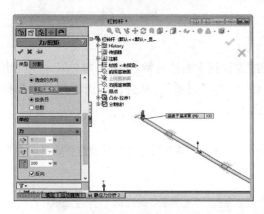

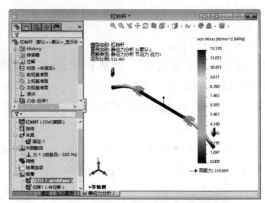

图 1-20　启动分析功能　　　　　　　　图 1-21　加载荷

6．三维设计软件应用总结

在传统的机械产品三维造型设计中，产品实体模型是设计者利用固定的尺寸值得到的，零件的结构形状不能灵活地改变，一旦零件尺寸发生改变，必须重新绘制其对应的几何模型。基于特征参数化的设计技术是一种面向产品制造全过程的描述信息和信息关系，利用参数化技术进行设计时图形的修改非常容易，用户构造几何模型时可以集中于概念和整体设计，因此可以充分发挥设计人员的创造性，提高设计效率。

由以上杠铃建模过程可见：SolidWorks 等三维 CAD 软件具有"机械制造仿真、所见即所得和牵一发动全身"的特点，且一般都拥有"造零件、装机械、出图样"的 3 种基本功能和相关分析等扩展功能。各种基本功能的操作步骤总结如下。

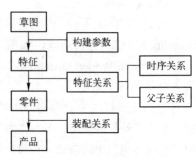

1）造零件的过程：画草图、造特征、制零件。

2）装机械的过程：插地基、添零件、设配合。

3）出图样的过程：选格式、投视图、添注解。

7．三维设计的建模层次

由以上分析可知，三维设计的产品造型分为 4 个层次：草图、特征、零件和产品，如图 1-22 所示。其中特征是三维造型的基本单元。

图 1-22　基于特征的产品造型

草图提供生成特征的基本信息，如拉伸特征的截面，扫描特征中的轮廓与路径等，草图中存在着几何约束与尺寸约束。从草图生成特征需要追加特征构建参数，如拉伸特征的深度、旋转特征的回转角度等。在特征层次中，特征之间的关系十分复杂，既包括类似于草图中的尺寸约束和几何约束，又包括特征之间的父子关系和时序关系。一系列的特征经过组合、剪裁、阵列、镜像等操作形成零件模型，零件模型中需要体现设计意图，反映产品的基本特性。

8．学习三维设计软件的方法

1）要有明确的设计思路。要明白三维设计不仅为了直观，更重要的是为了贯彻设计思想、减少错误、提高设计效率。将三维软件运用到产品 CAD 的过程中，非常重要的就是要有设计思路。这是很难传授的，也是极其重要的。没有设计思路，就等于没有了设计灵魂，只是单一的"搭积木"方式，往往会事倍功半。

2）要注重学练结合。三维软件的实践性很强，如果只学而不用，就永远也学不好。要学会在用中学习，这样才能达到好的学习效果。同时，要有扎实的理论基础。一般来说，机械设计人员一定要掌握的课程包括几何学、机械制图、材料学、公差与配合、机构学等。三维设计通常就是零件加工过程的计算机仿真。

3）培养对美学的认识。现代的工业设计很大程度上依赖美学和工程学的结合。随着社会的发展和进步，人们对产品的美观程度有了相当程度的要求，要搞好设计必须从美学和工程学两个方面入手，工程方面在学校里学得很多，实践中也会积累一些，美学则相对较难。

1.2　SolidWorks 基础

SolidWorks 软件以其优异的性能、易用性和创新性，极大地提高了机械设计工程师的设计效率，在与同类软件的激烈竞争中已经确立了它的市场地位。

1.2.1　SolidWorks 简介

SolidWorks 软件 1995 年问世，现在已经发展到最新的 SolidWorks 2014 版本。自 1996 年以来，SolidWorks 公司已为数千家中国制造企业的产品开发提供完整的信息化解决方案及服务，并在 CAD/CAE/CAM/CAPP/PDM/ERP 等领域为企业的信息化建设提供了完整的、实用的解决方案，在航空、航天、铁道、兵器、电子、机械等领域拥有广泛的用户。

SolidWorks 软件包含零件建模、装配设计、工程图与钣金等模块，还与有限元分析软件 Simulation、机构运动学分析软件 Motion 以及数控加工等软件的无缝集成。SolidWorks 首创了自上而下的全相关设计，并凭借高效运行的装配设计使之成为实用技术。

1.2.2　SolidWorks 基本操作

SolidWorks 机械设计自动化软件是一个基于特征的参数化实体建模设计工具，下面介绍其界面和相关术语。

1．SolidWorks 用户界面

SolidWorks 采用了 Windows 图形用户界面，易学易用。其界面组成如图 1-23 所示。

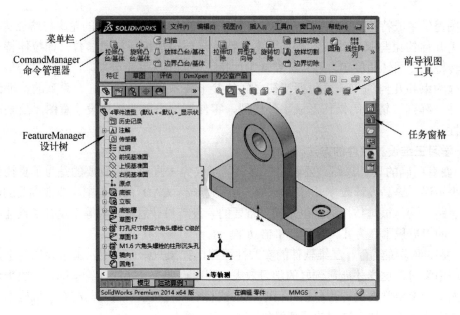

图 1-23　SolidWorks 用户界面

1）菜单栏。菜单几乎包括所有 SolidWorks 命令。默认情况下，菜单是隐藏的。要显示菜单，需将鼠标移到 SolidWorks 图标上或单击它。若想使菜单保持可见，单击 🖈 按钮。

2）CommandManager 命令管理器。使用 CommandManager 管理常用工具栏，当单击位于 CommandManager 下面的选项卡时，它将显示该工具栏。例如，如果单击"草图"选项卡，草图工具栏将出现。

3）FeatureManager 设计树。SolidWorks 软件在一个被称为 FeatureManager 设计树的特殊窗口中显示模型的结构。设计树可以显示特征创建的顺序等相关信息。用户可以通过 FeatureManager 设计树选择和编辑特征、草图、工程视图和构造几何线等。

4）前导视图工具。提供前视、轴测图等操纵视图查看方式所需的所有工具。

5）任务窗格。SolidWorks 的"任务窗格"类似 Windows 菜单，包含 3 个面板："SolidWorks 资源""设计库"和"文件夹资源管理器"。通过面板访问现有几何体，可以在界面中打开/关闭及从默认点拖动。

2．SolidWorks 术语

SolidWorks 是一个基于造型的三维机械设计软件，其主要术语如下。

（1）实体建模

实体建模就是在计算机中用一些基本元素来构造机械零件完整几何模型的方法。实体模型包含了完整描述模型的边和表面所必需的几何信息。除了几何信息外，它还包括了把这些几何体关联到一起的拓扑信息。

（2）基于特征

特征为单个三维几何体。有些特征由草图生成，如凸台和切除特征；有些特征则为修改特征而成的几何体，如抽壳和圆角特征。基于特征造型就是依次生成各种特征并将其组合成所需零件的方法。例如，如图 1-24a 所示的零件可以看成是图 1-24b 中几个不同特征的组合，一些是添加材料的，例如圆柱形的凸台；一些是去除材料的，例如孔。图 1-24c 显示了这些特征与它们在 FeatureManager 设计树列表中的一一对应关系。

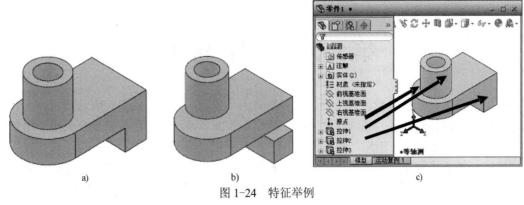

图 1-24　特征举例

a) 零件实体　b) 特征组成　c) 特征树组成

（3）尺寸驱动

通过编辑尺寸数值来驱动几何形状的改变，尺寸标注不再是"注释"，而是驱动用的"参数"，从而不仅可使模型充分体现设计人员的设计意图，而且还能够快速而容易地修改模型。

（4）全约束

全约束是指将形状和尺寸联合起来考虑，通过尺寸约束和几何关系约束来实现对几何形状的完全控制。SolidWorks 支持平行、垂直、水平、竖直、同轴心和重合等几何约束关系，通过使用约束关系，设计者可以在设计过程中实现和维持诸如"通孔"或"等半径"之类的设计意图。

（5）全相关

SolidWorks 零件模型与其相关的工程图及装配体是全相关的，即对模型的修改会自动反映到与之相关的工程图和装配体中；同样，对工程图和装配体的修改也会自动反映在模型中。

习题 1

简答题

1）简述三维设计的意义与作用。

2）简述三维设计软件的基本功能与步骤。

3）SolidWorks 是什么样的软件？它有什么特点？

4）简述 SolidWorks 特征树的作用。

第2章 零件建模

传统的机械设计要求设计人员必须具有较强的二维空间的想象能力和表达能力。设计师接到一个新的设计任务时，必须在脑海中构造出零件的二维形状，然后按投影规律，用二维图将零件的三维形状表达出来。而三维 CAD 系统采用三维模型进行产品设计，设计过程如同实际产品的构造和加工制造过程一样，反映产品真实的几何形状，使设计过程更加符合设计师的设计习惯和思维方式。设计师可以更加专注于产品设计本身，而不是产品的图形表示。

2.1 零件建模基础

产品零件的形状和结构越复杂，更改越频繁，采用三维实体软件进行设计的优越性越突出。本节介绍基于特征的零件三维建模的基本概念及其步骤。

1. 零件建模基本概念

（1）实体造型

实体造型就是在计算机中利用实体造型软件用一些基本元素来构造机械零件的完整几何模型。三维设计人员在屏幕上能够见到真实的三维模型，这是工程设计方法的一个突破。

（2）参数化

传统的 CAD 绘图技术都用固定的尺寸值定义几何元素，尺寸只有注释作用。输入的每一条线都有确定的位置。要想修改图样内容，只有删除原有线条后重画。新产品的开发设计需要多次反复修改，进行零件形状和尺寸的综合协调和优化。而参数化设计可使产品的设计图样随着某些结构尺寸的修改和使用环境的变化而自动修改图样，尺寸具有驱动功能。

（3）特征

基于特征的设计是把特征作为产品设计的基本单元，将机械产品描述成特征的有机集合。特征兼有形状和功能两种属性，包括特定几何形状、拓扑关系、典型功能、绘图表示方法、制造技术和公差要求。特征设计的突出优点是在设计阶段就可以把很多后续环节要使用的有关信息放到数据库中，便于实现并行工程，使设计绘图、计算分析、工艺性审查、到数控加工等后续环节能顺利完成。

2. 零件建模步骤

三维零件设计过程是零件真实制造过程的虚拟仿真，零件设计过程中如图 2-1 所示，具体步骤如下。

（1）规划零件

分析零件的特征组成、相互关系、构造顺序及其构造方法、确定最佳的轮廓等。

（2）创建基础特征

基础特征是零件的第一个特征，它是构成零件基本形态的特征，也是构造其他特征的基础，可以看做是零件模型的"毛坯"。

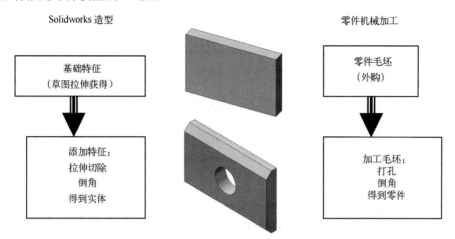

图 2-1 SolidWorks 的零件设计过程

（3）创建其他特征

按照特征之间的关系创建剩余特征，即"如何加工就如何造型"。

在三维 CAD 软件中，通常需要在选定的平面上绘制二维几何图形（草图），再对这个草图进行某个特征操作，使之生成三维特征，多个特征组成零件。在三维设计系统中，零件设计是核心，特征设计是关键，草图设计是基础。

2.2 草图设计

草图是生成特征、零件的基础，一般都是先绘制二维草图，然后生成基础特征，最后添加其他特征，完成零件的创建。所以本节由一个引例出发详细介绍草图绘制的相关知识。

2.2.1 引例：传动带轮廓设计

下面以图 2-2 所示草图的绘制为例，说明草图的绘制步骤及草图工具的使用方法。具体步骤如下。

（1）选平面

双击桌面上的快捷方式启动 SolidWorks，在新建文件对话框中单击"零件" 按钮，然后，单击"确定"按钮，新零件窗口出现。在左侧的设计树中选择 "前视基准面"。在 CommandManager 中，单击"草图→"草图绘制"进入草图绘制环境。

（2）绘左圆

1）绘形状。单击草图绘制工具上的"圆" 按钮，在绘图区的坐标原点附近单击，并移动鼠标绘制圆形，如图 2-3a 所示草图。

2）定位置。按〈Ctrl〉键，单击原点和圆心，按图 2-3b 所示，添加"重合"关系。

3）设大小。在 CommandManager 的"草图"工具栏中单击"智能尺寸" 按钮，单击圆线后再单击"确定" 按钮，先接受默认尺寸，在"尺寸"对话框中选择"引线"标签，选择半径方式后，在图形区双击尺寸线，将其圆弧半径修改为 150mm，如图 2-2a 所示。单击标准工具栏上的"保存" 按钮保存为"草图实例"文件。

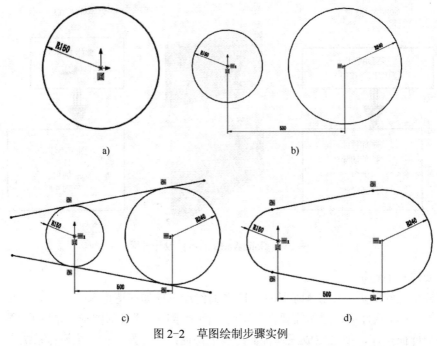

图 2-2 草图绘制步骤实例

a) 绘左圆 b) 绘右圆 c) 绘连线 d) 裁多余

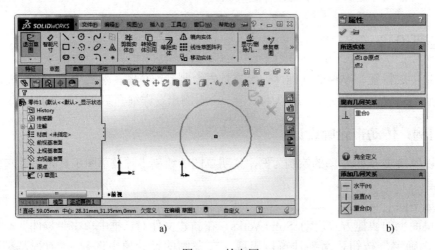

图 2-3 绘左圆

（3）绘右圆

1）绘形状。单击草图绘制工具上的"圆" 按钮，在绘图区的左圆附近单击，并移动鼠标绘制圆形。

2）定位置。按〈Ctrl〉键，单击按钮两圆圆心，添加"水平"关系。在 CommandManager 的"草图"工具栏中单击"智能尺寸" 按钮，单击左圆和右圆圆线，标注两圆距离为 500mm。

3）设大小。在 CommandManager 的"草图"工具栏中单击"智能尺寸" 按钮，单击

16

圆线后再单击"确定" ✔按钮，先接受默认尺寸，在"尺寸"对话框中选择"引线"选项卡，选择半径方式后，在图形区双击尺寸线，将其圆弧半径修改为 240mm，见图 2-2b。

（4）绘连线

1）绘形状。单击草图绘制工具上的"直线" ＼按钮，在绘图区的两圆上、下分别绘制两条较长的直线。

2）定位置。按〈Ctrl〉键，单击上面的直线和左圆圆线，添加"相切"关系；重复上述步骤，添加上面的直线和右圆的"相切"关系。以此类推，添加下面的直线与左右圆的"相切"关系，如图 2-2c 所示。

（5）裁多余

在 CommandManager 的"草图"工具栏中单击"剪裁实体" ⊯按钮，用 ⊞剪裁到最近端(T) 方式，裁剪掉草图中多余的部分，结果如图 2-2d 所示。单击标准工具栏上的"保存" 🖫按钮。

（6）看多变

在绘图区中，分别单击 R150、R240 和 500 等尺寸，修改为其他数值，观察草图的变化，理解牵一发而动全身的思想在草图绘制过程中是如何实现的。

2.2.2 草图设计基础

上面特征实例造型过程过程涉及以下一些术语。

1. 基本术语

（1）草图

三维实体模型在某个截面上的二维轮廓称为草图，草图中包含图线形状、几何关系和尺寸标注 3 方面的信息。

（2）草图平面

即绘制二维几何图形（草图）的平面。在创建草图前，用户必须选择一个草图平面。草图平面可以是系统默认的基准面，也可以是已有特征上的某一个平面，还可以是用户创建的基准面。SolidWorks 系统默认提供 3 个基准面，分别是上视基准面、前视基准面和右视基准面。用户创建基准平面的菜单命令为："工具" → "参考几何体" → "基准面"。

（3）约束

每个草图都必须有一定的约束，没有约束则无从体现设计意图。约束是指草图中的直线、圆弧等图线自身的大小及图线之间位置关系。约束有以下两种。

1）几何约束。用几何关系进行约束，主要用于图线之间的位置约束。对于任何几何图形，几何约束总是第一约束条件。如上面引例中的左圆圆心与坐标原点重合，直线与圆相切等。

2）尺寸约束。用尺寸进行约束，尺寸约束包括进行位置约束的定位尺寸和进行形状约束的定形尺寸。定位尺寸和定形尺寸均为参数化驱动尺寸，这些驱动尺寸，定义那些无法用几何约束表达的或者是设计过程中可能需要改变的参数。当它改变时，草图可以随之更改。如上面引例中的左圆圆心与右圆圆心相距 500mm 为定位尺寸，两圆半径为定形尺寸。

（4）草图状态

草图状态是指由尺寸约束和几何关系约束决定的草图约束状态，包括欠定义、完全定义和过定义 3 种。要实现尺寸驱动，即通过修改尺寸改变草图形状和大小，草图必须完全定义。

1）欠定义。是指草图的不充分约束状态，欠定义的绘制元素是蓝色的（默认设置）。在零件早期设计阶段，一般没有足够的信息来对草图进行完全的定义，随着设计的深入，会逐步得到更多有用信息，可以随时为草图添加其他约束。

2）完全定义。是指草图具有完整的约束，完全定义的草图元素是黑色的（默认设置）。一般来说，零件最终完成设计时，每一个草图都应该是完全定义的。

3）过定义。是指草图中有重复的尺寸或互相冲突的约束关系，直到修改后才能使用，过定义的几何体是红色的（默认设置）。应该删除多余的尺寸和约束。

2. 草图绘制顺序

草图均由若干段直线和圆弧等图线连接而成，各图线的大小及其相对位置都由几何关系和尺寸关系确定。绘制草图前，只有仔细分析草图构成，确定图线间的尺寸约束和几何约束关系，才能明确该草图应从何处着手绘制，以及按什么顺序绘图。

（1）草图构成分析

如图 2-4 所示为一平面图形，根据其定位尺寸的完整程度，其图线可分为以下 3 种。

1）已知线段。具有两个定位尺寸的线段，已知线段的定位点通常是设计基准或工艺基准。如图 2-4 中的左圆圆心与坐标原点重合，即两个定位尺寸均等于零。

2）中间线段。具有一个定位尺寸的线段和一个几何条件的线段。如图 2-4 中的右圆圆心与左圆圆心相距500mm，且两者满足在同一水平线上的几何条件。

3）连接线段。没有定位尺寸，但有两个几何条件的线段。如图 2-4 中的直线只有满足与左、右两圆相切的几何条件。

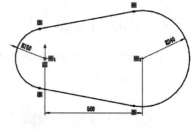

图 2-4　约束

（2）草图绘制顺序确定

一般按照先绘制已知线段，后绘制中间线段，再绘制连接线段的顺序完成草图绘制。

3. 草图绘制步骤

由以上引例可见，创建草图的过程是：选平面→绘形状→定位置→设大小。

1）选平面。选定绘制二维几何图形（草图）的平面（草图平面）。

2）绘形状。用草图工具（如直线、圆弧和矩形等）绘制或编辑二维几何形状。

3）定位置。确定草图的定位关系和定位尺寸，如直线水平或垂直、元素间的距离等。

4）设大小。确定草图的定形尺寸，调整几何体的大小。

4. 草图绘制原则

草图服务于零件的各个特征，能否快速合理地建立零件的特征，与绘制草图的过程有很大的关系。在绘制草图的过程中应该遵循以下几个原则。

1）根据建立特征的不同以及特征间的相互关系，确定草图的基本形状和绘图平面。

2）草图尽可能简单，不要包含复杂的嵌套，即单一轮廓，有利于草图的修改和特征的管理。

3）零件的第一幅草图应该根据原点定位，以确定特征在绘图空间的位置。

4）施加约束的一般次序。按设计意图先确定草图各元素间的几何关系，其次是定位尺寸，最后标注草图的形状尺寸。这有利于贯彻设计意图和提高工作效率。

5）对于复杂的草图一定要"边绘图，边约束"。尽管 SolidWorks 不要求完全定义的草图，但最好使用完全定义的草图约束。

6）"草图不倒角"，圆角和倒角用特征来生成，这便于特征重排和压缩。

7）中心线（构造线）不参与特征的生成，只起到辅助作用。因此，必要的时候可以使用构造线定位或标注尺寸。

5. SolidWorks 草图工具

在 SolidWorks 的工具菜单中包含了所有的草图操作命令。如图 2-5 所示，在 Command Manager 的"草图"选项卡中列出了常用的草图工具，包括草图绘制工具、草图编辑工具和草图约束工具，常用草图工具的功能见表 2-1。

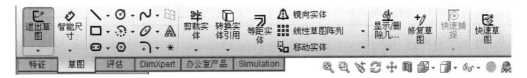

图 2-5　常用草图工具

表 2-1　常用草图工具的功能

名　称	功　能	示　例
直线	绘制基于两点的直线	0.948, 180°
中心圆	绘制基于中心的圆	R = 14.125
剪裁实体	根据指定的剪裁类型（如最近端✛）剪裁实体	
转换实体	把原有模型的边缘投影成当前草图基准面上的草图线，并自动添加与原轮廓重合的几何约束	
添加几何关系	给选定的实体添加"水平"等几何关系（也可以在草图中选定实体，在其相应的属性对话框中添加）	
显示/删除几何关系	显示/删除已经存在的几何关系 也可以右击"几何关系"按钮，从弹出的快捷菜单中选择"删除"命令	
显示/隐藏几何关系	显示/隐藏"几何关系"标识 或选择单"视图"→"草图几何关系"命令	

名　称	功　能	示　例
完全定义草图	全部用尺寸约束来实现草图完全定义（使用之前应该完成几何关系约束，以反映设计意图） 选择"工具"→"标注尺寸"→"完全定义草图"命令	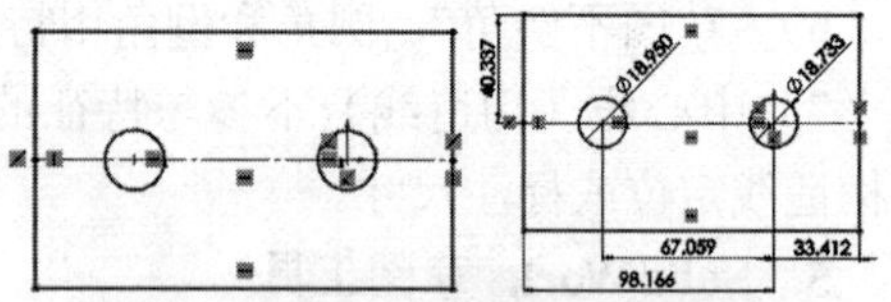
检查草图合法性	检查草图中可能妨碍生成特征的错误； 选择"工具"→"草图绘制工具"→"检查草图合法性"。在"检查有关特征草图合法性"对话框中，先选择"特征用法"类型，再单击"检查"按钮。草图根据所需特征类型的轮廓类型来进行检查	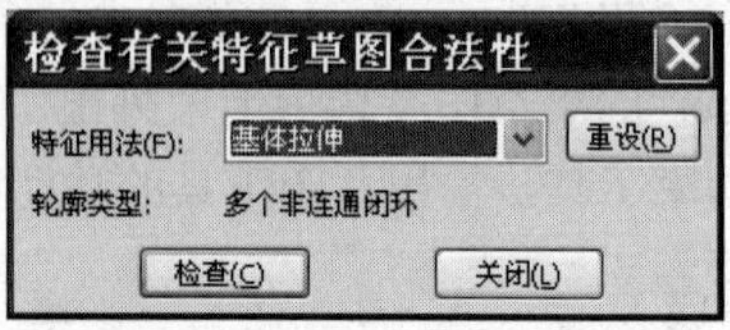

6. SolidWorks 草图反馈

在 SolidWorks 中几何约束称作几何关系，包括水平、竖直、共线、全等、垂直、平行、相切、同心、中点、交叉点、重合、相等、对称、固定、穿透、融合点。添加几何关系的操作方法：选择"工具"→"几何关系"→"添加"命令或者在草图工具栏单击"添加几何关系" 按钮，选择对象（选择多个对象时按住〈Ctrl〉键再单击所选对象）。

在草图绘制过程中，鼠标指针形状发生的相应变化称为草图反馈。指针显示表示实体捕捉情况：如捕捉到端点、中点或者重合点等类型，什么工具为激活（直线或圆），所绘制的实体尺寸（圆弧的角度和半径）及所处的几何关系如（水平）。常见的反馈符号见表 2-2。

表 2-2　常见的反馈符号

反馈名称	解　释	反馈符号	反馈名称	解　释	反馈符号
水平	绘制直线时，单击确定起点后，沿水平方向移动光标时显示可添加水平关系		中点	当光标越过直线时，中点处显示为红色	
竖直	绘制直线时，单击确定起点后，沿垂直方向移动光标时显示可添加垂直关系	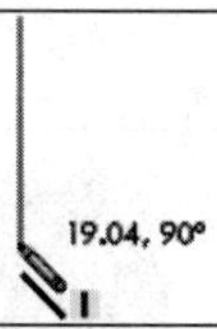	重合点（在边缘）	光标扫过直线时，端点和中心点显示出来	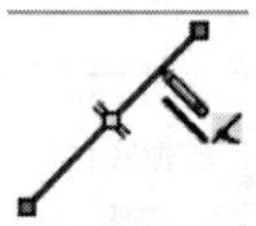
端点	当光标经过端点时，显示为黄色同心圆	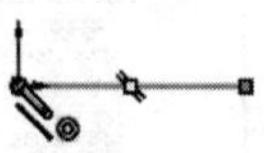	相切	与圆或圆弧相切	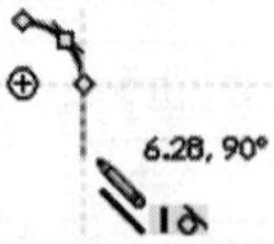

2.2.3　复杂轮廓草图设计

本节以图 2-6 所示草图为例，详细说明草图设计的步骤。

1. 草图构成分析

参照前面草图设计的方法，对图 2-6 中的草图分析可知：该草图中 R15 的圆弧为已知线段，R10 和 R2 的两圆弧为中间线段，R20 和 R45 的两圆弧及直线为连接线段。各图线连接点均为相切关系。

20

2．草图绘制步骤

（1）选平面

双击桌面上的 SolidWorks 快捷方式启动 SolidWorks，在"新建文件"对话框中单击"零件" 按钮，然后单击"确定"按钮，新零件窗口出现，单击标准工具栏上的"保存" 按钮保存为"草图实践"文件。在左侧的设计树中选择 "前视基准面"，在 CommandManager 中单击"草图"→"草图绘制" 按钮进入草图绘制环境。

（2）绘制已知线段——R15 的圆弧

1）定位绘形状。单击草图绘制工具上的"圆" 按钮，在绘图区绘制以坐标原点为圆心的圆。

2）标半径尺寸。在 CommandManager 的"草图"工具栏中单击"智能尺寸" 按钮，单击圆线后再单击"确定" 按钮，先接受默认尺寸，如图 2-7 所示，在"尺寸"对话框中选择"引线"选项卡，选择半径方式后，在图形区双击尺寸线，将圆弧半径修改为 15mm。

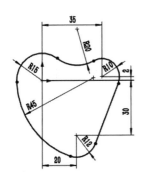

图 2-6　设计实践草图

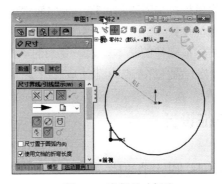

图 2-7　半径尺寸标注

（3）绘制中线段——R10 和 R12 的两圆弧

1）绘形状。单击草图绘制工具上的"圆" 按钮，在绘图区 R15 圆附近单击，并移动鼠标绘制圆形。

2）定位置。在 CommandManager 的"草图"工具栏中单击"智能尺寸" 按钮，单击两圆圆线，标注两圆的水平距离为 35mm，竖直距离为 2mm。

3）标半径。在 CommandManager 的"草图"工具栏中单击"智能尺寸" 按钮，单击圆线，单击"确定" 按钮，先接受默认尺寸，然后在"尺寸"对话框中选择"引线"选项卡，选择半径方式后，在图形区双击尺寸线，将圆弧半径修改为 10mm。

重复上述步骤，绘制 R12 的圆弧。

（4）绘制连接线段 1——R20 和 R45 的两圆弧

1）绘形状。单击草图绘制工具上的"圆" 按钮，在绘图区 R15 和 R10 两圆上部较远位置单击，并移动鼠标绘制圆形，其最下段不得与两圆交叉。

2）定位置。按〈Ctrl〉键，单击 R20 的圆弧和 R15 的圆弧，添加"相切"关系；重复上述步骤，添加 R20 圆与 R10 的圆的"相切"关系。

3）裁多余。在 CommandManager 的"草图"工具栏中单击"剪裁实体" 按钮，用 剪裁到最近端(I) 方式，裁剪掉上部圆弧。

4）标半径。在 CommandManager 的"草图"工具栏中单击"智能尺寸" 按钮，单击圆弧线并标注半径为 10mm。

重复上述步骤，绘制 R45 的圆弧。

（5）绘制连接线段 2——直线

1）绘形状。单击草图绘制工具上的"直线" 按钮，在绘图区的 R10 和 R12 两圆右侧绘制一条较长的直线。

2）定位置。按〈Ctrl〉键，单击上面的直线和圆 R10 的圆线，添加"相切"关系；重复上述步骤，添加上面的直线和圆 R12 的 "相切"关系。

3）裁多余。在 CommandManager 的"草图"工具栏中单击"剪裁实体" 按钮，用 方式，裁剪掉草图中多余的图线获得最终草图。单击"标准"工具栏上的"保存" 按钮。

（6）看多变

在绘图区中，分别单击图中 R15 等各尺寸，修改其数值，观察草图的变化，理解牵一发而动全身的思想在草图绘制过程中是如何实现的。

（7）特征设计

特征是构成零件的基本要素，复杂的零件是由多个特征叠加而成的，特征建模就是将多个特征按一定位置关系叠加起来生成三维零件。本节从圆柱销建模出发介绍特征的相关知识。

2.3 特征设计

2.3.1 引例：圆柱销建模

销主要用于零件间的联接或定位，常用的销有圆柱销、圆锥销和销轴。下面以图 2-8 所示圆柱销为例，简要说明特征的类型及其建模方法。

1．建模流程分析

参照圆柱销的加工工艺确定其建模流程为：首先绘制横断面的草图轮廓，然后利用拉伸工具生成基本特征，最后添加倒角特征。

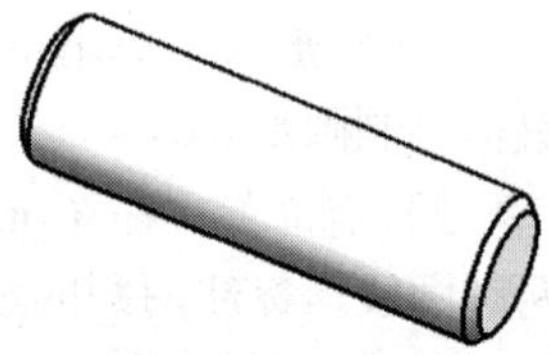

2．圆柱销造型过程

（1）生成新的零件文档

单击"标准"工具栏上的"新建" 按钮，出现新建

图 2-8　圆柱销

SolidWorks 文件对话框。选择"零件"选项，然后单击"确定"按钮，出现新零件窗口。

（2）拉伸特征

1）绘草图。选择右视基准面。在 CommandManager 中单击"草图"→"草图绘制" →"圆" 按钮，在绘图区捕捉草图原点，单击并移动指针，再次单击即完成圆的绘制。单击"智能尺寸" 按钮，选择圆线，将直径设置为 6mm，单击"确定" 按钮。

2）造特征。在 CommandManager 的特征工具栏中单击"拉伸凸台/基体" 按钮，在"拉伸"对话框中设 为 20mm，单击"确定" 按钮。单击"视图"工具栏上的"整屏显示全图" 按钮以显示整个矩形的全图并使其在图形区居中，如图 2-9 所示。

（3）倒角特征

在 CommandManager 的"特征"工具栏中单击"倒角" 按钮，如图 2-10 所示，选择两条倒角边线，在"倒角"对话框中设 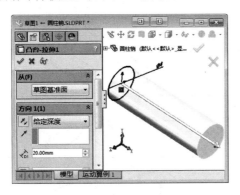 为 0.5mm，设 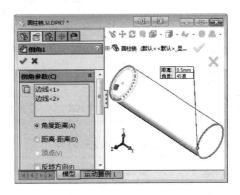 为 45°并单击"确定" 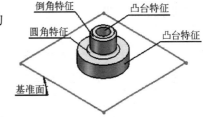 按钮，则生成销零件模型，如图 2-8 所示。

图 2-9　拉伸凸台/基体　　　　　　　　　图 2-10　倒角设置

2.3.2　特征设计基础

特征造型技术是当今三维 CAD 的主流技术，它面向整个设计、制造过程，不仅支持 CAD 和 CAPP 系统，还支持绘制工程图、有限元分析、数控编程、仿真模拟等多个环节。

1．特征定义

正如装配体是由许多单独的零件组成的一样，零件模型是由许多独立的三维元素组成，这些元素被称为特征。特征对应于零件上的一个或多个功能，能被固定的方法加工成型。零件建模时，常用的特征包括凸台、切除、孔、筋、圆角、倒角、拔模等，如图 2-11 所示。

图 2-11　常用特征

2．特征类型

三维 CAD 软件中的特征类型包括以下几种。

1）基础特征。由二维草图轮廓经过特征操作生成的。如引例中圆柱销的拉伸、旋转、切除、扫描、放样等类型的特征。上述特征创建时，在模型上添加材料的称为"凸台"；在模型上去除材料的称为"切除"。

2）附加特征。对已有特征进行附加操作生成，如引例中的 0.5×45°倒角等特征。

3）参考特征。是建立其他特征的基准，也叫定位特征，如引例中选用的右视等基准面、坐标系等。

4）操作特征。是针对基础特征以及附加特征的整体操作，对其进行整体的阵列、复制以及移动等操作。

3．SolidWorks 常用特征

SolidWorks 中将由草图通过拉伸、旋转、扫描或放样等获得的特征称为草图特征；将直接在已有特征上创建的特征称为应用特征，如圆角和倒角等。常用草图特征和应用特征见表 2-3 和表 2-4。

表 2-3　SolidWorks 中常用草图特征

名　称	定　义	示　例
拉伸特征	一个轮廓，沿平面法线移动到指定位置形成实体模型（一个草图） 例：圆沿草图法线移动得圆柱	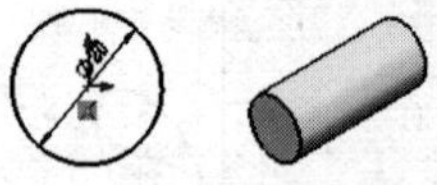
旋转特征	一个轮廓，绕一个轴线旋转一定的角度形成实体模型（一个草图） 例：圆绕中心线旋转得圆环	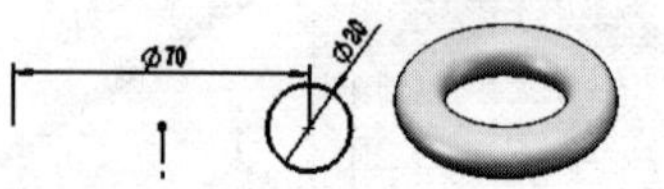
扫描特征	一个轮廓，沿一个路径（一条线）移动形成实体模型（两个草图） 例：圆沿槽口运动扫描得环	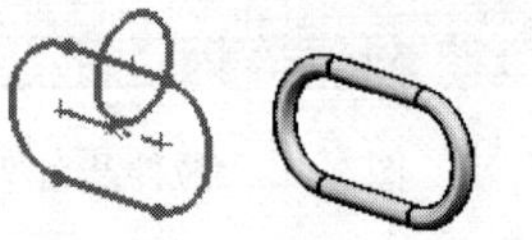
放样特征	在两个以上轮廓中间进行光滑过渡形成实体模型（两个以上草图） 例：圆过渡到矩形得圆顶方底台	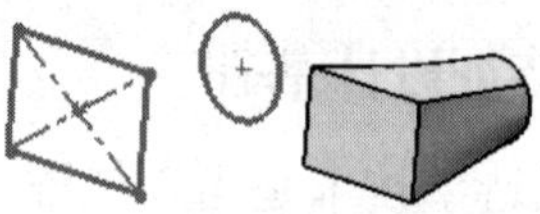

表 2-4　SolidWorks 中常用应用特征

名　称	定　义	示　例
圆角/倒角	在草图特征的两面交线处生成圆角/倒角 例：交线倒圆角和倒角	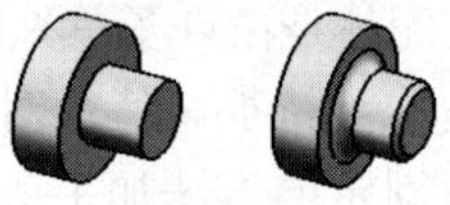
镜像特征	沿镜面（模型面或基准面）镜像，生成一个特征（或多个特征）的复制 例：一孔沿中面镜像得对称孔	
阵列特征	将现有特征沿某一个方向进行线性阵列或绕某个轴圆周阵列获得实体模型 例：一孔沿双向阵列得 4 孔；一孔沿圆周陈列得 6 孔	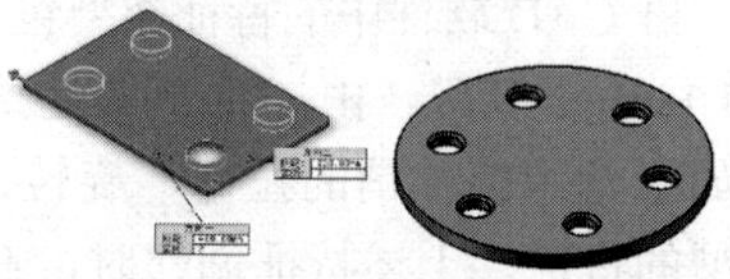

4．SolidWorks 常用特征创建步骤

草图特征创建过程可归纳为：选草图→指起点→取路径→定目标。如图 2-12 所示，指明将草图从草图基准平面开始，沿草图平面法线方向拉伸 10mm 生成拉伸特征。

应用特征的创建过程可归纳为：选对象→选方式→设参数。如图 2-13 所示，指明倒角对象为边线<1>，倒角方式为"角度距离"，倒角参数为 10×45°。

5．特征树

特征树是指记录组成零件的所有特征的类型及其相互关系的树形结构，通过右击特征树中的特征名称可对特征进行编辑操作。SolidWorks 的特征树和常用特征编辑方法如图 2-14 所示，常用特征编辑方法的含义见表 2-5。

图 2-12 拉伸设置　　　图 2-13 倒角设置　　　图 2-14 特征树及常用特征编辑方法

表 2-5 **SolidWorks 常用特征编辑方法**

特 征 名 称	特 征 功 能	操 作 方 法
编辑草图	进入草图编辑状态，以便修改草图	右击设计树中的草图名称，然后在快捷菜单中选择相应菜单项
编辑草图平面	改变草图所在平面，用于调整视向	
编辑特征	进入特征编辑状态，以便修改特征尺寸	
压缩/解除压缩	隐藏/显示特征，且不装入/内存	
删除	在零件中删除特征（不可恢复）	
更改顺序	更改特征要素的先后顺序	选中设计树并拖动特征名定位（不能改变具有父子关系的特征位置）
插入特征（回退）	暂时隐藏回退棒之后的特征，以便插入特征	在设计树中拖动回退棒（设计树底线）
重命名	对特征树中的特征或草图进行重命名，以便于理解	设计树中先单击选中特征，再单击后输入新名称

2.3.3 特征综合设计实例

本节通过多个实例详细介绍拉伸等草图特征的操作过程。

1．拉伸特征——垫片设计

垫片是具有一定厚度的中空实体，其建模流程为：首先，绘制横断面草图轮廓，并利用拉伸工具生成基本特征；然后，绘制中间孔并利用拉伸切除工具生成孔特征。

（1）生成新的零件文档

单击标准工具栏中的"新建"按钮弹出"新建 SolidWorks 文件"对话框。单击零件，然后单击"确定"按钮，弹出"新零件"窗口。

（2）下料

1）绘制垫片外圆。选择上视基准面。单击"草图"工具栏中的"草图绘制"→"圆"按钮，将指针移到草图原点，指针变为 时，单击并移动指针，再次单击即完成圆的绘制。

2）添加尺寸。单击"智能尺寸"按钮。选择圆，移动指针单击放置该直径尺寸，将直径设置为 40mm，单击"确定"按钮。

3）拉伸基体特征：在 CommandManager 的"特征"工具栏中单击"拉伸凸台/基体"按钮，如图 2-15 所示，在"拉伸"对话框中设 为 3mm，单击"确定"按钮创建垫片基体。单击"视图"工具栏中的"整屏显示全图"按钮，以显示整个矩形的全图并使其在图形区居中。

（3）冲孔

1）绘制垫片内圆。选择基体特征的上面。单击草图工具栏中的"圆" 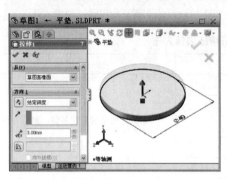 按钮，指针变为 ⟨。将指针移到草图原点，单击并移动指针，再次单击即完成圆的绘制，单击"智能尺寸" 按钮将圆的直径设置为20mm，单击"确定" ✔按钮。

2）拉伸切除特征。在 CommandManager 的特征工具栏中单击"拉伸切除" 按钮，如图 2-16 所示，在"拉伸"对话框中设 ↗ 为"完全贯穿"，单击"确定" ✔按钮。单击视图工具栏上的"整屏显示全图" 按钮，以显示整个矩形的全图并使其在图形区居中。

图 2-15　下料

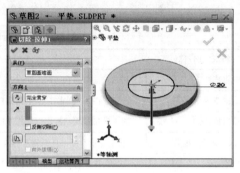

图 2-16　冲孔

（4）改料厚

在特征树中右击"拉伸 1"，选择"编辑特征" 命令，在"拉伸"对话框中改变下料厚度，对比分析用"完全贯穿"和给定深度为 3mm 进行冲孔的区别，理解特征之间的关系对设计意图的影响。

2. 旋转特征——手柄建模

如图 2-17 所示，手柄一般由棒料车削加工，参照加工过程其建模流程为：首先用拉伸凸台工具生成棒料，然后用反侧拉伸切除工具生成安装座，最后用旋转切除工具生成手把。

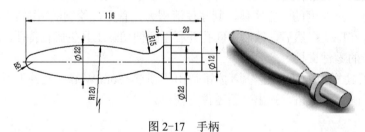

图 2-17　手柄

（1）生成新的零件文档

单击标准工具栏上的"新建" 按钮，弹出"新建 SolidWorks 文件"对话框。单击零件，然后单击"确定"按钮，新零件窗口出现。

（2）生成棒料

1）绘制棒料圆。选择右视基准面，单击"草图"工具栏中"草图绘制"→"圆" 按钮，将指针移到草图原点，指针变为 ✗ 时，单击并移动指针，再次单击即完成圆的绘制。

2）标注尺寸。单击"智能尺寸" 按钮。选择圆，移动指针单击放置该直径尺寸，将直径设置为22mm，单击"确定" ✔按钮。

3）拉伸棒料特征。在 CommandManager 的"特征"工具栏中单击"拉伸凸台/基体"  按钮，在"拉伸"对话框中设 为 116mm，单击"确定" 按钮创建棒料基体。

（3）车安装座

1）绘制安装座圆。选择棒料特征的右端面，单击"草图"工具栏中"草图绘制"→"圆" 按钮，将指针移到草图原点，指针变为 时，单击并移动指针，再次单击即完成圆的绘制。

2）标注尺寸。单击"智能尺寸" 按钮将圆的直径设置为 12mm，单击"确定" 按钮。

3）拉伸切除特征：在 CommandManager 的特征工具栏中单击"拉伸切除" 按钮，弹出如图 2-18 所示对话框，在"切除—拉伸"对话框中设 为 20mm，并选中"反侧切除"复选框，最后单击"确定" 按钮。

（4）车手把

1）绘制手把草图。选择前视基准面，按照先绘制 3 条短直线，然后绘制两条长直线，再依次绘制 R5 的圆弧→R120 的圆弧→R15 的圆弧的顺序，绘制如图 2-19 所示的手把草图。

图 2-18　"切除—拉伸"对话框

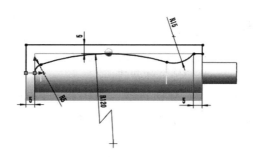

图 2-19　手把旋转切除草图

2）旋转切除特征。在 CommandManager 的特征工具栏中单击"旋转切除" 按钮，如图 2-20 所示，单击手把草图左侧的短直线作为旋转轴，单击"确定" 按钮。

（5）添材料

在图 2-21 所示的特征树中，右击"材质"，在弹出的菜单中选择"红铜"。

图 2-20　旋转切除设置

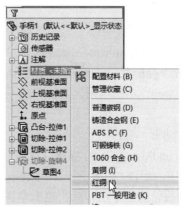

图 2-21　材料设置

3．扫描特征——传动带建模

图 2-22 所示传动带建模流程为：首先生成传动带轮廓草图，然后生成传动带截面草图，最后用扫描特征使断面草图沿传动带轮廓草图扫描成传动带零件。

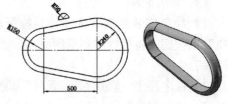

（1）生成新的零件文档

单击标准工具栏上的"新建" ⬜ 按钮，弹出"新建 SolidWorks 文件"对话框。单击"零件"，然后单击"确定"按钮，新零件窗口出现。

图 2-22　传动带

（2）生成传动带轮廓草图

选择前视基准面，单击"草图"工具栏中的"草图绘制" 🖉 按钮后，按照 2.2.1 草图设计引例的步骤完成传动带轮廓草图绘制，单击工具栏中的"退出草图"。

（3）生成传动带断面草图

1）改视向。如图 2-23 所示，单击视图工具栏上的"视向选择" 🔲· 并从下拉菜单中选择"轴测图" 🔲·以显示整个矩形的全图并使其居中于图形区。

2）绘形状。选择右视基准面，单击"草图"工具栏中的"草图绘制"→"圆" 🔲 按钮，如图 2-24 所示。在传动带轮廓草图上方，单击并移动指针，再次单击完成圆的绘制。单击"草图绘制"→"直线" 🔲 按钮，在绘图区捕捉圆上的两个直径点绘制直径直线。

3）裁多余。在 CommandManager 的"草图"工具栏中单击"剪裁实体" 🔲 按钮，用 ⊞ 剪裁到最近端(T) 方式，裁剪掉下部圆弧。

4）定位置。按〈Ctrl〉键，单击传动带断面草图圆心和传动带轮廓草图上方的直线，按图 2-25 所示，添加"穿透"关系。

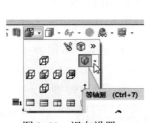 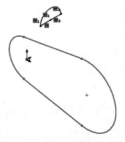 

图 2-23　视向设置　　　　图 2-24　传动带断面形状　　　图 2-25　穿透关系设置

5）标半径。在 CommandManager 的"草图"工具栏中单击"智能尺寸" 🔲 按钮，单击圆弧线标注半径为 50mm。单击绘图区右上角的 🔲 按钮，退出草图。

（4）扫传动带

在 CommandManager 的特征工具栏中单击"扫描" 🔲 按钮，如图 2-26 所示，单击传动带截面草图作为扫描轮廓，单击传动带轮廓草图作为扫描路径，单击"确定" ✓ 按钮。

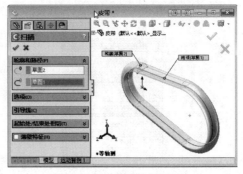

图 2-26　扫描特征设置

（5）添材料

在特征树中右击“材质”，在弹出的菜单中选择“橡胶”。

4．放样特征——扁铲建模

图 2-27 所示扁铲建模流程为：首先生成 5 个控制断面的草图，然后用放样特征生成矩形断面的铲面，最后用放样特征生成由矩形断面逐步过渡到圆断面的铲头。

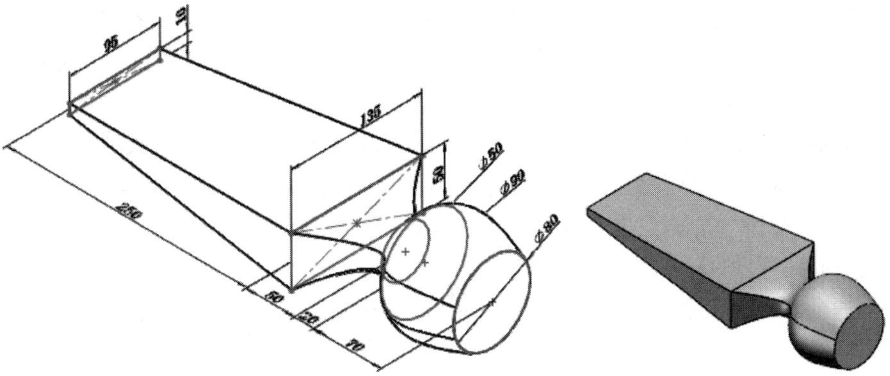

图 2-27　扁铲

（1）生成新的零件文档

单击标准工具栏中的“新建”按钮，弹出“新建 SolidWorks 文件”对话框。单击“零件”，然后单击“确定”按钮，新零件窗口出现。

（2）绘制 95×10 矩形草图

选择右视基准面，在 CommandManager 的“草图”工具栏中单击“草图绘制”按钮后，如图 2-28 所示，选择“矩形”“中心矩形”，捕捉坐标原点，拖动鼠标绘制矩形。单击“智能尺寸”按钮，标注矩形尺寸为 95×10。单击绘图区右上角的按钮，退出草图。选择“视图”工具栏中的“视向选择”→“轴测图”以显示整个矩形的全图并使其在图形区居中。

（3）绘制 135×50 矩形草图

1）插基准。选择“插入”→“参考几何体”→“基准面”命令，如图 2-29 所示，在打开的特征树中选择“右视基准面”作为第一参考，在“基准面”对话框中将两者距离设为 250mm ，单击“确定”按钮插入基准面 1。

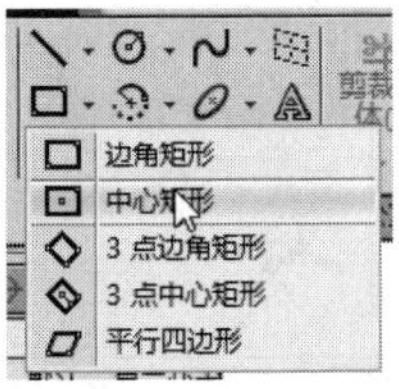

图 2-28　中心矩形工具选择

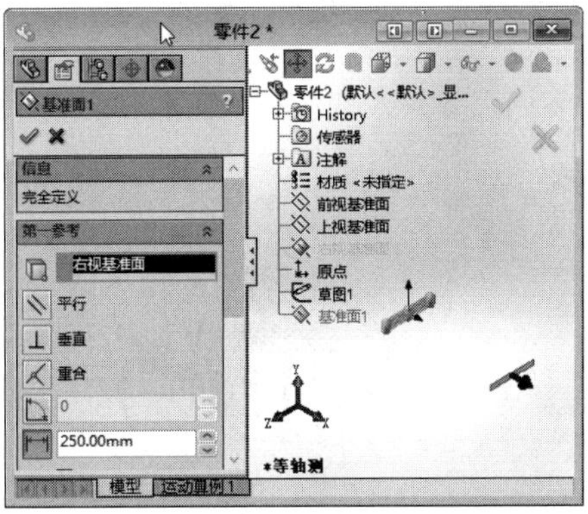

图 2-29　插入基准面设置

2）绘形状。选择基准面 1，在 CommandManager 的"草图"工具栏中单击"草图绘制" 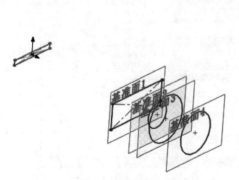按钮后，选择"矩形工具" □ → "中心矩形" □，捕捉坐标原点，拖动鼠标绘制矩形。单击"智能尺寸" □按钮，标注矩形尺寸为 135×50。单击绘图区右上角的 □按钮，退出草图。

（4）绘制φ50 的圆草图

1）插基准。选择"插入"→"参考几何体"→"基准面"命令，在打开的特征树中选择"基准面 1"作为第一参考，在"基准面"对话框中将两者距离设为 50mm，单击"确定" □按钮插入基准面 2。

2）绘形状。选择基准面 2，在 CommandManager 的"草图"工具栏中单击"草图绘制" □按钮后，单击"圆" □按钮，捕捉坐标原点，拖动鼠标绘制圆。单击"智能尺寸" □按钮，标注直径为 50mm。单击绘图区右上角的 □按钮，退出草图。

（5）绘制φ90 的圆草图

1）插基准。选择"插入"→"参考几何体"→"基准面"命令，在打开的特征树中选择"基准面 2"作为第一参考，在"基准面"对话框中将两者距离设为 20mm ，单击"确定" □按钮插入基准面 3。

2）绘形状。选择基准面 3，在 CommandManager 的"草图"工具栏中单击"草图绘制" □按钮后，单击"圆" □按钮，捕捉坐标原点，拖动鼠标绘制圆。单击"智能尺寸" □按钮，标注直径为 90mm。单击绘图区右上角的 □按钮，退出草图。

（6）绘制φ80 的圆草图

1）插基准。选择"插入"→"参考几何体"→"基准面"命令，在打开的特征树中选择"基准面 3"作为第一参考，在"基准面"对话框中将两者距离设为 70mm ，单击"确定" □按钮插入基准面 4。

2）绘形状。选择基准面 3，在 CommandManager 的"草图"工具栏中单击"草图绘制" □按钮后，单击"圆" □按钮，捕捉坐标原点，拖动鼠标绘制圆。单击"智能尺寸" □按钮，标注直径为 80mm。单击绘图区右上角的 □按钮，退出草图。完成 5 个控制断面草图绘制，见图 2-30。

（7）放样铲面

在 CommandManager 的"特征"工具栏中单击"放样" □按钮，如图 2-31 所示，单击铲面两个矩形断面草图中对应的定点，选择两者作为放样轮廓，单击"确定" □按钮完成铲面放样。

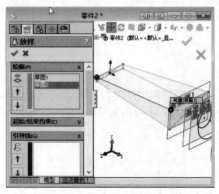

图 2-30　5 个控制断面草图　　　　　　　图 2-31　铲面放样设置

（8）放样铲头

在 CommandManager 的特征工具栏中单击"放样" ![图标] 按钮，如图 2-32 所示，在铲面 135×50 矩形中心附近单击，再依次单击各个圆的圆心，将其选为放样轮廓，单击"确定" ![图标] 按钮完成铲头放样。

（9）添材料

在特征树中右击"材质"，在弹出的菜单中选择"黄铜"。为了清理图形显示，选择 "视图"→"隐藏所用类型"，隐藏基准面和坐标原点等辅助内容。

5. 阵列与倒角——法兰盘

图 2-33 所示法兰盘，参照其加工工艺确定其建模流程为：首先用拉伸凸台特征完成法兰盘下料，然后用拉伸切除命令钻孔，用倒角特征对孔边倒角，最后用圆周阵列特征钻其他孔。

图 2-32　铲头放样设置

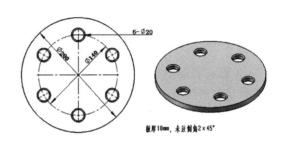

图 2-33　法兰盘

（1）新建零件

单击标准工具栏上的"新建" ![图标] 按钮，弹出"新建 SolidWorks 文件"对话框。单击零件，然后单击"确定"按钮，新零件窗口出现。

（2）下料

选择上视基准面，单击"草图"工具栏中的"草图绘制"→"圆" ![图标] 按钮，单击捕捉坐标原点，移动指针并单击完成圆的绘制。在 CommandManager 的"草图"工具栏中单击"智能尺寸" ![图标] 按钮，单击圆弧线标注直径为 200mm。在 CommandManager 的特征工具栏中单击"拉伸凸台/基体" ![图标] 按钮，在"拉伸"对话框中设 ![图标] 为厚度 10mm，单击"确定" ![图标] 按钮创建圆盘。

（3）钻孔

1）绘制定位圆。选择圆盘上表面，单击 ![图标] 正视于 按钮，单击"草图"工具栏中的"草图绘制"→"圆" ![图标] 按钮，单击捕捉原点，移动指针并单击即完成圆的绘制。如图 2-34a 所示，在"圆"属性对话框中选中"作为构造线"复选框。单击"智能尺寸" ![图标] 按钮设置直径为 140mm，单击"确定" ![图标] 按钮。

2）绘制孔截面圆。单击"草图"工具栏中的"圆" ![图标] 按钮，单击捕捉定位圆线上的定位点，移动指针并单击即完成圆的绘制。单击"智能尺寸" ![图标] 按钮将圆的直径设置为 20mm，单击"确定"按钮 ![图标] 。

3）拉伸切除特征。在 CommandManager 的"特征"工具栏中单击"拉伸切除"▣按钮，如图 2-34b 所示，在"拉伸"对话框中设 ⚒ 为"完全贯穿"，单击"确定"✔按钮。

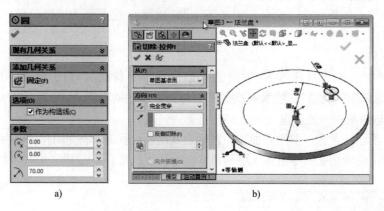

图 2-34　钻孔

（4）倒角

如图 2-35 所示，在 CommandManager 的"特征"工具栏中选择 下拉列表中的"倒角" ，选择孔的圆柱面为倒角对象，设倒角方式为"角度距离"，倒角参数为 2×45°，单击"确定"✔按钮。

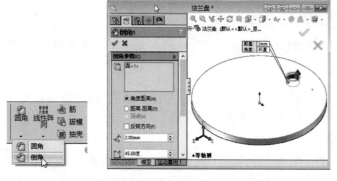

图 2-35　孔边倒角

（5）阵列孔

在 CommandManager 的"特征"工具栏中选择"线性阵列" 下拉列表框中的"圆周阵列" ，单击圆盘的圆柱面，以其轴线为圆周阵列的轴线，如图 2-36 所示，设阵列个数为 6，选中"等间距"复选框，打开特征树，从中选中切除—拉伸 1 和倒角特征，单击"确定"✔按钮。

（6）添材料

在特征树中右击"材质"，在弹出的菜单中选择"黄铜"。

（7）看多变

如图 2-37，在特征树中右击 "阵列"（圆周），选择菜单中的"编辑特征"，在"阵列"对话框中修改阵列个数（如 3 个等），观察零件变化。

图 2-36　阵列孔　　　　　　　　图 2-37　孔阵列特征编辑

2.4　零件设计

零件是装配体的基本组成部分，任何零件都可看成是由特征按照一定的位置关系组合而成的特征集合。零件的造型过程，就是对组成该零件的形状特征进行造型的总和。

2.4.1　引例：支座建模

本节要建立的零件是如图 2-38 所示的支座。

1．零件结构分析

分析可知该零件包括底板和立板两个凸台特征，底槽、通孔和沉头坑切除特征及边线圆角特征组成。其中底板应该为零件的第一个特征，且应该选择图 2-39 中所示的矩形草图为最佳轮廓，用拉伸凸台特征形成实体。把模型放置在假想的"盒子"里，确定使用哪个基准面作为草图平面。在本例中，参考面为上视基准面，如图 2-40 所示。

图 2-38　零件特征组成　　　　　图 2-39　最佳轮廓　　　　图 2-40　最佳草图平面

2．零件建模过程

确定了零件的第一个特征及其最佳草图轮廓和草图平面后，就可以开始建模了。建模包括绘制草图，建立凸台特征、切除特征和圆角特征，具体步骤如下。

（1）建立新零件

单击标准工具栏上的"新建" 按钮，弹出"新建 SolidWorks 文件"对话框。选择"零件"选项，然后单击"确定"按钮，选择菜单"文件"→"保存"命令，以"支座"名称保存。

（2）建立基础特征——底板

1）选平面。选择上视基准面作为草图平面，在"草图"工具栏中单击 插入新草图。

2）绘形状。在"草图"工具栏中，单击"矩形" 按钮，在图形区原点 附近绘制矩形，所绘矩形的大小，在标注尺寸后会自动修改。

3）定位置。按住〈Ctrl〉，单击矩形的一条长边和坐标原点⌐，并为其添加"中点"几何关系。

4）设大小。单击"智能尺寸"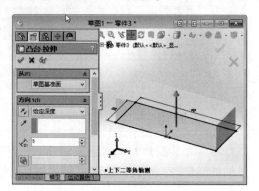按钮，指针变为。单击矩形的顶边，再单击想放置尺寸的位置，将值设为 40mm，然后单击"确定"按钮。单击矩形的右边，再单击想放置尺寸的位置，将值设为 15mm，然后单击"确定"按钮。单击视图工具栏上的"整屏显示全图"按钮以显示整个矩形的全图并使其在图形区居中。

5）造特征。在 CommandManager 的"特征"工具栏中单击"拉伸凸台/基体"按钮，在"拉伸"对话框中设为 5mm 并单击"确定"按钮，则完成拉伸特征建立，如图 2-41 所示。

6）重命名。在 FeatureManager 设计树中，单击"拉伸 1"特征，当名称高亮显示并可编辑

图 2-41　草图尺寸标注及特征

时，输入"底板"作为新的特征名称。FeatureManager 设计树中的任何特征（除零件本身以外）都可以重命名，为特征重命名在以后的建模过程中对查询和编辑是很有用的，合理的名字有利于用户组织自己的工作，同时使他人在编辑模型时方便查看。

（3）凸台特征——立板

1）选平面。选择底板前面为草图平面，在"草图"工具栏中单击插入新草图。单击"显示工具"的下拉箭头，选择 正视于 。

2）绘已知——立板圆。在"草图"工具栏中单击"圆"按钮，在底板上方完成圆绘制。按〈Ctrl〉键，单击圆心和坐标原点，添加"竖直"关系。在 CommandManager 的"草图"工具栏中单击"智能尺寸"按钮，单击圆线和底板侧面下边线，标注两者距离为 25mm。单击圆线，单击"确定"按钮，接受默认尺寸，在"尺寸"对话框中选择"引线"选项卡，并选择半径方式后，在图形区双击尺寸线，将圆弧半径修改为 10mm，如图 2-42 所示。

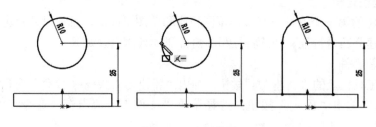

图 2-42　立板草图

3）绘连接——立板矩形。单击"矩形"按钮，如图 2-42 所示，移动鼠标捕捉圆的左侧定位点，并拖动鼠标绘制矩形。按〈Ctrl〉键，单击矩形右边线和圆线，添加"相切"关系。同理，为矩形下边线和底板侧面上边线，添加"共线"关系。

4）裁多余。单击"剪裁"按钮，剪裁掉多余草图的部分，如图2-42所示。

5）拉立板。在CommandManager的特征工具栏中单击"拉伸凸台/基体"按钮，在"拉伸"对话框中设为5mm并单击"确定"按钮，则生成凸台特征。注意如果预览中显示"拉伸向着基体内部方向"，那么拉伸方向正确。如果预览中显示"拉伸向着离开基体的方向"，单击"反向"按钮。完成上述操作后，将此特征改名为"立板"。

（4）切除特征——底板槽

1）选平面。选择立板前面，单击"显示工具"下拉箭头，选择 ⊥ 正视于 。

2）绘形状。在CommandManager的"草图"工具栏中单击插入新草图，单击"矩形"按钮。将指针移到底板底边处并单击，然后拖动鼠标来生成矩形，如图2-43所示。

图2-43 底板槽草图

3）定位置。按住〈Ctrl〉键，选择矩形左边的竖直线和立板左侧的竖直边，添加"共线"关系，如图2-43所示。重复上述操作，分别在右边的竖直线和立板右侧的竖直边之间、底边水平线与底板底边之间添加"共线"关系。

4）设大小。单击"智能尺寸"按钮，指针变为，将矩形高度值设为1.5mm，然后单击"确定"按钮。添加尺寸标注，使得草图完全定义，如图2-43所示。

5）切底槽。选择"插入"→"切除"→"拉伸"命令或在"特征"工具栏单击"拉伸切除"按钮。在"拉伸—切除"对话框中选择"完全贯穿"，单击"确定"按钮。完成上述操作后，将此特征改名为"底板槽"。

（5）创建孔

1）孔定位。选择底板上平面，单击，选择 ⊥ 正视于 。如图2-44所示，在"草图"工具栏中单击"圆"按钮，完成圆绘制。单击"草图"工具栏中的"直线"按钮，捕捉底板上平面上下两边的中点，绘制直线，在"属性"对话框中选中"作为构造线"复选框。在CommandManager的"草图"工具栏中单击"智能尺寸"按钮，单击圆线和底板上边线，标注两者距离为5mm。单击圆线和中心线，移动鼠标超过中心线，标注对称尺寸为30mm。单击圆线，标准其直径为5mm。

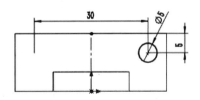

图2-44 孔尺寸标注创建沉头孔

2）钻通孔。选择"插入"→"切除"→"拉伸"命令，或在"特征"工具栏单击"拉伸切除"按钮。在"拉伸—切除"对话框中选择"完全贯穿"，单击"确定"按钮。完成上述操作后，把这个特征改名为"安装孔1"。在视图定向工具栏单击"等轴测图"按钮。

3）镜像孔。选择"插入"→"阵列/镜像"→"镜像"命令。如图2-45所示，在特征树中选择"右视基准面"作为镜像平面，选安装孔 1 为要镜像的特征，单击"确定"✔️按钮。完成后将此特征命名为"安装孔 2"。

4）向导孔。选择"插入"→"特征"→"孔"→"向导"命令。在图 2-46 所示的"孔规格"对话框中选择"位置"选项卡，单击"3D 草图"按钮，在图形区捕捉圆心。

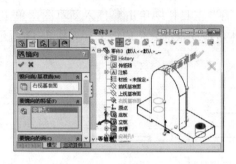

图 2-45　镜像孔特征

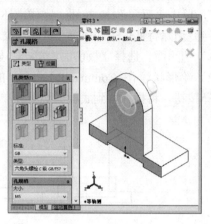

图 2-46　孔的属性设置

5）设参数。如图 2-46 所示，在"孔规格"对话框中选择"类型"选项卡，设置参数为：标准为 GB，类型为六角头螺栓 C 级，大小为 M5，终止条件为：完全贯穿。然后单击"确定"✔️按钮，完成钻孔。

（6）圆角特征

选择"插入"→"特征"→"圆角"命令，或在"特征"工具栏中单击"圆角"🔲按钮，在"圆角特征"对话框中设置半径值为 1.5mm。选择需要倒圆角的边，光标移动到需要倒圆角的边上时，它们会变成亮红色，选择边后变成绿色。所有的圆角过渡都具有相同的半径值，这些圆角生成的新边可用于建立新的圆角。

（7）编辑材料

右击 FeatureManager 上的材料特征 ≡ 材质 <未指定>，从快捷菜单中选择"编辑材料"→"黄铜"命令，完成材料添加。

（8）保存结果

在"标准"工具栏中单击"保存"按钮，或者选择"文件"→"保存"命令来保存所做工作。

（9）视图显示方式

SolidWorks 的"显示"工具栏中提供显示控制，其中"显示方式" 🔲·中提供了许多实体模型在屏幕上不同的显示方式，如图 2-47 所示。

图 2-47　显示方式和对应图标

2.4.2　零件设计基础

由上面的引例可见，建立零件模型应该从设计角度切入，绝不是"只要看起来像，怎么构建都可以"，而应该采用"怎样加工就怎样建模"的思想。建模前必须想好用哪些特征表达零件的设计意图，必须考虑零件的加工和测量等问题。要创建一个正确的参数化特征模型，必须要有机械制图、机械设计、机械制造等许多相关知识。

1．零件建模步骤

零件一般由多个特征构成，建模过程可总结为"分特征→定顺序→选视向→造基础→添其他"。

1）规划零件。包括"分特征→定顺序→选视向"。即分析零件的特征组成、相互关系、构造顺序及其构造方法，确定最佳的轮廓、最佳视向等。如引例中的支座包括底板和立板两个凸台特征，底槽、通孔和沉头孔切除特征及边线圆角特征，最佳轮廓为底板底面矩形，最佳视向选上视基准面为草图平面。

2）创建基础特征。基本基础是零件的第一个特征，它是构成零件基本形态的特征，它是构造其他特征的基础，可以看做是零件模型的"毛坯"，如引例中的底板。

3）创建其他特征。按照特征之间的关系一次创建剩余特征。如引例中的立板、通孔等。

2．零件建模规则

良好、合理、有效的建模习惯需要遵循的几点原则："草图尽量简，特征需关联，造型要仿真，别只顾眼前"。

1）比较固定的关系封装在较低层次，需要经常调整的关系放在较高层次。

2）先建立构成零件基本形态的主要特征和较大尺度的特征，然后再添加辅助的圆角、倒角等辅助特征。

3）先确立特征的几何形状，然后再确定特征尺寸，在必要的情况下添加特征之间的尺寸和几何关系。

4）加工制造仿真。如引例中的底板没有用一个矩形加两个安装孔圆的草图直接拉伸成型，而是分别用矩形、圆拉伸和镜像的三个特征成型，这不仅与其实际加工工程相似，而且反映设计意图、便于草图的约束与修改。另外，安装孔草图绘制时用到了关于底板中面对称的特征关联关系；底槽和孔的终止条件均使用"完全贯穿"，而不是用"给定深度"。这样通过建立与前一个特征的关联关系，不仅与其实际加工工程相似，而且再改变前一个特征尺寸时，仍然可以反映最初的设计意图，体现牵一发而动全身的特点，提高设计效率。

3．零件设计意图

关于模型被改变后如何表现的计划称为设计意图。设计意图决定模型如何建立与修改，应不应该建立关联，当修改模型时，模型应该如何变化。例如，引例中零件的设计意图是：所有的孔都是通孔，安装孔是对称的，顶端孔的位置从基准面开始测量。开始零件建模时，选择哪一个特征作为第一个特征，选择哪个外形轮廓最好，确定了最佳的外形轮廓后，对草图平面的选择造成何影响，采用何种顺序来添加其他辅助特征，这些都要受制于设计意图。

为了有效地使用 SolidWorks，建模前必须考虑好设计意图。草图几何关系、尺寸约束及其复杂程度、特征构造方式、特征构成及其相互之间的关联和特征建立的顺序都会影响设计意图。

（1）草图对设计意图的影响

影响设计意图的草图因素包括几何约束、尺寸关系和草图的复杂程度。

1）几何约束的影响。草图几何约束的影响包括草图平面的选择，图线的位置关系。

2）标注尺寸的影响。草图中的尺寸标注方式同样可以体现设计意图。添加尺寸某种程度上也是反映了设计人员如何修改尺寸。如图 2-48a 所示，无论矩形尺寸 100mm 如何变化，两个孔始终与边界保持 20mm 的相应距离。如图 2-48b 所示，两个孔以矩形左侧为基准进行标注，尺寸标注将使孔相对于矩形的左侧定位，孔的位置不受矩形整体宽度的影响。如图 2-48c 所示，标注孔与矩形边线的距离以及两个孔的中心距，这样的标注方法将保证两孔中心之间的距离。

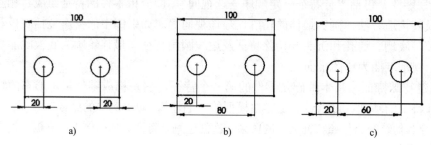

图 2-48　尺寸约束产生的不同设计意图

3）草图复杂程度的影响。很多情况下，同一零件可以由一个复杂的草图直接生成，也可以由一个简单的草图生成基体特征后，再添加倒角等附加特征来生成。如图 2-49 所示的零件，可以用圆角草图拉伸获得，也可以用拉伸直角草图后再添加圆角特征的方法获得。其中复杂草图拉伸法建模速度较快，但草图复杂，不利于以后的零件修改和在装配条件下压缩圆角等细节；而简单草图拉伸法则更利于以后的修改操作。

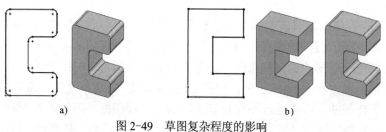

图 2-49　草图复杂程度的影响

a) 复杂草图　b) 简单草图

（2）特征对设计意图的影响

设计意图不仅受草图的影响，特征的构造方法、特征的构成、构造顺序及其关系等对设计意图也有很大影响。

1）特征构造方法的影响。对于图 2-50 所示的简单台阶轴就有多种建模方法。

制陶转盘法：如图 2-50a 所示，制陶转盘法以一个简单的旋转特征建立零件。一个单个的草图表示一个切面，包括所有作为一个特征来完成该零件所必需的信息及尺寸。

层叠蛋糕法：如图 2-50b 所示，层叠蛋糕方法建立这个零件，一次建立一层，后面一层加到前一层上。

制造法：如图 2-50c 所示，首先拉伸基体大圆柱，然后通过一系列的切割来去除不需要的材料。

图 2-50　简单台阶轴建模方法

以上 3 种方法体现了不同的设计思想。制陶转盘法强调了阶梯轴的整体性，零件的定义主要集中在草图中，设计过程简单，但草图较为复杂，不利于后期修改；层叠蛋糕法符合人们的习惯思维，层次清晰，后期修改方便，但与机械加工过恰好相反；制造法是模仿零件加工时的方法来建模，也就是"怎样加工就怎样建模"，该方法不仅具有层叠蛋糕法的优点，而且在设计阶段就充分考虑了制造工艺的要求。

2）特征构成的影响。选择不同的特征建立模型很大程度上决定了模型的设计意图，直接影响零件以后的修改方法和修改的便利性。合理的特征建模的基本原则是根据零件的加工方式和成型方法、零件的形状特点以及零件局部细节等来选择合适的特征。如，利用传统的车削、铣削等方法完成的机加工零件不宜采用很复杂的特征；通过注塑或压铸方法成型的薄壁零件，要考虑拔模和壁厚均匀的问题；铸造零件要考虑零件出模的分型面选择，按照零件的出模方向考虑添加适当的拔模角度，使用"抽壳"特征保持零件的壁厚基本均匀；钣金和焊接零件，可采用 SolidWorks 的钣金工具和焊接工具进行建模。

3）最佳轮廓的影响。在拉伸时，最佳轮廓可比其他轮廓建立更多的模型部分。在图 2-51 中，分别显示了模型的 3 种可能轮廓和零件的最终特征组成.。

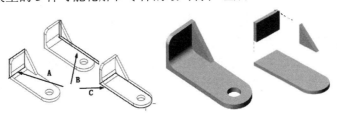

图 2-51　"最佳"轮廓和零件特征规划

轮廓 A 是矩形的，比模型本身大很多。它需要很多的切除或凸台来去除或添加材料以及建立一些细节，才能完成建模；轮廓 B 使用模型上"L"形的一条边，提供了较好的基本外形，但是需要一些额外的工作来形成半圆形的末端；轮廓 C，只需再添加两个凸台，就可以完成基本外形，然后再建立切除特征和圆角特征，即可完成模型。综上所述，轮廓 c 可作为最佳轮廓。

4）观察角度的影响。在 SolidWorks 的模型空间里，零件的摆放位置多种多样。事实上，模型在三维空间的摆放位置与建模本身的要求没有太大的关系，合理地选择模型的观察角度应基于如下的考虑。

● 在零件环境中，可利用视图定向工具切换到适当的角度，便于设计者观察。

● 在装配体中，便于零件定位和选择配合对象。

● 在工程图中，与标准投影方向一致，便于生成视图。

2.4.3 零件建模规划

把零件分解成若干个特征，并确定特征之间组合形式与相对位置及其构造方法的过程称为零件规划，其内容包括特征分解、特征构造顺序、特征构造方法、特征关系分析等。

1. 特征分解

在基于特征的零件设计系统中，特征的组成及其相互关系是系统的核心部分，直接影响着几何造型的难易程度和设计与制造信息在企业内各应用环节间交换与共享的方便程度。

特征的组合形式通常有叠加和挖切。其分解原则可总结为"达意图、仿加工、便修改"。

1) 特征应具有一定的设计和制造意义。如减速器中的从动轴，它的主要功用是支承齿轮传递扭矩（或动力），并与外部设备连接。为了使从动轴能够满足设计要求和工艺要求，它的结构形状形成过程和需要考虑的主要问题如表 2-6 所示。

表 2-6 从动轴的结构分析和主要考虑的问题

结 构 组 成	主要考虑的问题	结 构 组 成	主要考虑的问题
	① 为了伸出外部与其他机器相接，制出一轴颈		④ 为了支撑齿轮和用轴承支承轴，右端做成轴颈
	② 为了用轴承支承轴，又在左端做一轴颈		⑤ 为了与齿轮连接，右端做一键槽；为了与外部设备连接，左端也做一键槽
	③ 为了固定齿轮的轴向位置，增加一稍大的凸肩		为了装配方便，保护装配表面，多处做成倒角，退刀槽

2) 特征应方便加工信息的输入。按照设计意图合理规划特征关系出现的层次。特征应有利于提高造型效率，增加造型稳定性。应仔细分析零件，简单、合理、有效地建立草图；严格按机械制图原则绘制草图；合理应用尺寸驱动、几何关系，方便日后修改与零件产品系列化；圆角、倒角等图素尽量用相应的辅助特征实现，而不在草图中完成。为了观察方便和简化工程图生成时的操作，需要按照观察角度合理地选择基体特征草图平面。

按照上述原则分析，可得到图 2-52 所示两个零件的特征构成。

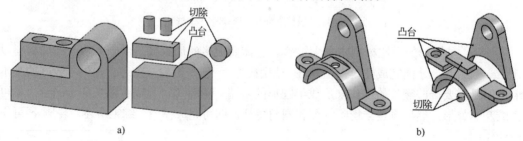

图 2-52 零件建模前的规划过程示例

2. 特征关联

如果一个特征的建立参照了其他特征的元素，则该特征称为子特征，被参照特征称为该特征的父特征，父特征与子特征之间形成父子关系，也叫特征关联。例如，引例中底板是父特征，立板是子特征。在特征管理树中，子特征肯定位于父特征之后。删除父特征会同时删除子特征，而删除子特征不会影响父特征。

特征关联方式有几种类型：草图约束关联、特征拓扑关联和特征时序关联。

1）草图约束关联。指定义草图时借用已有特征的平面作为草图平面，草图图线与父特征的边线建立了相切、等距等几何关联关系或距离、角度等尺寸关联关系。为了建立特征的关联，草图平面一般按照"先已有，后默认，次插入"的原则选择，如引例中只有第一个草图选择了默认的上视基准面为草图平面，其他草图特征均选已有特征的平面为草图平面。另外，引例中还采用了立板草图底线与底板侧面边线的重合等关系建立了特征之间的关联关系。

2）特征拓扑关联。拓扑关系指的是几何实体在空间中的相互位置关系，例如孔对于实体模型的贯穿关系等。对于拉伸特征而言，拓扑关系主要体现在特征定义的终止条件中，如完全贯穿、到离指定面指定的距离等终止条件方式决定了特征之间的拓扑关系。

3）特征时序关联。时序关系指的是特征建立的先后次序。建立多个特征组成的零件时，应该按照特征的重要性和尺寸大小进行建模。先建立构成零件基本形态的主要特征和较大尺寸的特征，然后再添加辅助的圆角、倒角等特征。

3．零件规划实例

下面以图 2-53 所示的零件为例，说明零件建模前的规划过程。

（1）选择合适的观察角度

如图 2-54 所示。对于这个模型而言，A 的放置方法最佳，应该把选择的最佳轮廓草图绘制在上视基准面。

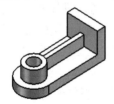

图 2-53 零件建模型

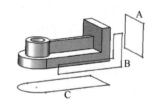

图 2-54 确定合适的观察角度

（2）选择最佳的草图轮廓

图 2-55 显示了 3 种可能选择的轮廓，这 3 个轮廓都可以用来建立模型，下面分析以下 3 种不同轮廓的优缺点，以便于确定一个最佳的草图轮廓。

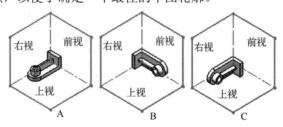

图 2-55 3 种草图轮廓

选择轮廓 A：建立拉伸特征时有两种情况：拉伸的深度较短时（后面凸台的厚度），形成一个比较薄的实体，无法反映零件的整体面貌；拉伸的深度较长时（大于整个模型），将需要一系列其他切除特征切除多余的部分。

选择轮廓 B：轮廓的整体外形是一个"L"形，这个形状可以反映零件的整体外貌。但是，拉伸特征无法形成前面的圆弧面，还需要一个圆角或切除特征来实现。

选择轮廓 C：使用此轮廓建立拉伸时，给定一个较短深度（下部的厚度），圆弧面部分可以直接形成，再添加拉伸凸台和拉伸切除即可完成模型。因此，轮廓 C 是最佳的轮廓。

（3）确定特征建立顺序

根据确定最佳轮廓的分析过程划分出整个零件的建模过程，如图 2-56 所示。

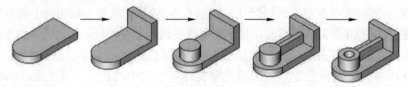

图 2-56　建模过程

2.5　常用机械零件三维设计

广泛应用于机械行业的机械装置中包含多种零件，其主要结构类型包括轴类、盘类、轮类、箱体类、标准件类等。本节主要研究常用机械零件的建模思路及其建模过程。

2.5.1　标准件设计

在各种机器上，经常用到螺纹紧固件、键、销和滚动轴承等标准件。通常用软件自带的标准件库进行标准件造型，如 SolidWorks 自带的零件库 Toolbox，包括各类标准零件库，需要使用某零件时，只要将该零件从 Toolbox 库中拖放到设计环境即可，具体使用方法见本书第 7 章。另外，市面上有很多根据国家标准做成的标准件库，成熟的产品有法恩特、机械设计手册软件版中的标准件插件等。对一些简单的零件，也可以参照其加工工艺，手工完成建模。

1．标准件手工建模思路

常用的螺纹紧固件有螺栓、双头螺柱、螺母、垫圈等。这类零件的结构、形式、尺寸和技术要求都已列入有关的国家标准，并由专门的工厂组织生产。螺栓螺母的造型过程相近，一般都是先用拉伸特征完成基体造型并添加倒角，然后，再用扫描切除特征添加螺纹。

销主要用于零件间的联接或定位。常用的销有圆柱销、圆锥销、开口销等。常用的销建模流程为：首先绘制横断面的草图轮廓，然后利用拉伸工具生成基本特征，最后添加倒角特征。

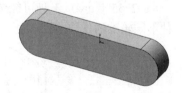

图 2-57　普通平键

键用来联接轴与安装在轴上的齿轮、带轮等传动零件，起传递转矩的作用。键的种类很多，常用的有普通平键、半圆键和钩头楔键等。如图 2-57 所示普通平键的建模流程为：首先绘制键的草图轮廓，然后利用拉伸工具即可完成造型。

2．键的设计操作过程

（1）生成新的零件文档

单击标准工具栏上的"新建" 按钮，弹出"新建 SolidWorks 文件"对话框。单击"零件"，然后单击"确定"按钮，新零件窗口出现。

（2）绘制直槽口

选择前视基准面。如图 2-58 所示，在 CommandManager 中，单击"草图"工具栏中的

"槽口" 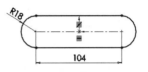 按钮，选择"直槽口" 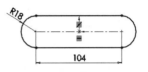，在绘图区单击并沿水平移动指针，再次单击后上下移动，最后单击完成直槽口的绘制。

（3）添加定位几何关系和尺寸

按〈Ctrl〉键并单击选中直槽口中心线和坐标原点，添加"中点几何关系"；单击"智能尺寸" 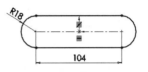 按钮。单击半圆，移动指针单击放置该尺寸，将半径设置为 18mm。分别单击两圆，并标注圆心距为 104mm，如图 2-59 所示。

图 2-58 绘制直槽口命令

图 2-59 直槽口草图

（4）拉伸基体特征

在 CommandManager 的"特征"工具栏中单击"拉伸凸台/基体" 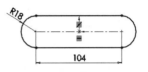 按钮，如图 2-60 所示，在"拉伸"对话框中设 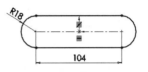 为 20mm 并单击"确定" 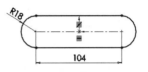 按钮，则生成键零件模型。

2.5.2 轴类零件设计

在机械机构中，轴类零件起传递动力和支承的作用，分为轴、花键轴、齿轮轴等。轴的结构多采用阶梯形，一般在轴上都有键槽。当轴上装配的齿轮较小时，可以将小齿轮与轴设计在一起，构成齿轮轴，当轴上装配的齿轮的尺寸较大时，应做成装配结构，分别设计齿轮和轴。当轴传递的扭矩较大时，常常将轴设计成花键轴。

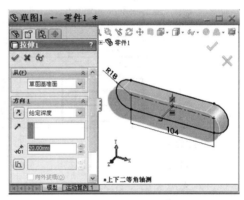

图 2-60 拉伸生成平键

1. 基本流程

在对一般的轴类零件进行实体造型时，可以体现"加工仿真"思想并确定其建模过程为：拉伸凸台获得棒料→反侧拉伸切除获得各个部位→拉伸切除获得键槽→倒角和圆角完成轴模型，具体见表 2-7。

表 2-7 轴类零件主要加工过程及其仿真

工 序	工序名称与工序草图	SolidWorks 特征建模
1	下料 128，车外圆 $\phi45$ 	右视基准面上 $\phi45$ 的圆给定深度 128 拉伸凸台 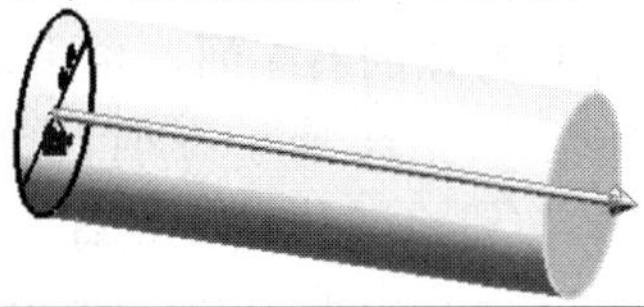

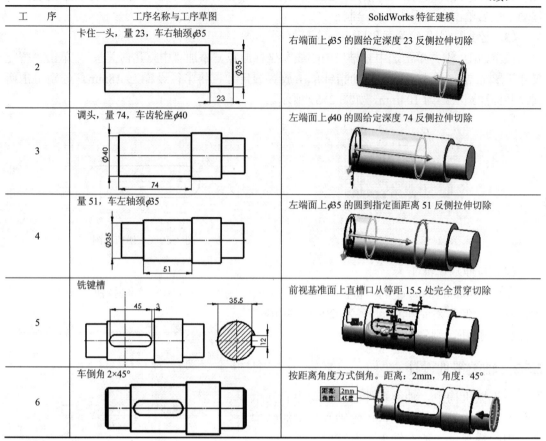

工　序	工序名称与工序草图	SolidWorks 特征建模
2	卡住一头，量23，车右轴颈⌀35	右端面上⌀35的圆给定深度23反侧拉伸切除
3	调头，量74，车齿轮座⌀40	左端面上⌀40的圆给定深度74反侧拉伸切除
4	量51，车左轴颈⌀35	左端面上⌀35的圆到指定面距离51反侧拉伸切除
5	铣键槽	前视基准面上直槽口从等距15.5处完全贯穿切除
6	车倒角2×45°	按距离角度方式倒角。距离：2mm，角度：45°

2．操作步骤

其造型过程如下。

（1）生成新的零件文档

单击标准工具栏上的"新建"按钮，弹出"新建 SolidWorks 文件"对话框。单击"零件"，然后单击"确定"按钮，新零件窗口出现。

（2）下料

选择右视基准面，单击"草图"工具栏中的"草图绘制"→"圆"按钮，单击捕捉坐标原点，移动指针并单击完成圆的绘制。在 CommandManager 的"草图"工具栏中单击"智能尺寸"按钮，单击圆弧线标注直径为 45mm。在 CommandManager 的"特征"工具栏中单击"拉伸凸台/基体"按钮，在"拉伸"对话框中设 为长度 128mm，单击"确定"按钮创建完成下料，如图 2-61 所示。

（3）车右轴颈

选择棒料特征的右端面，单击草图工具栏中的"草图绘制"→"圆"按钮，将指针移到草图原点，指针变为 时，单击并移动指针，再次单击即完成圆的绘制。单击"智能尺寸"按钮将圆的直径设置为 35mm，单击"确定"按钮。在 CommandManager 的"特征"工具栏中单击"拉伸切除"按钮，如图 2-62 所示，在"拉伸"对话框中设 为 23mm，并选中"反侧切除"复选框，最后单击"确定"按钮。

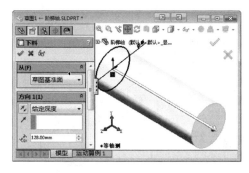

图 2-61 下料

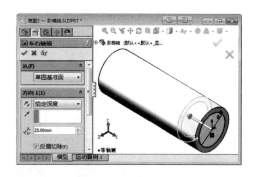

图 2-62 车右轴颈

（4）车齿轮座

选择棒料特征的左端面，单击"草图"工具栏中的"草图绘制"→"圆" 按钮，将指针移到草图原点，指针变为 ✕ 时，单击并移动指针，再次单击即完成圆的绘制。单击"智能尺寸" 按钮将圆的直径设置为 40mm，单击"确定" 按钮。在 CommandManager 的"特征"工具栏中单击"拉伸切除" 按钮，如图 2-63 所示，在"拉伸"对话框中设 为 74mm，选中"反侧切除"复选框并单击"确定" 按钮。

（5）车左轴颈

选择棒料特征的左端面，单击草图工具栏中的"草图绘制"→"圆" 按钮，将指针移到草图原点，指针变为 ✕ 时，单击并移动指针，再次单击即完成圆的绘制。单击"智能尺寸" 按钮将圆的直径设置为 35mm，单击"确定" 按钮。在 CommandManager 的特征工具栏中单击"拉伸切除" 按钮，如图 2-64 所示，在"拉伸"对话框中设拉伸方式为"到离指定面的距离"，单击选中轴肩左侧面，设"距离" 为 51mm，选中"反侧切除"复选框并单击"确定" 按钮。

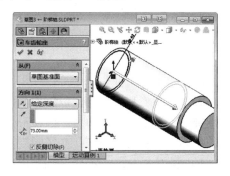

图 2-63 车齿轮座

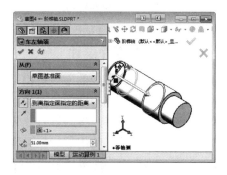

图 2-64 车左轴颈

（6）铣键槽

选择前视基准面，选择"视图定向" →"正视于" ，单击"草图"工具栏上的"直槽口" 按钮，绘制键槽草图。给槽口中心线和草图原点添加"重合"关系，并单击"智能尺寸" 按钮为其添加定位尺寸：槽距轴肩 3mm，定形尺寸：槽长 45mm 和槽宽 12mm。在标注圆弧之间的距离时，在"尺寸"对话框中单击"引线"选择圆弧条件为"最大"，如图 2-65 所示。再单击"特征"工具栏中的"拉伸切除" 按钮，在图 2-66 所示的"拉伸"对话框中设拉伸起点为等距 15.5mm（即 35.5-40/2=15.5），拉伸方式为"完全贯

45

穿"，单击"确定" ✔ 按钮。

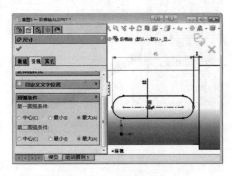

图 2-65　键槽草图

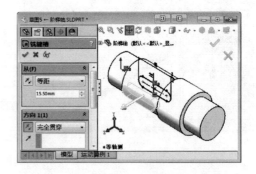

图 2-66　铣键槽

（7）车倒角

在特征工具栏中单击"倒角" ◢ 按钮，选择倒角边线，在图 2-67 所示的"倒角"对话框中设 ↗ 为 2mm，设 ◿ 为 45°并单击"确定" ✔ 按钮。完成阶梯轴建模，如图 2-68 所示。

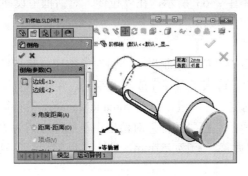

图 2-67　倒角对话框

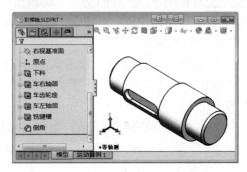

图 2-68　轴模型

2.5.3　螺旋弹簧类零件设计

螺旋弹簧常用于机械中的平衡机构，在汽车、机床、电器等工业生产中广泛应用。螺旋弹簧是用弹簧钢丝绕制成的螺旋状弹簧，弹簧钢丝的断面有圆形和矩形等，以圆形断面最为常用。螺旋弹簧类型较多，按外形可分为普通圆柱螺旋弹簧和变径螺旋弹簧。圆柱形螺旋弹簧结构简单、制造方便、应用最广，可作压缩弹簧、拉伸弹簧和扭转弹簧；变径螺旋弹簧有圆锥螺旋弹簧、蜗卷螺旋弹簧和中凹形螺旋弹簧等。下面说明 SolidWorks 中分别采用沿螺旋线扫描方法和绕直线扭转扫描方法完成圆柱压缩螺旋弹簧建模的过程。

1. 沿螺旋线扫描方法

如图 2-69 所示，螺旋弹簧是由簧条圆绕一条螺旋线扫描而成的。其造型过程为：先绘制两个草图（螺旋线和簧条圆），然后将簧条圆沿螺旋线扫描创建弹簧基体，最后利用拉伸切除特征创建支承圈。

（1）生成新的零件文档

单击标准工具栏中的"新建" ▢ 按钮，弹出"新建 SolidWorks 文件"对话框。单击"零件"，再单击"确定"按钮，新零件窗口出现。

a)   b)   c)

图 2-69　弹簧建模流程

a) 螺旋线和簧条圆　b) 扫描弹簧基本特征　c) 端面磨平

（2）绘制螺旋线

1）绘制螺旋线基圆。选择上视基准面，单击"草图"工具栏中的，再单击"圆"按钮，捕捉草图原点，移动指针并单击完成圆的绘制。单击草图工具栏上的"智能尺寸"按钮，选择圆，移动指针单击放置该直径尺寸的位置，将直径设置为弹簧中径 220mm，单击"确定"按钮。

2）插入螺旋线。选择"插入"→"曲线"→"螺旋线/涡状线"命令，在如图 2-70 所示的"螺旋线"对话框中，设定"定义方式"为"螺距和圈数"，"参数"为"可变螺距"，并输入底部支承圈、工作圈和顶部支承圈得螺距和圈数，单击"确定"按钮。

（3）绘制簧条圆

选择右视基准面，单击草图工具栏上的"圆"按钮。将指针移到螺旋线起点捕捉该点，单击并移动指针，再次单击即完成圆的绘制。单击"智能尺寸"按钮，将圆直径设置为 50mm，单击"确定"按钮。

（4）扫描弹簧基体

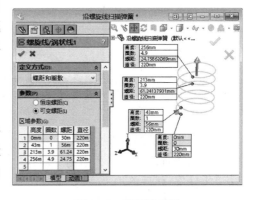

图 2-70　螺旋线设置

在 CommandManager 草图工具栏中单击退出草图。在 CommandManager "特征"工具栏单击"扫描"按钮，单击簧条圆选择轮廓和单击螺旋线选择路径，在如图 2-71 所示的"扫描"对话框中单击"确定"按钮完成弹簧造型。

（5）磨削支撑圈

选择右视基准面，单击"草图"工具栏中的"边角矩形"按钮，在图形区中单击两点完成矩形绘制。按〈Ctrl〉键并选中矩形底边和原点，添加"中点"几何关系，按〈Ctrl〉键并选中矩形左边和条圆，添加"相切"几何关系，单击"智能尺寸"按钮，选择矩形左边，移动指针单击弹簧放置该尺寸的位置，将长度设为弹簧自由高 256mm，单击"确定"按钮，完成草图绘制。

在 CommandManager "特征"工具栏中单击"拉伸切除"按钮，如图 2-72 所示，设"方向 1"和"方向 2"均设为"完全贯穿"，并选中"反侧切除"，单击"确定"按钮完成弹簧造型。

2．绕直线扭转扫描方法

参照弹簧卷制工艺过程，如图 2-73 所示，弹簧是由簧条圆绕 3 条首尾相连的直线扭转而成的，基本思路是"先滚子→后卷簧→再磨圈"，其造型过程为：先在 3 个草图中绘制 3

条首尾相连的直线（滚子中心线），再绘制簧条圆，然后利用扫描特征中的"沿路径扭转"命令依次创建弹簧基体（下支撑圈→工作圈→上支撑圈），最后利用反侧拉伸切除特征磨平支承圈。

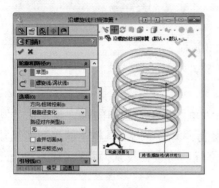

图 2-71　扫描弹簧基体

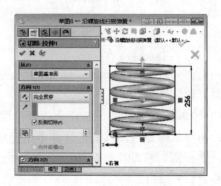

图 2-72　磨削支撑圈

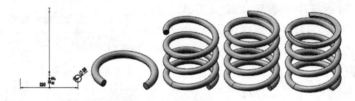

图 2-73　弹簧建模流程

（1）生成新的零件文档

单击"标准"工具栏中的"新建" 按钮，弹出"新建 SolidWorks 文件"对话框。单击"零件"，然后单击"确定"按钮，新零件窗口出现。

（2）绘制滚子中心线

1）下支撑圈滚子中心线。在左侧的设计树中选择前视基准面，在 CommandManager 中，单击 草图 和 进入草图绘制环境。如图 2-74a 所示，单击"草图"绘制工具上的"直线" 按钮，在绘图区捕捉草图原点，并移动鼠标绘制竖直直线。单击"智能尺寸" 按钮，标注直线高为 13mm（簧条半径），单击"确定" 按钮。在草图工具栏中单击 退出草图。

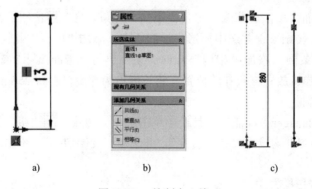

图 2-74　绘制中心线

2）上支撑圈滚子中心线。在前视基准面上前一条直线上方绘制竖直直线。按〈Ctrl〉

键，单击两条直线，如图 2-74b 所示，添加"共线"和"相等关系"。单击"智能尺寸" ⊡ 按钮，标注两直线端点距离为弹簧自由高 260mm，单击"确定" ✔ 按钮。在"草图"工具栏中单击 ⮌ 退出草图。

3）工作圈滚子中心线。如图 2-74c 所示，在前视基准面上绘制上面两条直线首尾相连的连线。在"草图"工具栏中单击 ⮌ 退出草图。

（3）卷下支撑圈

1）绘制簧条圆。在特征树中选择前视基准面，单击"草图"工具栏中的"圆" ⊙ 按钮，在绘图区滚子中心线右侧，单击并移动指针，再次单击即完成簧条圆的绘制。单击"直线" ✏ 按钮，捕捉草图原点，向下绘制竖直直线，并设为构造线。按〈Ctrl〉键，单击草图原点和簧条圆圆心，添加"水平"关系；单击"智能尺寸" ⊡ 按钮，单击簧条圆和构造线，并将鼠标移动到构造线左侧然后单击标注对称尺寸为弹簧中径 220mm，完成簧条圆定位。再单击簧条圆，标注其直径为 26mm，如图 2-75 所示。在"草图"工具栏中单击 ⮌ 退出草图。

2）扫描下支撑圈。在 CommandManager 的"特征"工具栏中单击"扫描" ⟳ 按钮，如图 2-76 所示，单击簧条圆草图作为扫描轮廓，单击下支撑圈滚子中心线草图作为扫描路径，在选项卡中设"方向/扭转控制"为"沿路径扭转"；"定义方式"为"旋转 0.75"（即旋转 0.75 圈），单击"确定" ✔ 按钮。

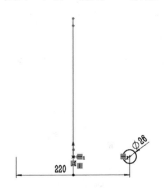

图 2-75　绘制簧条圆

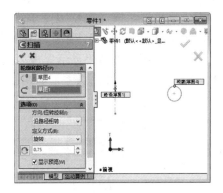

图 2-76　绕制支撑圈

（4）卷工作圈

1）绘制簧条圆。选下支撑圈上端的平面作为草图平面，单击"草图"工具栏中的 ⮌ 进入草图环境，在单击"转换实体引用" ⓘ 按钮，将边线投影成簧条圆。单击"草图"工具 ⮌ 退出草图。

2）扫描工作圈。在 CommandManager 的"特征"工具栏中单击"扫描" ⟳ 按钮，如图 2-77 所示，单击簧条圆草图作为扫描轮廓，单击工作圈滚子中心线草图作为扫描路径，在选项卡中设"方向/扭转控制"为"沿路径扭转"；"定义方式"为旋转 2.9（即旋转 2.9圈），单击 ⟳ 改变旋向，单击"确定" ✔ 按钮。

（5）卷上支撑圈

1）绘制簧条圆。选工作圈上端的平面作为草图平面，单击"草图"工具栏中的 ⮌ 进入草图环境，在单击"转换实体引用" ⓘ 按钮，将边线投影成簧条圆。单击"草图"工具 ⮌ 退出草图。

2）扫描工作圈。在 CommandManager 的特征工具栏中单击"扫描" ⟳ 按钮，如图 2-78

所示，单击簧条圆草图作为扫描轮廓，单击上支撑圈滚子中心线草图作为扫描路径，在选项卡中设"方向/扭转控制"为"沿路径扭转"；"定义方式"为"旋转 0.75"（即旋转 0.75 圈），单击"确定" ✔ 按钮。

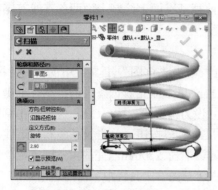

图 2-77　绕工作圈

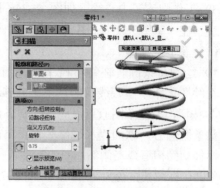

图 2-78　绕支撑圈

（6）磨支撑圈

1）绘制磨簧矩形。选下支撑圈端面作为草图平面，单击 ，选择 正视于 。如图 2-79 所示，在"草图"工具栏中单击 插入新草图，单击"矩形" 按钮，在绘图区单击，然后移动指针来生成矩形。按〈Ctrl〉键，单击草图原点和矩形下边线，添加"中点"关系；单击矩形右边线和下支撑圈圆线，添加"相切"关系；单击打开特征树中"扫描 3"，右击上支撑圈滚子中心线草图，单击"显示" 按钮使草图显示，单击矩形上边线和支撑圈滚子中心线的上端点，添加"中点"关系，如图 2-80 所示。

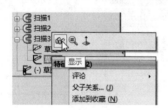

图 2-79　显示草图

图 2-80　磨圈草图

2）反侧切除磨圈。在 CommandManager "特征"工具栏中单击"拉伸切除" 按钮，如图 2-81 所示，设"方向 1"为"完全贯穿"，并选中"反侧切除"复选框，"方向 2"也为"完全贯穿"，单击"确定" ✔ 按钮完成磨圈。

（7）看多变

在特征树中右击"注解"，选择"显示特征尺寸"，在绘图区中修改簧条直径、弹簧中径和有效圈数等驱动尺寸观察模型变化，体会牵一发动全身的特点。对比两种弹簧建模方法，体会加工仿真的优势。

2.5.4　盘类零件设计

盘类零件通常是指机械机构中盖、环、套类零件，如分度盘、分定价环、垫圈、垫片、轴套、薄壁套。

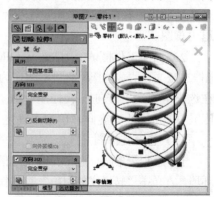

图 2-81　磨圈

1．基本流程

如图 2-82 所示，齿轮减速器轴承端盖的造型过程为：先用拉伸凸台生成盖板，再用拉伸凸台特征生成定位筒形成轴承基本形体。然后使用拉伸切除命令打孔，使用阵列特征得到零件的其他孔特征。最后生成圆角和倒角特征。

图 2-82　盘类零件建模流程

2．操作步骤

（1）生成新的零件文档

单击标准工具栏上的"新建" [图] 按钮，弹出"新建 SolidWorks 文件"对话框。单击"零件"，然后单击"确定"按钮，新零件窗口出现。

（2）建盖板

1）绘板面。在特征树中选择右视基准面，单击草图工具栏上的"圆" [图] 按钮，在绘图区捕捉草图原点，单击并移动指针，再次单击即完成圆的绘制。单击"智能尺寸" [图] 按钮，设直径为 240mm。

2）拉盖板。在 CommandManager 的"特征"工具栏中单击"拉伸凸台/基体" [图] 按钮，在"拉伸"对话框中设 [图] 为长度 10mm，单击"确定" [图] 按钮。

（3）建支筒

1）绘内边。在特征树中选择右视基准面，单击"草图"工具栏上的"圆" [图] 按钮，在绘图区捕捉草图原点，单击并移动指针，再次单击即完成圆的绘制。单击"智能尺寸" [图] 按钮，直径为 140mm。

2）拉支筒。在 CommandManager 的"特征"工具栏中单击"拉伸凸台/基体" [图] 按钮，如图 2-83 所示，设定"给定深度" [图] 为 30mm，选中"薄壁特征"复选框，壁厚设为 10mm，单击"确定" [图] 按钮。

（4）钻螺栓孔

选择端盖前面，单击草图工具栏上的"圆" [图] 按钮，捕捉草图原点，绘制螺栓孔定位圆，选中"作为构造线"复选框，单击"智能尺寸" [图] 按钮，标注其直径为 200mm。单击"草图"工具栏上的"圆" [图] 按钮，捕捉定位圆上侧的定位原点，绘制螺栓孔圆，单击"智能尺寸" [图] 按钮，标注其直径为 25mm。如图 2-84 所示，在特征工具栏中单击"拉伸切除" [图] 按钮，在"拉伸"对话框中设 [图] 为"完全贯穿"，单击"确定" [图] 按钮。

（5）圆周阵列螺栓孔

选择"插入"→"阵列/镜像"→"圆周阵列"命令，如图 2-85 所示，选圆柱面为阵列方向，阵列角度为 360°，阵列数目为 4，并选中"等间距"，单击"确定" [图] 按钮。

（6）倒角

在 CommandManager 的"特征"工具栏中单击"倒角" [图] 按钮，选择倒角边线，在

图 2-86 所示的"倒角"对话框中设 📐 为 2mm,再设 📐 为 45°并单击"确定" ✔ 按钮,完成端盖造型。

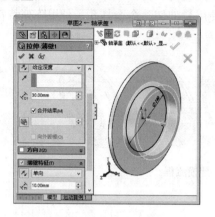

图 2-83　建支筒

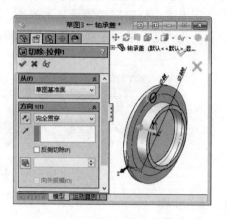

图 2-84　钻螺栓孔

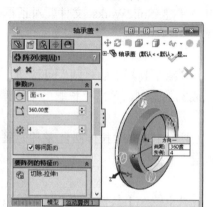

图 2-85　阵列参数设置

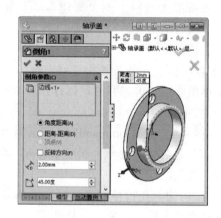

图 2-86　倒角设置

2.5.5　齿轮类零件设计

在机械机构中,常常用齿轮把一个轴的转动传递给另一根轴。齿轮的种类很多,根据其传动情况可分为:用于两平行轴的机构传递圆柱齿轮、用于两相交轴的机构传递锥齿轮及用于两交叉轴的机构传递蜗轮蜗杆。

在 SolidWorks 中可以采用直接造型法或由 toolbox、geartrix、fntgear、rfswapi 等插件生成。常见的圆柱齿轮分为直齿轮和斜齿轮两种,下面以直齿轮为例说明圆柱齿轮的设计方法。

1. 直接造型法基本流程

设计直齿轮时,要先确定模数和齿数,其他各部分尺寸都可由模数和齿数计算出来。已知齿轮模数为 10,齿数为 47,齿轮宽度为 140mm。计算得到分度圆ϕ460mm,齿顶圆ϕ480mm,齿根圆ϕ435mm。如图 2-87 所示,圆柱齿轮的直接造型过程为:拉伸形成齿轮的基体特征;拉伸切除轴孔和键槽;拉伸切除辐板及辐板孔多余材料;根据齿轮的齿数和模数计算所的齿轮零件相关尺寸,绘制齿槽草图后拉伸切除齿槽;对单个齿槽进行圆周阵列,得到整个齿轮的齿形特征。

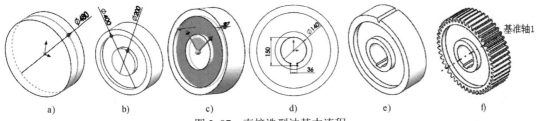

图 2-87　直接造型法基本流程

a) 拉轮坯　b) 切前辐板　c) 切后辐板　d) 挖孔槽　e) 插齿槽　f) 阵列齿槽

2．齿轮直接法建模步骤

（1）生成新的零件文档

单击标准工具栏上的"新建"□按钮，弹出"新建 SolidWorks 文件"对话框。单击零件，然后单击"确定"按钮，新零件窗口出现。

（2）拉轮坯

选择前视基准面，单击"草图"工具栏上的"圆"◎按钮，捕捉草图原点，单击并移动指针，再次单击即完成圆的绘制。单击草图工具栏上的"智能尺寸"◎按钮，标注圆直径尺寸为ϕ480mm，单击"确定"✔按钮。

在特征工具栏中单击"拉伸凸台/基体"◎按钮，在"拉伸"对话框中设拉伸方向为"两侧对称"，设 ⬗₁ 为 140mm，单击"确定"✔按钮（使用两侧对称方式，便于以后装配时以前视面作为中面设配合）。在特征树中单击"拉伸 1"使其高亮显示后，再单击，并重命名为"拉轮坯"。

（3）切辐板

1）切前辐板。选择齿轮前面，利用草图绘制工具绘制辐板草图，利用"智能尺寸"◎标注内圆ϕ200mm，外圆ϕ400mm，如图 2-88 所示。在 CommandManager 的"特征"工具栏中单击"拉伸切除"◎按钮，在"拉伸"对话框中设 ⬗ 为"给定深度"，设置 ⬗₁ 为 30mm，单击"确定"✔按钮。将特征树中的名称改为"切前辐板"。

2）切后辐板。选择齿轮后面，单击 草图 和 ⬀ 进入草图绘制环境后，单击"草图"工具栏上的"转换实体引用"◎，在前辐板面上，选择内外圆线，单击"确定"✔按钮将两者投影到齿轮后面上，在 CommandManager 的"特征"工具栏中单击"拉伸切除"◎按钮，在"拉伸"对话框中设 ⬗ 为"给定深度"，设置 ⬗₁ 为 30mm，单击"确定"✔按钮。将特征树中的名称改为"切后辐板"。

（4）挖孔槽

1）绘草图。选择齿轮侧面为草图平面。利用草图绘制工具绘制轴孔和键槽草图轮廓，利用"智能尺寸"◎按钮标注相关尺寸，如图 2-89 所示。

2）切孔槽。在 CommandManager 的"特征"工具栏中单击"拉伸切除"◎按钮，在"拉伸"对话框中设 ⬗ 为"完全贯穿"，单击"确定"✔按钮。将特征树中的名称改为"挖孔槽"。

（5）插齿槽

1）绘制齿根圆。选择齿轮前面，单击"视图定向"◎▾中的正视于 ⬥ 转换视向后，单击"草图"工具栏上的"圆"◎，捕捉草图原点并单击，然后移动指针，再次单击即完成圆的绘制。单击草图工具栏上的"智能尺寸"◎按钮。选择圆，移动指针单击放置该直径尺寸，将尺寸数值设为齿根圆ϕ435mm。

2）绘制分度圆。重复以上操作，完成ϕ460mm 的分度圆的绘制，单击选中分度圆线，在"圆"属性对话框的"选项"中选中"作为构造线"，单击"确定"✔按钮。

3）绘制齿顶圆。选中齿轮毛坯外轮廓线，单击草图工具栏中的"转换实体引用"📎按钮，完成齿顶圆绘制，单击选中齿顶圆线，在"圆"属性对话框的"选项"中选中"作为构造线"，单击"确定"✔按钮。

4）绘制齿形中心线。单击"草图"工具栏中的"中心线"┆按钮，将指针移到草图原点处捕捉原点并单击，然后沿垂直方向移动指针到齿顶圆外侧时再次单击，自动添加"竖直"几何关系，单击"确定"✔按钮，如图 2-90 所示。

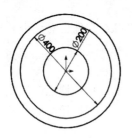

图 2-88　辐板草图

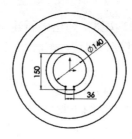

图 2-89　轴孔和键槽草

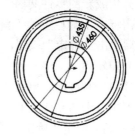

图 2-90　齿轮三圆与中心线

5）绘制齿槽右侧线。单击"草图"工具栏中的"样条曲线"〜按钮，将指针移到齿顶圆处捕捉到交点后指针变为✗再单击，将指针移到分度圆处捕捉到交点后指针变为✗单击，将指针移到齿根圆处捕捉到交点后指针变为✗单击，单击"草图"工具栏上的"样条曲线"〜按钮完成样条曲线绘制。单击"草图"工具栏上的"智能尺寸"◎按钮，用"局部放大工具"🔍放大齿形绘制区。分别将中心线和样条曲线与齿顶圆、分度圆和齿根圆的交点对称距离标注为25mm、15mm 和9mm，如图 2-91 所示，单击"确定"✔按钮。

6）镜像齿槽左侧线。单击"草图"工具栏中的"镜像实体"🔳按钮，如图 2-92 所示，在图形区单击样条曲线，在"镜像"对话框中单击"镜像点"下拉列表，在图形区单击中心线，单击"确定"✔按钮。

7）裁多余。单击"剪裁"➤按钮，剪裁掉多余草图的部分得到齿槽轮廓，如图 2-93 所示。

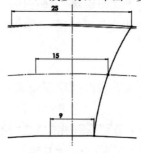

图 2-91　齿廓曲线

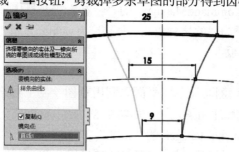

图 2-92　镜像草图

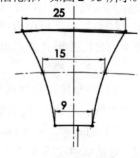

图 2-93　齿槽轮廓草图

8）拉伸齿特征。在 CommandManager 的"特征"工具栏中单击"拉伸切除"🔳按钮，在"拉伸"对话框中设🔳为"完全贯穿"，单击"确定"✔按钮。将特征树中的名称改为"插齿槽"。

（6）阵列齿特征

1）插入基准轴。选择"插入"→"参考几何体"→"基准轴"命令，选基体圆柱面，单击"确定" ✔ 按钮，如图2-94所示。

2）阵列齿特征。选择"插入"→"阵列/镜像"→"圆周阵列"命令。选"基准轴1"和"插齿槽-切除"，如图2-95所示，在"参数"中设阵列角度参数 🔼 为360；阵列数目 ❄ 为47，并选中"等间距"复选框，单击"确定" ✔ 按钮。完成轮齿阵列造型，如图2-96所示。

图2-94　插入基准轴

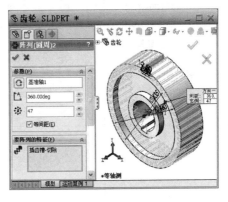

图2-95　齿阵列

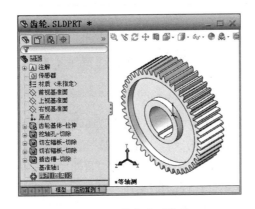

图2-96　轮齿阵列模型

2.5.6　箱体零件设计

减速器箱体是用以支持和固定轴系零件，是保证传动件啮合精度、良好润滑及轴系可靠密封的重要零件，其质量占减速器总质量的30%～50%，因此，必须重视箱体的结构设计。减速器箱体可以是铸造件，也可以是焊接件，进行批量生产时，通常使用铸造件。

1. 基本流程

箱体结构零件比较复杂，一般的造型原则是"先面后孔，基准先行；先主后次，先加后减，先粗后细。一级圆柱齿轮减速器的箱体和机盖，除部分孔特征外，其结构为对称结构。为减少在创建机座模型中的工作量，应先建立对称结构的对称特征，而后使用镜像复制命令获得另外的特征。减速器的箱体建模过程如表2-8所示。

表 2-8　减速器的箱体建模过程

序　号	结构组成	造型方法	序　号	结构组成	造型方法
1	容纳齿轮和润滑油的齿轮腔		7	密封防尘用轴承端盖安装孔	
2	减速器盖连接用装配凸缘		8	装配凸缘装配孔	
3	安装固定用安装底座		9	底座安装孔与底座槽	
4	轴承孔加强凸缘		10	镜像对称	
5	轴承孔凸台与加强筋		11	底座槽	
6	支承两根轴的轴承孔		12	泄油	

2．操作步骤

（1）启动 SolidWorks

"新建 SolidWorks 文件"对话框弹出后，单击"零件"，然后单击"确定"按钮，新零件窗口出现。

（2）生成齿轮腔

1）拉伸基体。在打开的设计树中选择"上视"为草图绘制平面。单击"草图"工具栏上的"矩形" ▢按钮，绘制矩形。按〈Ctrl〉键，右击矩形右边线，选择快捷菜单中的"选择中点"，单击草图原点，添加"水平"关系。单击工具栏中的"智能尺寸" ◇按钮，标注尺寸，如图 2-97 所示。单击"特征"工具栏中的"拉伸凸台/基体" ◙按钮，在"拉伸"对话框中设置拉伸终止条件为"给定深度"，深度值为 300mm，单击"确定" ✔按钮，生成齿轮腔基体。

2）倒圆角。在"特征"工具栏中单击"圆角" ◔按钮，选择齿轮腔基体的 4 条竖线，如图 2-98 所示，在"圆角"对话框中设圆角半径为 40mm，并单击"确定" ✔按钮。

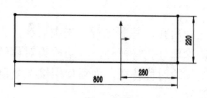

图 2-97　矩形轮廓

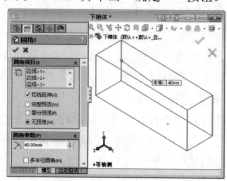

图 2-98　圆角绘制

3）抽壳体。单击"特征"工具栏中的"抽壳"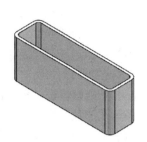按钮，系统弹出"抽壳"对话框，如图 2-99 所示。在"厚度"输入框中输入抽壳的厚度值：20mm，单击上表面为抽空面保持其他选项为系统默认值不变，单击"确定"✔按钮，生成下箱体的腔体。

图 2-99　箱体基体抽壳

（3）生成装配凸缘

选择齿轮腔上端面为草图绘制平面，单击"草图"工具栏中的"等距实体"按钮，如图 2-100 所示，在"等距实体"对话框中设等距为 60mm，单击"确定"✔按钮。单击"草图"工具栏上的"转换实体引用"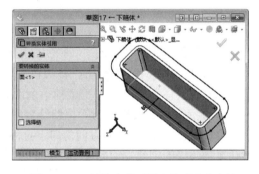按钮，如图 2-101 所示，单击齿轮腔内腔底面，单击"确定"✔按钮。

图 2-100　等距装配凸缘外边

图 2-101　"转换实体引用"装配凸缘内边

单击"特征"工具栏中的"拉伸凸台/基体"按钮，系统弹出"拉伸"对话框，如图 2-102 所示，设置终止条件为"给定深度"，向下深度值为 20mm，单击"确定"✔按钮。

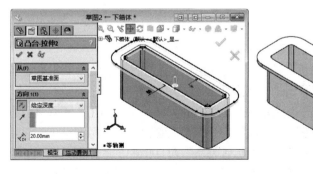

图 2-102　拉伸装配凸缘

（4）创建安装底座

单击"旋转视图" 按钮，选择前面所完成的箱体底面为草图绘制平面，单击"视图定向" 按钮，选择"正视于" ，使绘图平面转为正视方向。

单击"草图"工具栏上的"矩形" 按钮，绘制矩形。按〈Ctrl〉键，右击矩形右边线，选择快捷菜单中的"选择中点"，单击草图原点，添加"水平"关系。按〈Ctrl〉键，矩形左右边线与箱体底面对应左右边线分别添加"共线"关系。单击工具栏中的"智能尺寸" 按钮，标注矩形宽度为400mm，如图2-103所示。

单击"特征"工具栏中的"拉伸凸台/基体" 按钮，在"拉伸"对话框中设置拉伸终止条件为"给定深度"，向上深度值：20mm，单击"确定" 按钮，生成安装底座，如图2-104所示。在特征树中单击该特征，再单击并更名为底座。

（5）生成轴承孔加强凸缘

选择下箱体装配凸缘上表面为草图绘制平面，单击"视图定向" 按钮，选择"正视于" ，使绘图平面转为正视方向。

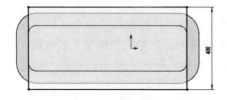

图2-103　下箱体底座草图

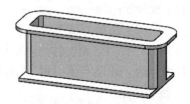

图2-104　下箱体底座基体拉伸

单击"草图"工具栏中的"转换实体引用" 按钮，选中箱体底座上面和装配凸缘上表面前面边线单击"确定" 按钮，将其转换为草图线，如图2-105所示。单击"草图"工具栏中的"剪裁实体" 按钮，剪裁掉多余部分，如图2-106所示。

单击"特征"工具栏中的"拉伸凸台/基体" 按钮，在"拉伸"对话框中设置终止条件为"给定深度"，选择拉伸方向为向下拉伸，深度值为90mm，单击"确定" 按钮，完成轴承孔加强凸缘的创建，如图2-107所示。

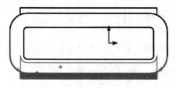

图2-105　面和边线选择

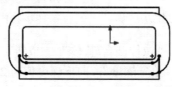

图2-106　加强凸缘草图

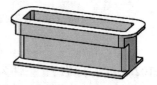

图2-107　加强凸缘

（6）创建轴承孔凸台

单击"旋转视图" 按钮，选择下箱体壳体内侧前面为草图绘制平面，单击"视图定向" 按钮，选择"正视于" ，使绘图平面转为正视方向。

选中箱体上轮廓线，单击"草图"工具栏中的"转换实体引用" 按钮，绘制一条与轮廓线重合的直线。单击"草图"工具栏中的"圆" 按钮，分别绘制两个圆。按〈Ctrl〉键，并单击右圆圆心和坐标原点，在"几何关系"对话框中的"添加几何关系"选择区中单击"竖直" ，添加两点的几何关系为在同一条垂直线上。重复上述操作，分别将两圆圆心与直线的几何关系设为"重合"。在"草图"工具栏中单击"剪裁实体" ⚟ 按钮，剪裁掉多余部分，按图 2-108 所示标注尺寸。

单击"视图定向" ⬚⋅按钮，选择"等轴测" ⬛ 显示等轴测图。单击"特征"工具栏中的"拉伸凸台/基体" ⬛ 按钮，系统弹出"拉伸"对话框，设置终止条件为"给定深度"，选择"拉伸方向"为向外拉伸并在"深度"输入框中输入 100mm，单击"确定" ✔ 按钮，完成下箱体轴承安装孔凸台的创建，如图 2-109 所示。

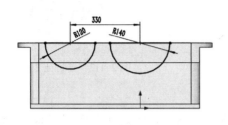

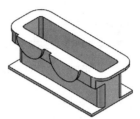

图 2-108　轴承孔草图凸台　　　　　　　　图 2-109　轴承孔凸台

（7）创建轴承孔凸台加强筋

选择"右视"为草图绘制平面，单击"视图定向" ⬚⋅按钮，选择"正视于" ⬩命令，使绘图平面转为正视方向。单击"草图"工具栏中的"直线" ⬊ 按钮，如图 2-110 所示，捕捉凸台圆最下面的点和底座上面边线绘制竖直直线。

单击"特征"工具栏中的"筋" ⬛ 按钮，弹出"筋"对话框，设"厚度"为"两侧" ⬰，输入厚度值 20mm，如图 2-111 所示。单击"确定" ✔ 按钮，形成最终的筋特征。

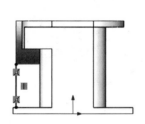

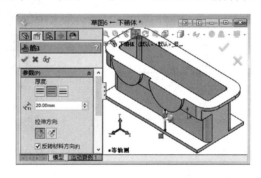

图 2-110　筋特征设置　　　　　　　　　　图 2-111　筋特征 1

选择"插入"→"参考几何体"→"基准面"命令，系统弹出"基准面"对话框，如图 2-112 所示。选"右视基准面"为第一参考，关系为"平行"；选"左圆圆心"为第二参考，关系为"重合"，单击"确定" ✔ 按钮完成基准面创建。

选择新创建的"基准面 1"为加强筋草图绘制平面，单击"视图定向" ⬚⋅按钮，选择"正视于" ⬩，使绘图平面转为正视方向。选中前面所建筋的外边线，单击"草图"工具栏中的"转换实体引用" ⬛ 完成筋草图线的转换。

单击"特征"工具栏中的"筋" ⬛ 按钮，在弹出的"筋"对话框中设"厚度"为"两侧" ⬰，输入厚度值 20mm，并选中"反转材料边"复选框，单击"确定" ✔ 按钮，完成小圆下的加强筋创建，如图 2-113 所示。

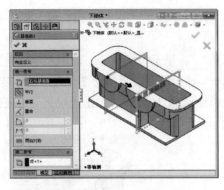

图 2-112　插入基准面

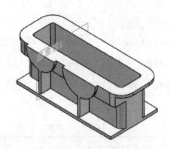

图 2-113　筋特征 2

（8）创建轴承安装孔

选择轴承安装凸缘外表面为草图绘制平面，单击"视图定向" 按钮，选择"正视于" ，使绘图平面转为正视方向。

单击"草图"工具栏中的"圆" 按钮，分别以轴承安装凸缘的圆心为圆心画圆ϕ160mm和ϕ200mm，单击"确定" 按钮，如图 2-114 所示。单击"等轴测" 按钮显示等轴测图。

单击"特征"工具栏中的"拉伸切除"，在"拉伸切除"对话框中设置切除方式为"成形到下一个面"，单击"确定" 按钮，完成实体拉伸切除的创建。拉伸切除后的下箱体如图 2-115 所示。

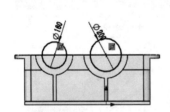

图 2-114　轴承安装孔草图

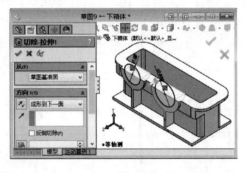

图 2-115　轴承安装孔拉伸切除

（9）创建端盖安装孔

选择下箱体轴承安装孔凸台外表面为草图绘制平面，单击"视图定向" 按钮，选择"正视于" ，使绘图平面转为正视方向，下面完成如图 2-116 所示的草图。

单击"草图"工具栏中的"圆" 按钮，分别以两个轴承安装孔凸缘的圆心为圆心画圆ϕ240mm 和ϕ200mm。在弹出的"圆"对话框中，选择"作为构造线"复选框。

单击"草图"工具栏中的"中心线" 按钮，绘制一条过大轴承安装孔圆心的垂直中心线。过大轴承安装孔绘制另一条中心线与垂直中心线成 45°，并与ϕ240mm 的圆重合。

单击"草图"工具栏中的"圆" 按钮，绘制端盖安装孔并标注ϕ20mm。

单击"草图"工具栏中的"按钮并选择"添加几何关系" ，将安装孔圆心与 45°中心线端点的几何关系设为"合并"。

单击"镜像实体" 按钮，在图形区中单击安装孔，在"镜像"对话框中单击"镜像点"下的空框，再在图形区中单击垂直中心线，单击"确定"✔按钮，完成安装孔镜像。

重复上述操作，完成小圆的安装孔草图绘制。

单击"特征"工具栏中的"拉伸切除"🔲按钮，在"拉伸切除"对话框中设切除方式为"给定深度"，在"深度"文本框中输入 20mm。单击"确定"✔按钮，完成端盖安装孔创建，如图 2-117 所示。

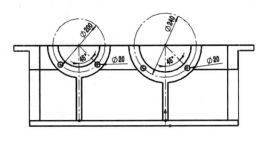

图 2-116　端盖安装孔草图

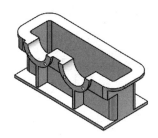

图 2-117　端盖安装孔切除

（10）生成上箱盖装配孔

选择下箱体装配凸缘上表面为草图绘制平面，单击"视图定向"🖼·按钮，选择"正视于"⊥按钮，使绘图平面转为正视方向。

如图 2-118 所示，单击"草图"工具栏中的"中心线"┆按钮，绘制箱体中心线和两轴承孔轴线。单击"草图"工具栏中的"圆"⊙按钮，在草图绘制平面上绘制左下角的圆，标注其关于相应中心线的对称尺寸 280mm 和 320mm，及其直径 40mm。

单击"草图"工具栏中的"圆"⊙按钮，在草图绘制平面上绘制最左侧的圆，标注其关于箱体中心线的对称尺寸 140mm 和距草图原点的距离 550mm，按住〈Ctrl〉键，单击此圆与ϕ40mm 的圆，添加"相等"关系。

单击"草图"工具栏中的"镜像实体"🅰按钮，在图形区中单击左侧的圆，在"镜像"对话框中单击"镜像点"下的空框，再在图形区中单击左轴承孔轴线，单击"确定"✔按钮完成中间圆镜像。重复上述步骤镜像右下角的圆。

单击"草图"工具栏中的"圆"⊙按钮，在草图绘制平面上绘制最右侧的圆，按住〈Ctrl〉键，单击该圆与ϕ40mm 的圆，添加"相等"关系；再单击该圆圆心与最左侧圆圆心，添加"水平"关系。标注其与最左侧圆的距离 860mm。单击"视图定向"🖼·按钮，选择"等轴测"🧊显示等轴测图。

单击特征工具栏中的"拉伸切除"🔲按钮，在"拉伸切除"对话框中设置切除方式为"成形到下一个面"，单击"确定"✔按钮，完成实体拉伸切除的创建，如图 2-119 所示。

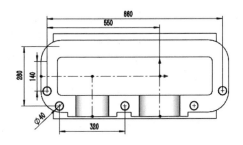

图 2-118　上箱盖装配孔草图

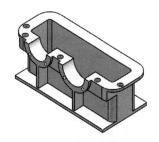

图 2-119　上箱盖装配孔切除

（11）创建箱体底座安装孔

选择"插入"→"特征"→"孔"→"向导"命令，系统弹出"孔规格"对话框，如图2-120所示。在该对话框的"类型"选项卡中设"标准"为GB，"类型"为"六角头螺栓C级"，"大小"为M30。

在"位置"选项卡中单击"3D草图"按钮，在安装座上面单击定位，并标注孔距离前边线45mm，右边线60mm。单击"确定" ✔ 按钮完成一个底座安装孔的创建。

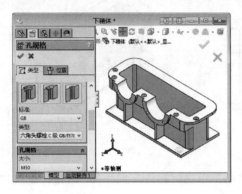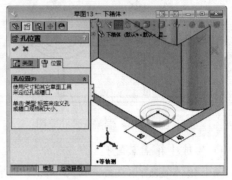

图2-120 钻孔

选择"插入"→"阵列/镜像"→"线性阵列"命令，弹出"线性阵列"对话框，如图2-121所示。在图形区中选择底板长边作为第一阵列方向，间距为650mm，数量为2，要阵列的特征为"孔1"，单击"确定" ✔ 按钮完成实体特征的创建。

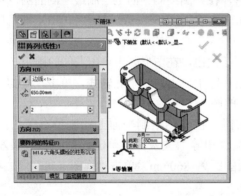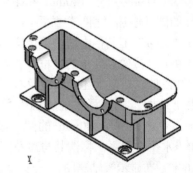

图2-121 阵列孔特征

（12）镜像特征

选择"插入"→"阵列/镜像"→"镜像"命令，弹出"镜像"对话框，如图2-122所示，在特征树中选择"前视"为镜像基准面，单击特征树中的"底座"特征之后的第一个特征，然后，按住〈Shift〉键，单击特征树中的最后一个特征从而选中要镜像的全部特征，单击"确定" ✔ 按钮，完成实体镜像特征的创建，如图2-123所示。

（13）创建下箱体底座槽

选择下箱体侧面为草图绘制平面，单击"视图定向" 🖼· 按钮，选择"正视于" ↥，使绘图平面转为正视方向。

单击"草图"工具栏中的"矩形"⬜按钮，绘制切除特征的矩形轮廓。按住〈Ctrl〉键，单击草图原点和矩形下边线，添加"中点"关系。标注其尺寸为 180mm×10mm，如图 2-124 所示。

单击"视图定向"📷·按钮，选择"等轴测"⬛显示等轴测图。

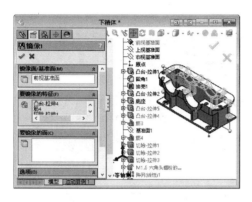

图 2-122 "镜像"对话框

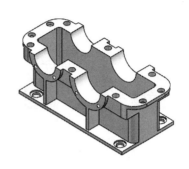

图 2-123 箱体镜像模型

单击"特征"工具栏中的"拉伸切除"，在"拉伸切除"对话框中设置切除方式为"完全贯穿"，单击"确定"✔按钮，完成实体拉伸切除的创建，拉伸切除后的下箱体底座实体如图 2-125 所示。

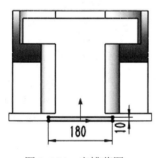

图 2-124 底槽草图

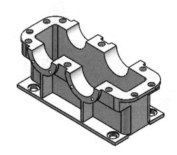

图 2-125 底槽特征拉伸

（14）创建泄油孔

选择下箱体侧面为草图绘制平面，单击"视图定向"📷·按钮，选择"正视于"↥，使绘图平面转为正视方向。

单击"草图"工具栏中的"圆"◎按钮，绘制泄油孔凸台的草图，按住〈Ctrl〉键，单击草图原点和圆心，添加"竖直"关系。标注圆心与草图原点的距离为 90mm，圆为 ϕ80mm，如图 2-126 所示。

单击"特征"工具栏中的"拉伸凸台/基体"🔲按钮，弹出"拉伸"对话框，设置拉伸类型为"给定深度"，选择拉伸方向为"向外拉伸"，并在输入框中输入凸台厚度值为 10mm，单击"拔模"按钮，设置拔模角度为 18°，单击"确定"✔按钮，完成箱盖安装孔凸台的创建，如图 2-127 所示。

选择泄油孔凸台上表面为泄油孔的草图绘制平面，单击"视图定向"📷·按钮，选择

"正视于" ⊥，使绘图平面转为正视方向。单击"草图"工具栏中的"圆" ⊙按钮，以泄油孔凸台中心为圆心绘制泄油孔的草图轮廓，并标注 φ30mm。单击"特征"工具栏中的"拉伸切除" ⊞按钮，弹出"拉伸"对话框，设置拉伸类型为"成形到下一面"，图形区高亮显示"拉伸切除"的方向，如图 2-128 所示。单击"确定" ✔按钮，完成泄油孔的创建，如图 2-129 所示。

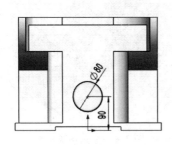

图 2-126　泄油孔凸台草图

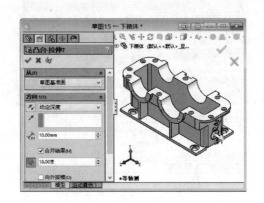

图 2-127　泄油孔凸台拉伸

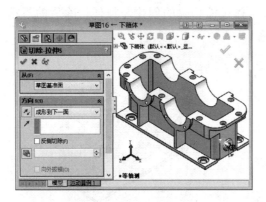

图 2-128　泄油孔创建

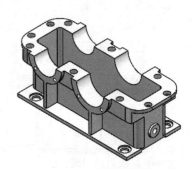

图 2-129　下箱体实体

习题 2

习题 2-1　简答题。

1）使用草图约束有哪些好处？简述草图绘制的基本流程及其原则。

2）SolidWorks 的 3 个基本基准面的名称是什么？选择多个实体时，需要按住哪个键？

3）简述"转换实体引用"的作用。

4）简述 SolidWorks 特征的类型及其创建过程。

5）何谓设计意图？影响设计意图的因素有哪些？举例说明它们对设计意图的影响。

6）简述零件规划的内容。

习题 2-2　按图 2-130 所示步骤完成草图绘制，体会"**先已知，后中间，再连接**"的绘图思想。

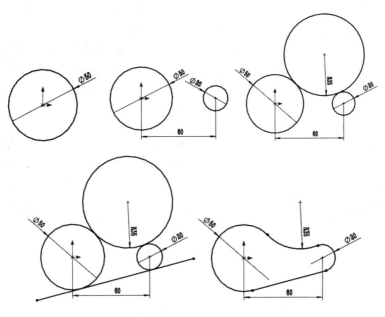

图 2-130　习题 2-2

习题 2-3　画出图 2-131 所示草图。

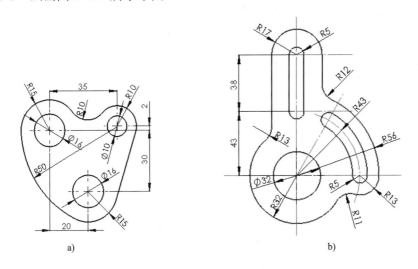

a)　　　　　　　　　　　　　　b)

图 2-131　习题 2-3

习题 2-4　创建如图 2-132 所示的基本特征。

习题 2-5　按图 2-133 所示步骤完成零件，体会"**草图尽量简，特征须关联，造型要仿真，别只顾眼前**"的建模思想。

习题 2-6　按照图 2-134 分析结果完成零件造型。

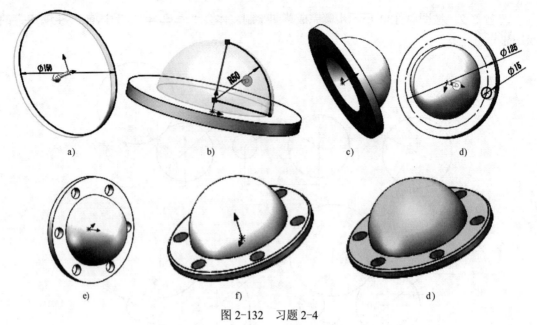

图 2-132　习题 2-4

a) 拉伸厚 10mm　b) 旋转 360°　c) 抽壳厚 10mm　d) 完全贯穿

e) 阵列 6 孔　f) 倒角 2×45°　d) 添黄铜

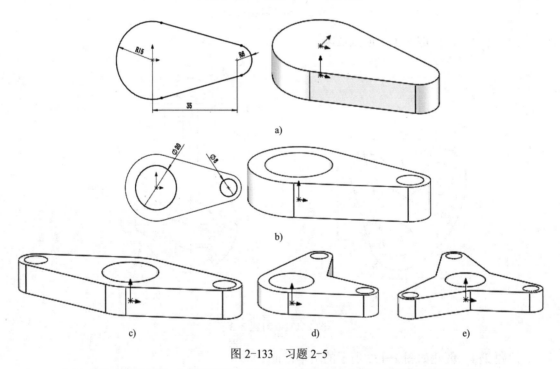

图 2-133　习题 2-5

a) 拉伸　b) 完全贯穿　c) 圆周阵列 2 个 360°　d) 改圆周阵列 2 个 90°　e) 改圆周阵列 3 个 360°

习题 2-7　参照钳工加工过程完成图 2-135 所示的錾口锤的建模（毛坯为 φ30mm×94mm 的圆钢）。

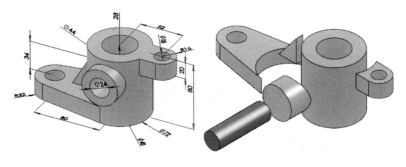

图 2-134 习题 2-6

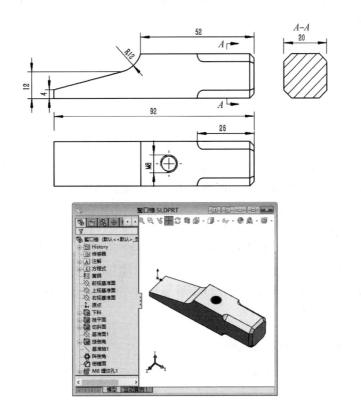

图 2-135 习题 2-7

第3章　虚拟装配设计

装配设计是三维 CAD 软件的三大基本功能单元之一，在现代 CAD 应用中，装配环境已经成为产品综合性能验证的基础环境。设计人员不仅可以利用三维零件模型实现产品的整体装配，还可以使用相关工具实现装配体干涉检查、动态模拟、装配流程和运动仿真等一系列产品整体的辅助设计。本章通过实例来介绍零件的配合关系的概念、干涉检查及模型测量等内容。

3.1　自下而上的装配设计入门

三维 CAD 软件一般支持自下而上和自上而下两种装配造型设计方法。

1）自下而上设计方法。自下而上设计方法是一种归纳设计方法。在装配造型之前，首先独立设计所有零部件，然后将零部件插入装配体，最后根据零件的配合关系，将其组装在一起。与自上而下设计法相比，它们的相互关系及装配行为更为简单。使用该设计法，设计人员可专注于单个零件的设计。

2）自上而下设计方法。自上而下设计方法是一种演绎设计方法。该方法从装配体中开始设计工作，先对产品进行整体描述，然后分解成各个零部件，再按顺序将部件分解成更小的零部件，直到分解成最底层的零件。与自下而上设计方法不同之处是，该方法用一个零件的几何体来帮助定义另一个零件，即生成组装零件后才添加加工特征。自上而下设计法让设计人员专注于机器所完成的功能。

3.1.1　快速入门——螺栓联接装配

此引例完成如图 3-1 所示的螺栓联接装配。螺栓联接包括被联接件（缸体和盖板）、螺栓、弹簧垫片和螺母。

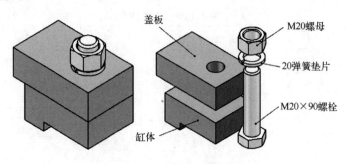

图 3-1　螺栓联接

1. 虚拟装配过程分析

根据实际装配过程可知其装配流程为：首先将缸体插入装配环境，然后将盖板与其组装，其次装上螺栓；最后依次装上弹簧垫片和螺母。

2．虚拟装配过程

（1）插入缸体

1）新建装配体文件。启动 SolidWorks，选择"文件"→"新建"命令，在打开的"新建 SolidWorks 文件"对话框中，选择"装配体"🗎，单击"确定"按钮。系统出现 SolidWorks 建立装配体文件界面，并弹出"开始装配体"对话框。

2）缸体定位。在"开始装配体"对话框中单击"浏览"按钮，如图 3-2a 所示，选择"资源文件"目录下的"缸体.sldprt"，在"打开"对话框中单击"打开"🖼按钮，在图形区中预览缸体。在"开始装配体"对话框中单击"确定"✔按钮，使缸体坐标与装配环境坐标对齐，并自动设为"固定"。该零件会出现在 FeatureManager 设计树中，并带有"固定"标记。

3）调整视角。单击"视图定向"🗔·按钮，单击"等轴测"🗎显示等轴测图，如图 3-2b 所示。单击"标准"工具栏上的"保存"🖫按钮，将该装配体命名为"螺栓联接"并保存。

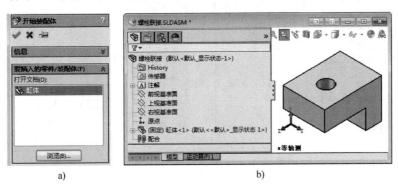

图 3-2　插入缸体

（2）装盖板

1）插盖板。选择"插入"→"零部件"→"现有零件/装配体"命令，并单击"浏览"按钮，找到"资源文件"目录下的"盖板.sldprt"，该零件在屏幕上定位后单击放置。装配体的设计管理树中将显示盖板。

2）添加装配关系。单击"装配体"工具栏中的"配合"🖉按钮，弹出"配合"对话框。如图 3-3 所示，分别单击选择两零件的圆孔面，选择"配合"对话框的"标准配合"选项区中的"同轴心"，单击"确定"✔按钮，添加"同轴心"关系，同时在"配合"区内显示所添加的配合。

重复上述步骤，分别添加盖板底面与缸体顶面、两者前面均为"重合"关系。完成盖板装配，并在"配合"项内显示所有配合关系，如图 3-4 所示。

（3）装螺栓

1）插入螺栓。单击"装配体"工具栏中的"插入零部件"🗎按钮，将"M20×90 螺栓.sldprt"添加到装配体中。

2）添加装配关系。单击"装配体"工具栏中的"配合"🖉按钮，分别添加螺栓圆柱面和盖板圆孔面"同轴心"、螺栓头上平面和缸体凸缘底面"重合"和螺栓头侧面与缸体凸缘底面前面"平行"的配合关系，完成螺栓定位，如图 3-5 所示。

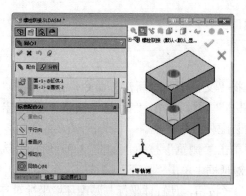

图3-3 添加同轴心关系

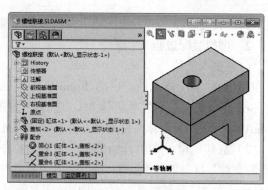

图3-4 盖板装配

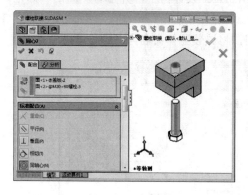

图3-5 装螺栓

（4）装垫片

1）插入弹簧垫片。单击"装配体"工具栏中的"插入零部件" 按钮，将"20 弹簧垫片.sldprt"添加到装配体中。

2）添加装配关系。单击"装配体"工具栏中的"配合" 按钮，分别添加垫片圆孔面和螺栓圆柱面"同轴心"、垫片底面和盖板顶面"重合"和垫片切口面与盖板前面"垂直"的配合关系，完成弹簧垫片定位，如图3-6所示。

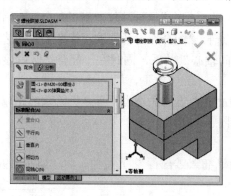

图3-6 装垫片

（5）装螺母

1）插入螺母。单击"装配体"工具栏中的"插入零部件" 按钮，将"M20 螺母.sldprt"添加到装配体中。

2）添加装配关系。单击"装配体"工具栏中的"配合"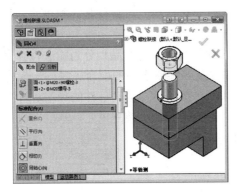按钮，分别添加螺母圆孔面和螺栓圆柱面"同轴心"、螺母底面和垫片顶面"重合"和螺母侧面与被连接件前面"平行"的配合关系，完成螺母定位，如图3-7所示。

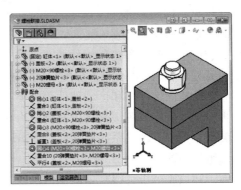

图3-7 装螺母

3.1.2 装配设计基础

按规定的技术要求，将零部件进行配合和连接，使之成为半成品或成品的工艺过程称为装配。把零件装配成半成品称为部件装配；把零件和部件装配成产品的过程称为总装配。而虚拟装配设计是指在零件造型完成以后，根据设计意图将不同零件组织在一起，形成与实际产品装配相一致的装配结构，并进行相应的分析评价过程。

1. 虚拟装配设计过程

由3.1.1节引例的分析过程总结可得虚拟装配设计的具体工作步骤如图3-8所示。

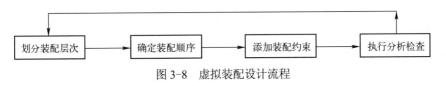

图3-8 虚拟装配设计流程

（1）划分装配层次

机器是人们为满足某种使用要求而设计的，通过执行确定的机械运动来完成包括机械力、运动和能量转换等动力学任务的一种装置。机器的种类繁多、外形万变、用途各异。

从运动学的角度看，机器都是由若干个机构组成的，如内燃机就包含了曲柄滑块机构、控制阀门开关的凸轮机构和齿轮机构。机构是由两个以上具有相对运动的构件所组成，构件是机器中不能有相对运动的运动单元。每一个构件，可以是不能拆开的单一的零件，也可以是由若干个不同零件装配起来的刚性体，如内燃机中的连杆，是由连杆体、连杆头、螺栓、螺母及垫圈等零件装配成的刚性体。机构中作为参考系的构件称为机架，机构中与机架相连的构件称为连架杆，不与机架相连的构架称为连杆体。如内燃机的曲柄滑块机构中机体为机架，曲轴和活塞为连架杆，连杆为连杆体。

从制造的角度看，机器是由若干个机械零件（简称零件）装配而成的，零件是机器中不可拆卸的制造单元，如齿轮、轴、键、螺钉等。

从装配的角度来看，机器是由若干个部件装配而成的，部件是机器中独立装配的装配单元。为了装配方便，应先完成部件装配，然后再装配整机。例如：滚动轴承、减速器低速轴组件，柴油机活塞连杆组等。部件是在基准件上装上若干个零件构成的，零件是机器的最小组成单元。

由此可见，构件、部件与零件的区别在于：构件是运动单元，部件是装配单元，零件则是加工制造单元和最小组成单元。

划分装配层次是指确定装配体（产品）中零部件的组成。将产品划分为能进行独立装配的装配单元（部件），并确定各装配单元的基准零件及各零件之间的配合关系。一般先按照运动关系划分成固定部件和运动部件两大类。然后，再按照拆卸运动部件的顺序进行细分。最后，再按安装顺序将各级部件依次拆分为零件。无论是哪一级装配单元，基准件通常应是与其他装配单元有运动关系的零部件，如齿轮箱的基体或低速轴组件的轴。

按照上述原则分析可得减速器低速轴组件的装配层次，如图 3-9 所示。

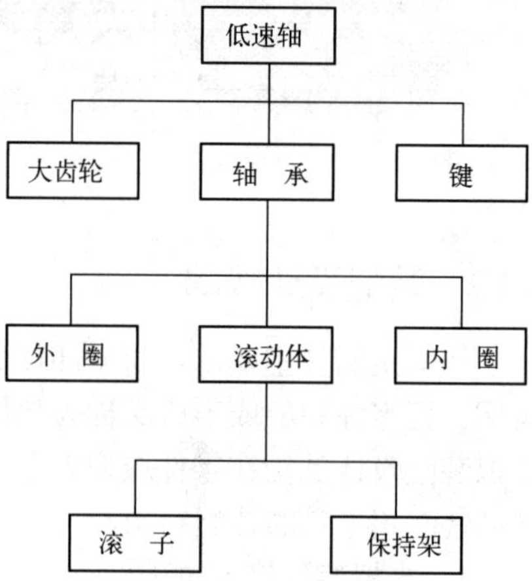

（2）确定装配顺序

在划分装配单元和确定装配基准件之后，即可根据装配体的结构形式和各零部件的相互约束关系，确定各组成零部件的装配顺序。首先要确定基准件作为其他零部件的约束基准，然后将其他组件按配合约束关系依次装配成一个装配体。编排装配顺序的原则是：先基准件、后其他件；先下后上、先内后外；先固定件（机架）、后运动件；先连架杆、后连杆体。

（3）添加装配约束

图 3-9　减速器低速轴组件的装配层次

装配约束是限制零件自由度及各零件相对位置的配合关系。配合关系包括面约束、线约束、点约束等几大类。每种约束所限制的自由度数目不同，具体的知识可以参照"机械原理"方面的书籍。确定两个部件的相对位置，主要是依据部件上的表面、边线、角点、轴线、中心点、对称面进行定位，这些定位要素之间的约束关系如表 3-1 所示。

表 3-1　几何特征间的约束类型

	点	直　线	圆　弧	平面或基准面	圆柱与圆锥
点	重合、距离	重合、距离	-	重合、距离	重合、同轴心、距离
直　线	☆	重合、平行、垂直距离、角度	同轴心	重合、平行、垂直、距离	重合、平行、垂直、相切、同轴心、距离、角度
圆　弧	☆	☆	同轴心	重合	同轴心
平面或基准面	☆	☆	☆	重合、平行、垂直、距离、角度	相切、距离
圆柱与圆锥	☆	☆	☆	☆	平行、垂直、相切、同轴心、距离、角度

注：-表示两种几何实体之间无法建立配合；☆表示为表格中对称单元格中的内容。

每个零件在空间中具有 6 个自由度（3 个平移自由度和 3 个旋转自由度），通过对某个自由度的约束，可以控制零件的相对位置，根据约束的多少，零件处于不同的约束状态。通常包括 3 种约束状态：当零部件的装配关系还不足以限制零部件的运动自由度时，称零部件处于欠约束状态（或者称为动配合）；当施加的装配关系完全限制了运动自由度时，称零部件处于全约束状态（或者称为静装配）；当施加的装配关系比全约束多时，称零部件处于过约束状态。

（4）执行分析检查

装配体分析检查包括质量特性计算、零件相互间隙分析和零件干涉检查。通过分析检查可以发现所设计的零件在装配体中不正确的结构部分，然后根据装配体的结构和零部件的干涉情况修改零件的原设计模型。

装配体的干涉检查分为静态干涉检查和动态干涉检查。静态干涉检查是指在特定装配结构形式下，检查装配体的各个零部件之间的相对位置关系是否存在干涉；而动态干涉检查是检查在运动过程中是否存在零部件之间的运动干涉。

2．SolidWorks 装配设计基础

（1）装配步骤

装配是定义零件之间几何运动关系和空间位置关系的过程。SolidWorks 装配体由子装配（即部件）、零件和配合（装配约束）组成。由以上引例可见，SolidWorks 装配设计步骤可概括为"插基准"→"定位置"→"添其他"→"设配合"。

1）插基准。建立一个新的装配体，向装配体中添加第一个零部件（基准件）。

2）定位置。设定基准件与装配环境坐标系的关系。

3）添其他。向装配体中加入其他的零部件。

4）设配合。设定零部件的配合对象及其配合类型，设定相互的配合关系。

（2）零件

1）零件类型。装配中相对于环境（坐标系）而言，静态不动的零件称为"地"零件，即装配基准件。

2）添加零件的方法。在打开的装配体中，选择"插入"→"零部件"→"已有零部件"命令或单击"装配工具管理器"（如图 3-10 所示）上的"插入零部件"后，在对话框中双击所需零部件文件，在装配体窗口中放置零部件的区域单击。

图 3-10　装配工具管理器

3）旋转或移动零部件的方法。对于欠定义的零部件，可以通过"装配体"工具栏中的"移动零部件"或"旋转零部件"工具来独立改变零部件的位置和方向，而不影响其他零部件。

（3）配合

1）约束类型。与工程中经常使用的定位方式和零件关系相对应，SolidWorks 主要提供了平面重合、平面平行、平面之间成角度、曲面相切、直线重合、同轴心和点重合等配合关系。分为标准配合、机械配合与高级配合 3 大类，具体含义如表 3-2 所示。

表 3-2　SolidWorks 中常用的配合关系

标准配合		机械配合与高级配合	
配合管理器	配合关系定义	配合管理器	配合关系定义
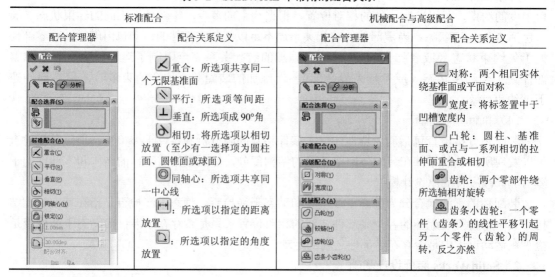	⊼重合：所选项共享同一个无限基准面 ⊗平行：所选项等间距 ⊥垂直：所选项成 90°角 ⊘相切：将所选项以相切放置（至少有一选择项为圆柱面、圆锥面或球面） ◎同轴心：所选项共享同一中心线 ↦所选项以指定的距离放置 ↴所选项以指定的角度放置		⊡对称：两个相同实体绕基准面或平面对称 ◫宽度：将标签置于凹槽宽度内 ⊘凸轮：圆柱、基准面、或点与一系列相切的拉伸面重合或相切 ◎齿轮：两个零部件绕所选轴相对旋转 ◉齿条小齿轮：一个零件（齿条）的线性平移引起另一个零件（齿轮）的周转，反之亦然

2）添加配合的方法。单击"装配体"工具栏中的"配合"⬚按钮后，在配合零件上选择配合部位，在"配合管理器"Property Manager 中选择配合方式即可。

（4）装配设计树

装配设计树是三维 CAD 软件用来记录和管理零部件之间的装配约束关系的树状结构，由零件名称、零件组成、约束定义状态、配合方式组成。轮轴装配的装配设计树如图 3-11 所示。

装配设计树中显示了零部件的约束情况和现实状态，除了位置已完全定义的零部件之外，其余装配体零部件都有一个前缀。

+：表示零部件的位置存在过定义。

-：表示装配体零部件的位置欠定义。

固定：表示装配体零部件的位置锁定于某个位置。

？：表示无法解除的装配配合。

在装配体中，可以多次使用某些零部件。因此，每个零部件都有一个后缀<n>：表示同一零部件的生成序号。

（5）装配体编辑

与零件编辑一样，装配体编辑也有特殊的命令来修改错误和问题，用户可以从装配树中选择装配部件、编辑装配部件之间的关系。

如果要编辑装配体中的某项配合，只要右击设计树中的该配合名称，系统就会弹出快捷菜单，选择相应的菜单项即可进行相应的编辑操作。常用的装配体编辑操作如表 3-3 所示。

图 3-11　设计树

表 3-3　常用的装配体编辑操作

名　　称	功　　能
编辑配合	修改或删除已经设定的配合关系
固定/浮动	强制零部件相对装配环境不能运动/恢复零部件装配约束状态
替换零部件	用不同的零部件替换所选零件的所有实例

名　　称	功　　能
重新排序	在设计树中拖动定位零部件名称实现顺序重排，以控制其在明细表中的顺序
压缩/设定还原	零部件压缩时，暂时从内存中移除，而不会删除，以提高操作速度
轻化/还原	零部件轻化时，只有部分模型数据载入内存，其余的模型数据将根据需要载入
生成/解散子装配体	将设计树中选中的多个零部件/子装配体生成/解散子装配体
弹性/刚性属性	右击子装配体>编辑零部件属性，选弹性/刚性（按子装配配合关系定义机构）

（6）干涉检查

在 SolidWorks 中，可以检查装配体中任意两个零部件是否占有相同的空间，即干涉检查。装配体的干涉检查：进行装配体静态干涉检查和动态干涉检查。

1）静态干涉检查。选择"工具"→"干涉检查"命令，出现"干涉体积"对话框。选择两个或多个零部件，选择零件方框中列出所选零部件的名称。单击"检查"按钮。如果其中有干涉的情况，干涉信息方框会列出发生的干涉（每对干涉的零部件会列出一次干涉的报告）。当单击清单中的一个项目时，相关的干涉体积会在绘图区中被高亮显示，还会列出相关零部件的名称。

2）动态干涉检查。单击"移动零部件" 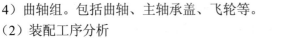 按钮，然后移动需要检查的零件，在设计树"属性"选项卡中，选中干涉图标旁边的方框，激活干涉检查功能。如果零件间存在干涉，则被拖动零件处于高亮显示，并表示干涉区域。如果选中"碰撞时停止"，在移动过程中如发生干涉，则零件无法移动。

3.2　装配设计范例

本节以曲轴连杆活塞总成和减速器为例进一步说明虚拟装配设计过程。

3.2.1　曲轴连杆活塞总成实践

柴油机的曲柄连杆滑块机构是柴油机维持工作循环，实现热能变为机械能的关键机构，活塞往复运动变成曲轴旋转运动的任务是它完成的。下面说明其装配过程。

1．装配过程分析

（1）结构组成分析

如图 3-12 所示，曲柄连杆滑块机构主要由机体组、活塞组、连杆组、曲轴组等组成。

1）机体组。包括气缸盖、气缸体和油底壳体等，其作用是作为发动机各机构的机架。

2）活塞组。包括活塞、活塞销、活塞环等。

3）连杆组。包括连杆、连杆衬套、连杆盖、连杆轴承、连杆螺钉等。

4）曲轴组。包括曲轴、主轴承盖、飞轮等。

（2）装配工序分析

柴油机安装时，曲轴连杆活塞总成的主要装配工序如表 3-4 所示。

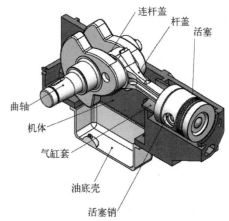

图 3-12　曲轴连杆活塞总成

表 3-4　曲轴连杆活塞总成的主要装配工序

工序名称		工序内容
装曲轴	装曲轴和主轴承盖	安装前在各轴颈表面涂上少量机油，将一根双头螺栓拧入机体上安装主轴承盖的螺孔，用来定位。将主轴承盖垫片贴放在主轴承盖上，再把主轴承盖套在曲轴右端（有螺纹）的主轴颈上，然后将曲轴送进机体，把主轴承盖对准方位后装到机体上
装活塞连杆	装活塞销	先将活塞加热后横放在木板上，再把连杆小头送入活塞内，确保连杆小头油孔与活塞顶端的铲尖在同一侧；活塞销涂机油后插入销孔，对正后用木槌打入，最后将活塞销挡圈落入挡圈槽中
	装活塞环	将活塞裙下端放到台钳钳口，再夹紧连杆体，使活塞、连杆固定。然后用活塞环钳张开活塞环口，自下而上，依次将活塞环装入相应的环槽中。应使油环倒角向上，各环口位置应按规定错开
	将活塞连杆组件装入气缸	先将连杆轴瓦压入连杆大头，并在活塞体、活塞裙和连杆轴瓦的表面涂上清洁机油。再将曲轴转到上止点 20°左右位置。然后使连杆大头分开面下送入气缸。最后用活塞环卡圈夹紧活塞环，用木柄将活塞推入气缸
	将连杆盖上保险铁丝	先将连杆轴瓦压入连杆盖，涂上清洁机油。再将连杆盖合到连杆大头上，使连杆盖和连杆大头有钢印记号（或字样）的一面在同一侧。然后拧入连杆螺栓，用扭力扳手交替拧紧到 8～10m·kg。拧紧以后，转动飞轮，检查飞轮是否能灵活转动。最后用 ϕ1.8mm 镀锌铁丝把两个连杆螺栓锁紧

（3）装配仿真过程分析

按照"装配仿真"的思路，根据"后拆先装，由内到外"的原则，可得柴油机曲轴连杆活塞总成的装配层次（见图 3-13）和装配顺序为：机体组定位→曲轴飞轮组安装→活塞连杆组安装。

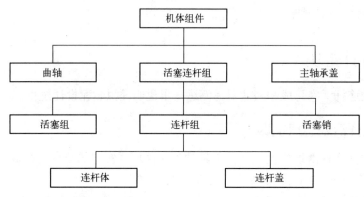

图 3-13　柴油机曲轴连杆活塞总成装配层次

2. 活塞连杆组装配

（1）装活塞

1）新建装配体文件。启动 SolidWorks，选择"文件"→"新建"命令，在打开的"新建 SolidWorks 文件"对话框中，选择"装配体" 🗋，单击"确定"按钮。系统出现 SolidWorks 建立装配体文件界面，并弹出"插入零部件"对话框。

2）活塞定位。在"插入零部件"对话框中单击"浏览"按钮，系统弹出"打开"对话框，如图 3-14 所示，选择"资源文件"目录下的零件"活塞.sldprt"，在"打开"对话框中单击打开 🗁，活塞在图形区中预览。单击"确定" ✔按钮使其坐标与装配环境坐标对齐，并自动设为"固定"。该零件会出现在 FeatureManager 设计树中，并带有"固定"标记。

3）调整视角。单击"视图定向" 🔲·按钮，单击"等轴测" 🔲显示等轴测图，如图 3-14 所示。单击"标准"工具栏中的"保存" 💾按钮，将该装配体命名为"活塞连杆组"并保存。

图 3-14　活塞定位

（2）装连杆组

1）插连杆。选择"插入"→"零部件"→"现有零件/装配体"命令，并单击"浏览"按钮，找到"资源文件"目录下的部件"连杆组.sldasm"，在图形区单击定位该部件。

2）添加装配关系。单击"装配体"工具栏中的"配合" 按钮，弹出"配合"对话框。如图 3-15 所示，分别选择两零件的活塞销孔面，选择"配合"对话框的"标准配合"选项区中的"同轴心"，单击"确定" 按钮，添加"同轴心"关系，同时在"配合"区内显示所添加的配合。

如图 3-16 所示，展开特征树，选择活塞的右视基准面与连杆的前视基准面，为其添加"重合"关系。

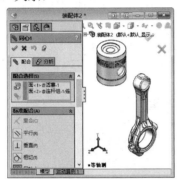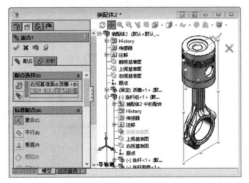

图 3-15　活塞销孔同轴心　　　　　　　　　图 3-16　中面重合

（3）装活塞销

1）插入活塞销。单击"装配体"工具栏中的"插入零部件" 按钮，将部件"活塞销.sldasm"添加到装配体中。

2）添加装配关系。单击"装配体"工具栏中的"插入配合" 按钮，如图 3-17 所示，分别添加活塞销圆柱面和活塞上的活塞销圆孔面"同轴心"、活塞销部件中的挡环端面和活塞挡环槽外侧面"重合"的装配关系，如图 3-18 所示。综合"运用剖切" 、"旋转" 等视图工具调整视向。

3．曲轴活塞连杆总成装配

（1）装机体组

1）新建装配体文件。启动 SolidWorks，选择"文件"→"新建"命令，在打开的"新建 SolidWorks 文件"对话框中，选择"装配体" ，单击"确定"按钮。系统出现

SolidWorks 建立装配体文件界面，并弹出"插入零部件"对话框。

图 3-17 活塞销与销孔同轴心

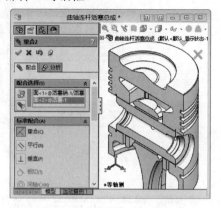

图 3-18 挡环与挡环槽面重合

2）机体组定位。在"插入零部件"对话框中单击"浏览"按钮，系统弹出"打开"文件对话框，如图 3-19 所示，选择"资源文件"目录下的零件"机体组.sldasm"，在"打开"对话框中单击"打开" 按钮，机体组在图形区中预览。单击"确定" 按钮使其坐标与装配环境坐标对齐，并自动设为"固定"。该零件出现在设计树中，并带有"固定"标记。

3）调整视角。单击"视图定向" 按钮，单击"等轴测" 显示等轴测图，如图 3-19 所示。单击"标准"工具栏中的"保存" 按钮，将该装配体命名为"曲轴连杆活塞总成"并保存。

图 3-19 机体组定位

（2）装曲轴

1）插曲轴。选择"插入"→"零部件"→"现有零件/装配体"命令，并单击"浏览"按钮，找到"资源文件"目录下的部件"曲轴.sldprt"，在图形区单击定位该部件。

2）添加装配关系。单击"装配体"工具栏中的"插入配合" 按钮，弹出"配合"对话框。如图 3-20 所示，分别选择机体主轴承孔与曲轴组主轴颈柱面，选择"配合"对话框的"标准配合"选项区中的"同轴心"，单击"确定" 按钮，添加"同轴心"关系，同时在"配合"区内显示所添加的配合。

如图 3-21 所示，展开特征树，选择机体前视基准面与曲轴右视基准面，为其添加"重合"关系。综合运用"剖切" 、"旋转" 等视图工具调整视向。

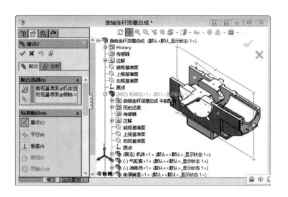

图 3-20　主轴颈与主轴承同轴心　　　　　　　　　图 3-21　中面重合

（3）装活塞连杆组

1）插入活塞连杆组。单击装配体工具栏上的"插入零部件" 按钮，将部件"活塞连杆组.sldasm"添加到装配体中。如图 3-22 所示，在特征树中右击"活塞连杆组"，从快捷菜单中选择"零部件属性"命令，单击"求解为"下的"柔性"单选按钮（即可以按子装配中的配合关系运动），单击"确定"按钮。

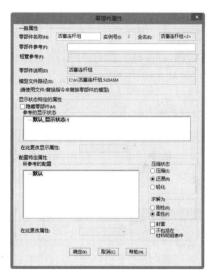

图 3-22　设置活塞连杆组

2）添加装配关系。单击"装配体"工具栏中的"配合"按钮，添加活塞连杆组中的活塞圆柱面和机体组的缸套销圆孔面"同轴心"装配关系，如图 3-23 所示。

在特征树中右击"机体组"，选择"隐藏零部件"，添加活塞连杆组中的连杆瓦圆孔面和曲轴的连杆颈柱面"同轴心"装配关系，如图 3-24 所示。再在特征树中右击"机体组"，选择"显示零部件"，完成曲轴连杆活塞总成装配，如图 3-25 所示。

（4）总成观察

单击"视图"工具栏中的"剖切"按钮，如图 3-25 所示，选择剖面 1 为"上视基准面"，剖面 2 为"前视基准面"，在特征树中单击曲轴和活塞连杆组，并选中"排除选定项"单选按钮。

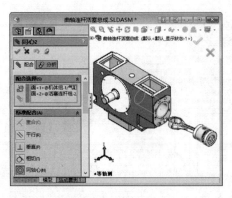

图 3-23　活塞与缸套同轴心

图 3-24　连杆与主轴颈同轴心

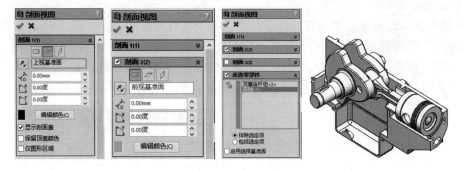

图 3-25　总成装配及其剖切观察效果

（5）打包保存

如图 3-26 所示，选择"文件"→"打包"命令，选中"包括 Toolbox"复选框和"保存到 Zip 文件"，单击"保存"按钮即可把装配相关所有零件打包保存，以便在其他计算机上编辑。

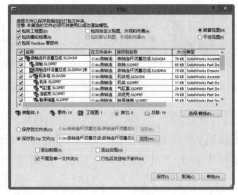

图 3-26　零件打包

3.2.2　减速器装配设计实践

减速器产品的虚拟装配设计，即在计算机上对已经建立的产品零件按照产品的装配关系完成部件和整机的三维装配模型，在此基础上应用 SolidWorks 提供的功能，进行装配零件之间的动、静态干涉检查。一旦发现设计不合理之处及时调整与修改设计图样，从而可缩短产品制造与装配生产过程的时间，降低产品的装配成本，提高设计质量。

1. 减速器虚拟装配过程分析

（1）确定装配层次

确定装配层次是指分析减速器装配体由哪几大部件组成的，按照确定运动关系可将减速器划分为下箱体、上箱体、轴承盖等固定部件和输入轴组件、输出轴组件等运动部件。其中下箱体为减速器装配的装配基准件，高速轴和低速轴分别为输入/输出轴组件的装配基准件。

（2）确定装配顺序

按照"先下后上、先内后外，先不动件（机架）、后运动件，先主动件、后从动件，先连杆架、后连杆体"的原则确定整个减速器的装配顺序。首先完成输入轴组件和输出轴组件的子装配；然后选定减速器下箱体为基准进行装配；接下来分别将输入轴组件和输出轴组件装配到下箱体上相应的轴承孔上；再接下来将减速器上箱体装配起来；最后，完成轴承盖（包括闷盖和透盖）和紧固件（包括螺钉和垫圈等）的装配。

（3）确定装配约束

装配约束是确定基准件和其他组成件的定位及相互约束关系。如完成轴承盖的配合，根据轴承盖的轴心和下箱体的轴承孔的重合，完成轴心定位；根据轴承盖的内壁面和下箱体的外壁面重合以及轴承盖和箱体上的螺栓孔完成轴承盖的装配。

2. 轴组件装配

减速器中轴组件包括输出轴组件和输入轴组件。下面以输出轴组件装配过程进行介绍。

如图 3-27 所示，输出轴组件包括低速轴、键、轴承、大齿轮等。根据齿轮、轴、键实际装配过程可得该组件的装配流程为：首先将阶梯轴插入装配环境，然后将键装在轴的键槽中，其次将齿轮安装在轴的齿轮座上，最后将定位套筒、轴承等安装在轴上。

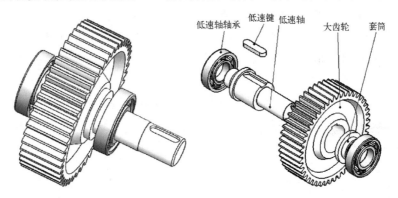

图 3-27　输出轴组件

（1）低速轴定位

由于轴是装配的主体，是其他零件装配的基础。因此，在建立输出轴组件的过程中，先调入轴零件，并将其设为"固定"。

1）新建装配体文件。启动 SolidWorks，选择菜单"文件"→"新建"命令，在打开的

"新建 SolidWorks 文件"对话框中，选择"装配体" 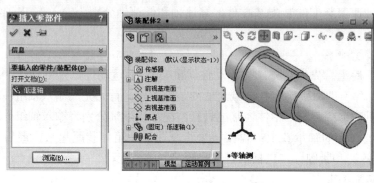，单击"确定"按钮。系统出现 SolidWorks 建立装配体文件界面，并弹出"插入零部件"对话框。

2）低速轴插入与定位。在"插入零部件"对话框中单击"浏览"按钮，系统弹出"打开"文件对话框，如图 3-28 所示，选择"资源文件"下的"低速轴.sldprt"，在"打开"对话框中单击"打开"按钮，低速轴在图形区中预览。在"插入零部件"对话框中单击"确定"按钮，使低速轴零件坐标与装配环境坐标对齐，并自动设为"固定"。该零件会出现在 FeatureManager 设计树中，并带有"固定"标记。

图 3-28　插入低速轴

3）保存低速轴组件装配。单击"视图定向"按钮，单击"等轴测"按钮显示等轴测图，单击"标准"工具栏中的"保存"按钮，将该装配体命名为"低速轴组件"并保存。

（2）键装配

轴与键通过轴上的键槽配合，通过添加键与键槽之间的位置约束关系，即可完成轴-键的配合。轴-键的装配步骤如下。

1）插入键。选择"插入"→"零部件"→"现有零件/装配体"命令，并单击"浏览"按钮，找到"资源文件"下的"低速键.sldprt"零件，如图 3-29 所示，该零件在屏幕上定位后单击放置它。装配体的设计管理树中将显示出被插入的键。

2）添加装配关系。单击"装配体"工具栏中的"配合"按钮，弹出"配合"对话框。选择低速轴键槽的底面和低速键的下表面为配合面，单击"配合"对话框中的"标准配合"选项区的"重合"关系按钮，添加配合面的关系为"重合"，单击"确定"按钮，完成添加"重合"关系，同时在"配合"区内显示所添加的配合，如图 3-30 所示。

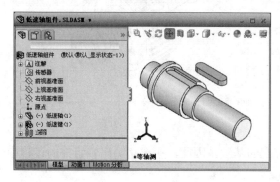

图 3-29　插入键

图 3-30　添加重合关系

重复上述步骤，如图 3-31 所示，分别添加键的侧面与键槽的侧面为"重合"关系、键的曲面与键槽的曲面为"同心"关系。这样，键的位置已完全确定，其前面的欠定位符号"(-)"将去除，即显示出完全定位状态，并在"配合"项内显示所添加的配合关系，如图 3-32 所示。

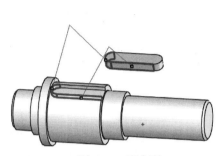

图 3-31　配合面

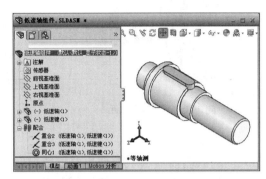

图 3-32　轴—键配合

（3）大齿轮装配

1）插入大齿轮。单击"装配体"工具栏中的"插入零部件" 按钮，将"大齿轮.sldprt"添加到装配体中。

2）添加装配关系。单击"装配体"工具栏中的"配合" 按钮，单击"装配体"工具栏中的"零部件移动" 按钮或"旋转零部件" 按钮。如图 3-33 所示，为大齿轮孔表面和轴—键组件中的齿轮座表面添加"同轴心"关系，并分别为大齿轮键槽侧面与轴—键组件中键的侧面、大齿轮端面与轴肩后端面添加"重合"关系，完成大齿轮定位，如图 3-34 所示。

图 3-33　大齿轮轴配合面

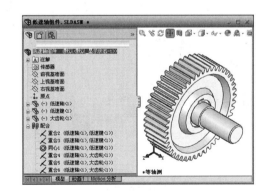

图 3-34　大齿轮装配结果

（4）套筒装配

1）插入套筒。单击"装配体"工具栏中的"插入零部件" 按钮，将低速轴的"套筒.sldprt"添加到装配体中。

2）添加装配关系。单击"装配体"工具栏中的"配合" 按钮，利用装配体工具栏上的"零部件移动" 或"旋转零部件" 命令，套筒内表面和轴段外表面添加"同轴心"关系，并为套筒端面与齿轮端面添加"重合"关系，完成套筒定位，如图 3-35 和图 3-36 所示。

图 3-35 套筒配合面

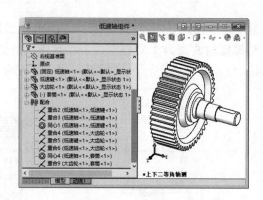

图 3-36 套筒装配结果

（5）轴承装配

1）插入低速轴轴承。轴承是由滚珠、保持架和内外圈等组成的装配体，单击"装配体"工具栏中的"插入零部件" 按钮，将子装配"低速轴轴承.sldasm"添加到装配体中。

2）添加装配关系。单击"装配体"工具栏中的"配合" 按钮，如图 3-37 所示为轴承内圈孔内表面和轴端外表面添加"同轴心"关系，并为轴承内圈的端面与轴肩侧端面添加"重合"关系，完成一侧轴承定位。重复上述步骤，将"低速轴轴承"安装在套筒的外侧。至此，低速轴组件已全部装配完成，完成的组件图如图 3-38 所示。单击"保存" 按钮，将该装配体保存为"低速轴组件.sldasm"。

图 3-37 轴承配合面

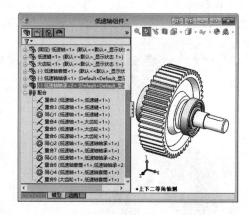

图 3-38 轴承配合

3．减速器总装配

参照低速轴的装配过程完成高速轴等部件的装配后，开始进行减速器总装配。

（1）下箱体定位

由于下箱体是减速器其他零件装配的基础，因此，先调入下箱体，并把它设为"固定"。

1）新建装配体文件。启动 SolidWorks，选择"文件"→"新建"命令，在打开的"新建 SolidWorks 文件"对话框中，选择"装配体" ，单击"确定"按钮。系统出现 SolidWorks 建立装配体文件界面，并弹出"插入零部件"对话框。

2）插入下箱体。在"插入零部件"对话框中单击"浏览"按钮，弹出"打开"文件对话框，选择"资源文件"下的"下箱体.sldprt"零件，在"打开"对话框中单击"打开" 按钮，在"插入零部件"对话框中单击"确定" ✔ 按钮，使下箱体坐标与装配环境坐标对齐，并自动设为"固定"。该零件会出现在 FeatureManager 设计树中，并带有"固定"标记。单击"标准"工具栏中的"保存" 💾 按钮，将该装配体命名为"减速器装配"并保存。

（2）低速轴组件装配

1）插入低速轴组件。单击"装配体"工具栏中的"插入零部件" 按钮，将"低速轴组件.sldasm"添加到装配体中。

2）添加装配关系。单击"装配体"工具栏中的"配合" 按钮，结合"零部件移动" 或"旋转零部件" 命令，为低速轴轴承外表面与下箱体轴承孔内表面添加"同轴心"关系，为下箱体前视基准面和低速轴中的大齿轮前视基准面添加"重合"关系，如图 3-39 和图 3-40 所示。

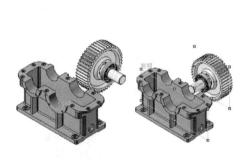

图 3-39　配合面

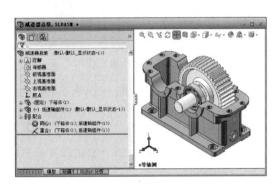

图 3-40　低速轴组件配合

（3）高速轴组件装配

单击装配体工具栏上的"插入零部件" 按钮，将"高速轴组件.sldasm"添加到装配体中。

重复上述操作，为"高速轴轴承"外表面和下箱体轴承孔内表面添加"同轴心"关系，为下箱体前视基准面和小齿轮前视基准面添加"重合"关系，如图 3-41 和图 3-42 所示。

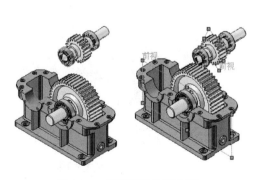

图 3-41　高速轴组件配合面

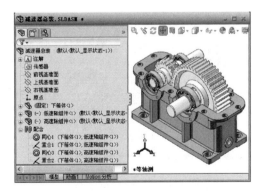

图 3-42　高速轴组件配合

（4）齿轮啮合装配

完成了下箱体与高、低速轴组件的装配后，下面来进行齿轮啮合的装配，装配之前需要在两个齿轮中插入辅助装配的草图。

1）插入辅助装配草图。如图 3-43 所示，在 Feature Manager 设计树中右击"小齿轮"，在快捷菜单中选择"编辑零件"，使装配体中进入"零件编辑状态"。然后，在 Feature Manager 设计树"小齿轮"中，右击"前视"，从快捷菜单中选择"草图绘制"。单击"视图定向" 中的"前视" 🔲，使草图平面正对屏幕，如图 3-44 所示。然后，

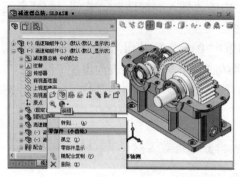

图 3-43　进入"零件编辑状态"

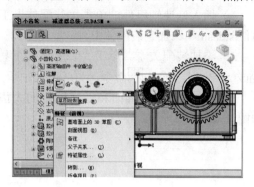

图 3-44　插入草图

以"作为构造线"的方式绘制一个圆，并标注 ϕ200mm，如图 3-45 所示。再单击"草图"工具栏中的"中心线" 按钮绘制一条通过小齿轮齿槽中面的中心线。

单击"特征"工具栏中的"编辑零部件" 🔷 退出"零件编辑状态"。

重复上述步骤，在大齿轮"前视"面上以"作为构造线"的方式绘制一个圆，并标注 ϕ460mm，再单击草图绘制工具栏上的"中心线" 按钮绘制一条通过大齿轮牙齿中面的中心线，如图 3-46 所示。完成辅助装配草图的绘制，如图 3-47 所示。

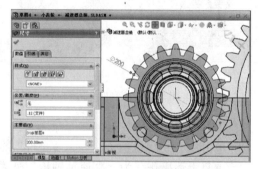

图 3-45　小齿轮辅助装配草图

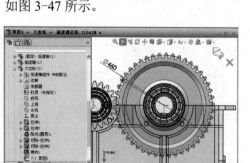

图 3-46　大齿轮辅助装配草图

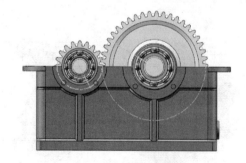

图 3-47　辅助装配草图

2）齿轮啮合的装配。图 3-48 为两齿轮分度圆与各自中心线交点添加"重合"关系，然后将该"重合"关系设为"压缩"状态，即只用于"定位"。

如图 3-49 所示，为两齿轮分度圆添加"机械配合"中的"齿轮"关系，并接受默认的

传动比率"200∶460"。

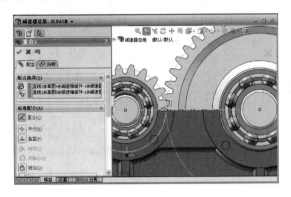

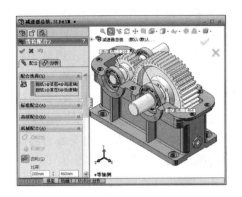

图 3-48　用于定位的"重合"配合设置　　　　图 3-49　"齿轮"装配关系

（5）装配上箱体

单击装配体工具栏上的"插入零部件" 按钮，将"上箱体.sldasm"添加到装配体中。

单击装配体工具栏中的"配合" 按钮，结合"装配体"工具栏中的"零部件移动"
或"旋转零部件" 命令。如图 3-50 所示，分别为下箱体侧面与上箱盖侧面、上箱盖安装
凸缘下表面和下箱体上表面、下箱体前端面与上箱体前端面添加"重合"关系。完成的上箱
体装配模型如图 3-51 所示。

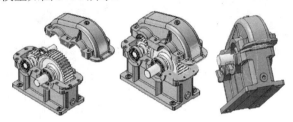

图 3-50　上箱盖配合面　　　　　　　　图 3-51　上箱体装配模型

（6）端盖的装配

端盖的装配包括大、小闷盖及大、小透盖的装配。大闷盖的装配过程如下。

单击"装配体"工具栏中的"插入零部件" 按钮，将"大闷盖.sldasm"添加到装配体中。

单击"装配体"工具栏中的"配合" 按钮，结合"装配体"工具栏中的"零部件移
动" 或"旋转零部件" 命令。如图 3-52 所示，为"大闷盖"小端外表面和下箱体大轴
承孔内表面、大闷盖上的一个安装孔与变速箱侧面一个螺孔添加"同轴心"关系；为大轴承安
装凸缘外表面与大闷盖大端内表面添加"重合"关系。该装配的最后效果如图 3-53 所示。

图 3-52　大闷盖配合面　　　　　　　　图 3-53　大闷盖装配模型

重复上述操作完成其他端盖的装配，装配关系及最终结果如图3-54所示。

（7）紧固件装配

在完成了传动件的装配和箱体、箱盖及端盖的装配以后，可以进行紧固件的装配。紧固件包括螺栓、螺母及垫片等。在变速箱的模型中，紧固件的数量较多，在此仅以上、下箱体的联接螺栓、螺母及垫片的安装为例说明紧固件的装配过程。具体安装步骤如下。

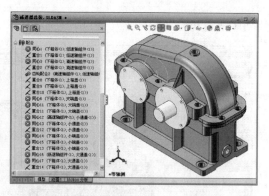

图3-54　端盖装配关系及装配模型

1）螺栓M36装配。单击"装配体"工具栏上的"插入零部件" 按钮，将"螺栓M36.sldasm"添加到装配体中。

单击"装配体"工具栏中的"配合" 按钮，结合"装配体"工具栏中的"零部件移动" 或"旋转零部件" 命令。如图3-55所示，为"螺栓M36"螺杆外表面和上箱盖安装孔添加"同轴心"关系；为下箱体安装凸台下表面与螺栓六方下表面添加"重合"关系。该装配的最后效果如图3-56所示。

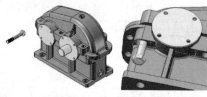

图3-55　螺栓配合面　　　　　　　　　　图3-56　螺栓装配模型

2）大垫片装配。重复上述步骤，如图3-57所示，为"大垫片"内孔表面与上箱盖安装孔添加"同轴心"关系，为"大垫片"下表面与上箱盖安装凸缘上表面添加"重合"关系。该装配的最后效果如图3-58所示。

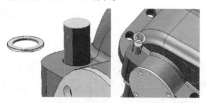

图3-57　大垫片配合面　　　　　　　　　图3-58　大垫片装配模型

3）螺母M36装配。重复上述步骤，插入"螺母M36.sldprt"。如图3-59所示，为"螺母M36"内孔表面与"螺栓M36"螺杆外表面添加"同轴心"关系，为"螺母M36"下表面与大垫片上表面添加"重合"关系。该装配的最后效果如图3-60所示。仿照上述步骤，可以完成其他紧固件的装配。

图3-59　螺母配合面　　　　　　　　　　图3-60　螺母装配模型

4）螺塞和通气塞的安装。螺塞和通气塞的安装较简单，可仿照螺栓装配的进行安装，安装完成减速器的装配。

3.3　自上而下的装配设计

产品设计的最终目的是创建一个结构最合理的装配体。装配体中包含了许多零件，如果单独设计每一个零件，最终的设计结果可能需要进行大量的修改。如果在设计中能够充分参考已有零件的结构，可以使设计更接近装配的结构，即在装配状态下进行设计更合理。

3.3.1　自上而下的装配设计基础

本节以传动带轮机构设计为例，介绍自上而下的装配设计的方法与操作步骤。

1．自上而下的设计实例：传动带轮机构设计

（1）总体设计

1）新建装配体。单击"新建"按钮，选择装配体后，单击"确定"按钮。在"开始装配体"对话框中单击 ✖ 系统新建一个装配体，将该新建的装配体保存为"传动带轮.sldasm"。

2）新零件1—主动轮骨架。如图3-61所示，单击"插入零部件"→"新零件"按钮，单击设计树中的前视基准面，单击"草图"→"圆"按钮。然后以坐标原点为圆心，绘制一$\phi100$mm 的圆。单击"重建" 🔘 按钮，单击"另存为"，以"主动轮.sldprt"保存零件。然后单击"装配体"工具栏中的"编辑零件" 🔘 按钮。系统回到装配状态。特征设计树中增加了名为"主动轮<1>"的零件项，如图3-62所示。

图3-61　插入"新零件"命令

图3-62　插入新零件的结果

3）新零件2—被动轮骨架。单击"插入零部件"→"新零件"按钮，单击设计树中的前视基准面后，单击"草图"→"圆"按钮。然后在坐标原点附近绘制一$\phi200$mm 的圆，给该圆与主动轮的圆心添加"水平"几何关系，并将轴心距定义为400mm。单击"重建" 🔘 按钮，单击"另存为"，以"被动轮.sldprt"保存零件。然后单击"装配体"工具栏中的"编辑零件" 🔘 按钮。系统回到装配状态。特征设计树中增加了名为"被动轮<1>"的零件项。

4）新零件3—传动带骨架。单击"插入零部件"→"新零件"按钮，单击设计树中的前视基准面后，按住〈Ctrl〉键，单击主动轮与被动轮中的两圆，然后单击"转换实体引用"按钮。刚选择的两圆已被转换成传动带零件中的草图实体。

单击"草图"→"直线"按钮，然后绘制两直线。单击添加几何关系工具，系统弹出"添加几何关系"对话框，定义刚绘制的两直线与两圆都是相切的几何关系。

单击"草图"工具栏上的"剪裁"工具。剪裁两直线和两圆的多余部分后，结果如图 3-63 所示。

单击"重建" 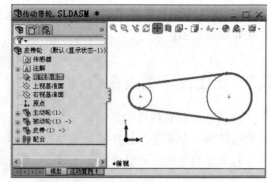 按钮，再单击"另存为"，以"传动带.sldprt"保存零件。然后单击"装配体"工具栏中的"编辑零件" 按钮。

图 3-63 传动带草图与总体设计

系统回到装配状态。特征设计树中增加了名为"被动轮<1>"的零件项。以上已完成了用 3 个草图来代替零件构成一个装配体的示意图。可以编辑这些草图。如果示意图符合设计要求，就可开始下一级设计即零件设计。

（2）零件设计

1）主动轮设计。单击特征设计树中的主动轮名称，然后单击工具栏中的"零件编辑" 按钮。按图 3-64 所示的流程建模：单击特征设计树中主动轮下的"草图 1"，然后单击"拉伸凸台/基体"按钮，在"拉伸"特征对话框中选择"两侧对称"终止类型，然后在"总深度"框中输入 20mm，单击"确定"按钮。

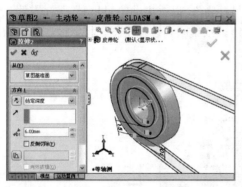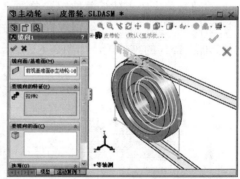

图 3-64 主动轮建模流程

单击主动轮端面，然后单击"草图"工具中的"圆"，并以坐标原点为圆心，绘制一 ϕ30mm 的圆。单击"拉伸切除"按钮，在弹出的"拉伸"特征对话框中选择"完全贯穿"终止类型，单击"确定"按钮。

单击主动轮端面，再单击"草图绘制"，然后单击"草图"工具栏中的"等距实体"，系统弹出"等距实体"对话框，将等距量设为-10mm；然后在利用"等距实体"工具绘制另一个圆，将与刚完成的草图圆的等距量设为-15mm。单击"拉伸切除"按钮，在弹出的"拉伸"特征对话框中选择"给定深度"终止类型，深度值为 6mm，单击"确定"按钮。

利用"镜像"特征工具，以前视基准面为镜像面，完成另一侧辐板建模。

2）被动轮设计。以上操作是在装配环境下完成多个的零件编辑，下面在零件环境下进行建模。单击特征设计树中的被动轮，然后单击"打开" 按钮，重复上述步骤，按图 3-65 所示尺寸在零件环境中完成被动轮设计。

3）传动带设计。重复上述步骤，选择"两侧对称"方式，设"深度"为 16mm。利用"拉伸"命令完成传动带设计后得到完整的装配体，如图 3-66 所示。

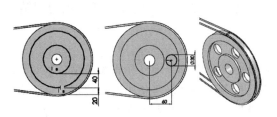 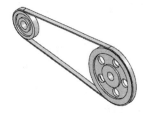

图 3-65　被动轮建模流程　　　　　　　图 3-66　"自上而下法"传动带轮模型

2．自上而下的设计步骤

由以上引例可见，自上而下的设计步骤描述如下。

1）整体规划。设计之初首先确定产品的设计目的、功能要求、必要的子装配、子装配与其他装配的关系、哪些设计将可能变动、有无可参考的设计等设计要求。

2）建立零部件骨架。这一步要把装配的各零部件用主要骨架勾画出来，至少包括零部件的名称、装配基准（基准轴和基准面）和外轮廓。

3）完成装配骨架模型。将每个零部件骨架按照装配关系组装成装配骨架模型。骨架模型包含整个装配的重要装配参数和装配关系。

4）装配关系验证。对装配骨架模型进行运动模拟验证装配关系是否合理。

5）零部件细化设计。根据设计信息，在零部件骨架基础上，完成零部件结构形状设计。

6）装配细化设计。用细化后的零件模型替换装配骨架模型中的零件骨架模型，完成装配模型设计。

7）装配模型验证。对装配模型进行干涉检查，验证零件结构的装配合理性。

8）零件关联设计。为了防止配合部位发生干涉，可以在装配环境中对零件进行关联设计，即参考已有零件的特征进行设计。如轴与孔的配合确定后，轴与孔的尺寸即形成关联，当修改轴的尺寸时孔的尺寸应该做相应的改变。关联设计的目的就是要实现自动响应这些变更，以保证设计结果的一致性。

3．自上而下的设计思路

设计不仅仅是将零件的三维模型和二维工程图表达出来，设计还包含零部件的计算分析、干涉检查、运动模拟及分析等。设计之初，首先需有一个大体轮廓，或是根据已有产品进行改型。例如进行减速器设计时，各齿轮的大体中心距，输入/输出功率等都应是已知因素，那么设计的任务就是根据这些已知因素来求出一些未知因素。

在零件设计出来以前，就对整个零部件进行运动验证是一个好的思路，能保证没有大错误。但是零件特征建立是烦琐的，为了在设计之初最大程度地减少工作量，在 SolidWorks 中可以用线条来代替实体的零件进行运动模拟，以便直接看到最终运动结果。这正如 3D Max 在做人物动画时先绘制骨骼，然后再为其赋予肌肉的原理是一样的。

3.3.2　发动机自上而下的设计

下面以发动机为例讲述在 SolidWorks 中进行自上而下设计的完整过程。

1. 整体规划

根据发动机的性能要求可确定出曲柄的高度、连杆的长度和曲轴主轴颈中心线与气缸底面的距离等装配尺寸，以及连杆与曲轴的连杆颈同轴心、连杆与活塞销的同轴心等装配关系。

2. 建立零部件骨架

根据整体规划的分析结果，在零件环境中建立曲轴等零件的骨架模型，以圆代表气缸和机体，以各部位的中心线代表曲轴，以矩形代表活塞并以两条构造线分别表示活塞轴线和活塞销轴线，以轮廓线代表连杆。各零件的骨架另加，其参考平面如图 3-67 所示。建模过程中需注意。

（1）在其曲拐中间部位建立一基准平面，以备后来装配之需。

（2）完成各零件骨架后必须退出草图并以相应名称进行保存。

图 3-67　发动机零件骨架模型

3. 完成装配骨架模型

将气缸插入装配体，将其设为浮动，并将其 3 个默认基准面与装配环境的相应基准面设置"重合"关系后再将其设为"固定"。

将两个机体分别插入装配体，将其前视基准面均与气缸体的前视基准面"重合"，上视基准面均在同一侧，且与气缸体的上视基准面的"距离"为 78mm，右视基准面分别在两侧，且与气缸体的上视基准面的"距离"为 35mm。

将曲轴插入装配体，将其基准面 1 与气缸体的右视基准面"重合"，将曲轴中心线与两个机体骨架圆线分别设为"同轴心"。将活塞插入装配体，将活塞轴线与气缸体的圆线设为"同轴心"。将连杆插入装配体，将其右视基准面与气缸体的右视基准面"重合"，将连杆大头圆与曲轴上的曲柄销中心线设为"同轴心"，将连杆小头圆与活塞上的活塞销轴线设为"同轴心"。

完成装配骨架模型如图 3-68 所示。将其保存为"发动机骨架.sldasm"。

4. 装配关系验证

如图 3-69 所示，在窗口左下角单击"运动算例 1"选项卡，切换到运动模拟窗口，在运动管理器中单击"旋转马达" 按钮，选中"曲轴"上的中心线，在"马达"对话框中选择"旋转马达"，运动参数为"等速"，速度为"100RPM"，单击"确定" 按钮。在"模拟"工具栏中单击"播放" 按钮可播放模拟。

5. 零部件细化设计

在零件环境中打开相应零件的骨架模型文件，如"气缸体骨架.sldprt"。将其另存为零件的细化设计模型，如"气缸体.sldprt"。根据设计信息，在零部件骨架基础上，完成结构设计。

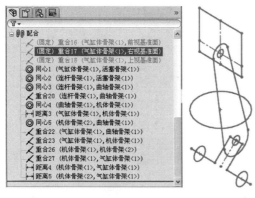

图 3-68　发动机装配关系与骨架模型　　　　　　　　图 3-69　运动模拟

6．装配细化设计

将装配文件另存为"发动机.sldasm"。如图 3-70 所示，在装配特征树中右击"气缸体骨架"，选择"替换零部件"，查找零部件细化设计过程中完成的"气缸体.sldprt"，单击"打开"按钮即可用气缸体细化模型替换其骨架模型。

重复上述步骤，完成其他零件替换，完成装配模型如图 3-71 所示。

图 3-70　替换零件操作步骤　　　　　　　　　　图 3-71　装配模型

7．装配模型验证

选择"工具"→"干涉检查"命令，弹出"干涉检查"对话框，如图 3-72 所示，单击"计算"按钮，在"结果"区中发现两个干涉位置，并在图形区中高亮显示当前的干涉区。

8．零件关联设计

分析可知，曲轴主轴颈的尺寸取决于承载能力，是主要的设计参数。为了避免单独设计造成的干涉问题，增加修改一致性，现在以曲轴主轴颈的尺寸为主，将机体上的主轴颈孔尺寸进行关联设计。

如图 3-73 所示，在装配设计树中展开"机体"文件夹，在其中右击机体上的主轴颈孔所在的草图，选择"编辑草图"命令，进入零件编辑状态。删除主轴颈孔的尺寸约束，并为该草图圆与曲轴主轴颈轮廓圆添加"相等"几何约束，进行关联设计。单击"装配"工具栏中的"编辑零部件" 按钮，退出零件编辑状态。

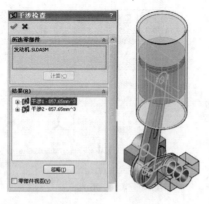

图 3-72　干涉检查　　　　　　　　　图 3-73　进入零件编辑状态的命令

3.4　机械产品表达

在工业设计中，产品的充分表达是非常重要的，常用的技法主要有绘制效果图、制作模型等。在市场经济条件下的产品开发，除了对产品本身功能的设计外，还需要注意产品的后续宣传和形象的传递，其采取的形式多种多样，如海报、说明书、产品操作动画演示、渲染图像等。

3.4.1　SolidWorks 产品表达功能

SolidWorks 在完成了对零件的实体建模以及部件、产品的最终装配后，设计人员还可以完成以下产品的表达。

1）对零件进行如材质、颜色、透明度的赋予和性能计算等表达。

2）对装配体生成爆炸视图显示装配关系、添加装配特征显示内部结构、利用运动模拟显示运动关系等设计表达。

3）利用 PhotoWorks 插件提供的专业渲染效果给零件和装配体创建逼真的图形。

4）利用动画制作功能制作出丰富的产品动画演示效果，以演示产品的外观和性能。

3.4.2　机械产品的静态表达

1．零件静态展示

（1）零件的显示模式

SolidWorks 可以用多种显示模式显示所选实体的零件模型，如图 3-74 所示。

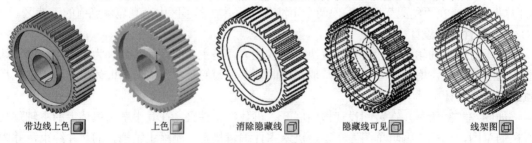

图 3-74　零件的显示模式

（2）编辑显示特征

SolidWorks 可以在"外观"对话框中修改所选零件、特征或面实体的外观、颜色和光学属性等外观显示。利用"外观"对话框，不仅可以对整个模型实体进行颜色和光学效果的配置，还可以对每个特征，甚至是每个面单独进行配置，具体操作如下。

右击一个面、特征、或实体，在快捷菜单中选择"外观" ，然后展开该菜单，并选择相应的对象；最后在图 3-75 所示在"外观"对话框中对颜色和光学属性进行设置，单击"确定" ✔ 按钮，设置效果如图 3-76 所示。

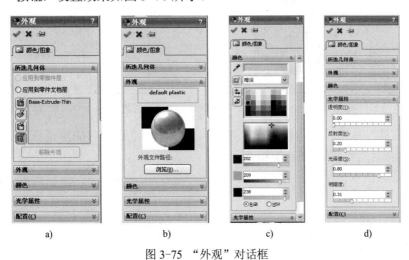

a)   b)   c)   d)

图 3-75   "外观"对话框

a)"所选几何体"选项组   b)"外观"选项组   c)"颜色"选项组   d)"光学属性"选项组

a)   b)   c)

图 3-76   外观设置示例

a) 选择所有特征   b) 应用颜色到所有特征   c) 应用颜色到所选特征

（3）编辑材质

零件的显示属性也可以通过添加材质来设置。SolidWorks 不仅可以通过材质属性设置改变零件的颜色，而且还为后续的装配、工程图及应力分析提供数据。对齿轮零件设置材质，具体步骤如下。

如图 3-77 所示，打开齿轮零件，在 FeatureManager 设计树中，右击"材质" ⬚ 按钮，在快捷菜单中选择"编辑材料"，在弹出的"材料"对话框中（图 3-78）选择"黄铜"，单击"应用"按钮，再单击"关闭"按钮，材质应用到零件，材质名称出现在 FeatureManager 设计树 ⬚ 中。添加黄铜材质的效果如图 3-79 所示。

（4）质量属性和截面属性

为零件添加材料后，SolidWorks 可以计算出零件模型的质量属性，或者显示面、草图的剖面属性。具体步骤如下。

图 3-77 "编辑材料"命令

图 3-78 "材料"对话框

选择"工具"→"质量特性"或"截面属性"命令，在相应的对话框内进行"质量特性"或"截面属性"计算，如图 3-80 所示。

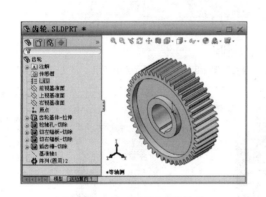

图 3-79 添加黄铜材质的效果

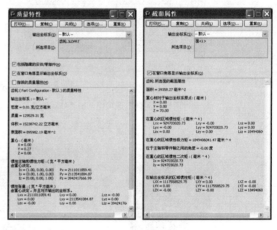

图 3-80 "质量特性"和"截面属性"对话框

2. 装配静态展示

（1）装配体显示状态表达

为了组装方便和对内部结构进行显示，可以通过改变装配体外部零件的透明度或显示状态等方法来对内部结构进行显示。在装配设计树中，右击零部件的名称，在快捷菜单中选择"更改透明度"或"隐藏"等命令。显示状态如图 3-81 所示。

a)   b)   c)

图 3-81 装配体显示状态

a) 完全状态 b) 更改上箱盖透明度 c) 隐藏上箱盖

（2）装配体剖视表达

除了通过改变对装配体外部零件的透明度等方法来对内部结构进行显示外，SolidWorks
还提供了两个装配体独有的特征：切除和钻孔，在不影响零件模型的前提下，通过对装配体
进行剖切和钻孔来对装配体内部特征进行更明确的表达，操作示例如下。

打开"资源文件"中的"减速器总装.sldasm"装配文件，选择"插入"→"装配体特
征"→"切除"→"拉伸"命令，单击下箱体底座上表面为
草图绘制平面，单击"视图定向" 按钮，选择"正视于"
，使绘图平面转为正视方向。

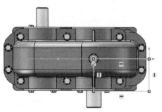

单击"草图"工具栏中的"矩形" 按钮，绘制切除草
图的矩形轮廓，如图 3-82 所示。在图 3-83 所示的"切除-拉
伸"对话框中，"方向 1"通过 控制拉伸方向，并设置"完
全贯穿"方式；在"特征范围"中选中"所选零部件"单选
按钮，不选中"自动选择"复选框，单击"自动选择"下面

图 3-82 切除草图

的列表框，在 Feature Manager 特征树选中需要切除的所有零件，单击"确定" 按钮，生
成切除特征后的效果，如图 3-84 所示。

图 3-83 "切除-拉伸"对话框

图 3-84 切除特征后的效果

（3）生成爆炸视图

装配体爆炸视图能以零部件分离方式形象地表达其相互关系。在装配设计树的配置中
可以完成爆炸和解除爆炸等操作。下面以生成低速轴组件爆炸视图为例说明生成爆炸视图
的过程。

1）打开装配文件。打开"资源文件"中的"低速轴组件.sldasm"装配。

2）爆炸右轴承。选择"插入"→"爆炸视图"命令，如图 3-85 所示，在图形区选中
"右轴承"，然后选中操纵杆控标的水平箭头，输入移动距离为 800mm，单击"应用"按
钮，再单击"完成"按钮生成 "右轴承" 爆炸，如图 3-86 所示。

3）爆炸其他零部件。重复上述步骤，参照图 3-87 所示的爆炸步骤，依次将左轴承沿水
平轴负方向移动 100mm，套筒和齿轮沿水平轴正方向分别移动 700mm 和 550mm，键沿垂直
轴正方向移动 100mm，单击"确定" 按钮，完成低速轴组件的爆炸视图。

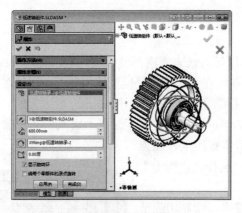

图 3-85 "爆炸"对象和爆炸方向

图 3-86 右轴承爆炸结果

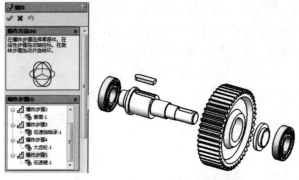

图 3-87 "爆炸"步骤与爆炸结果

4）解除爆炸。如图 3-88 所示，单击 Feature Manager 特征树中的"配置" ，切换到配置管理器，右击其中的"爆炸视图"，在快捷菜单中选择相应的项目，即可进行爆炸视图的编辑。如选择"解除爆炸"命令，则视图还原为装配视图。若恢复爆炸，则单击"插入"→"爆炸视图"即可。

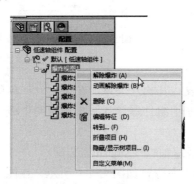

图 3-88 "解除爆炸"命令和结果

3. 渲染表达

在有些设计工作中，不仅要准确地绘制出机件的图样，而且还要将它渲染成具有真实感的图像。使模型产生真实感效果图的方法称为渲染。SolidWorks 中的 PhotoWorks 插件提供了丰富的渲染功能，其中改变背景的简单方法是：在"视图"工具栏中，单击"应用布景"

按钮，选择相应的背景，如"院落背景"，如图 3-89 所示，效果如图 3-90 所示。

图 3-89　背景选择　　　　　　　　　图 3-90　院落背景效果

3.4.3　机械产品的动画表达

上述操作只是对产品某个角度的静态的展示。如果要提供全面地观察功能或者模拟产品的运动过程，那就要用到动画功能了。SolidWorks 通过"运动算例"（以前版本中为 Animator 插件）能够方便地制作出丰富的产品动画演示效果，以演示产品的外观和性能，增强与客户的交流。

1．运动算例简介

运动算例可将诸如光源和相机透视图之类的视觉属性融合到运动算例中，模拟并动画演示模型规定的运动。运动算例的 MotionManage 为基于时间线的界面，包括有以下运动算例工具。

1）基本运动（可在核心 SolidWorks 内使用）。可使用基本运动在装配体上模仿马达、弹簧、碰撞以及引力。基本运动在计算运动时要考虑质量。基本运动计算相当快，可将之用来生成基于物理模拟的演示性动画。

2）动画（可在核心 SolidWorks 内使用）。可对装配体的运动使用动画，添加马达来驱动装配体一个或多个零件的运动。使用设定键码点在不同时间规定装配体零部件的位置。动画使用插值来定义键码点之间装配体零部件的运动。

3）运动分析（可在 SolidWorks Premium 的 SolidWorks Motion 插件中使用）。可使用运动分析对装配体进行精确模拟，并分析运动单元的效果（包括力、弹簧、阻尼以及摩擦）。运动分析使用计算能力强大的动力求解器，在计算中考虑到材料属性、质量及惯性。还可使用运动分析来模拟结果供进一步分析。

2．"运动算例"管理器

单击 SolidWorks 窗口左下角的"运动算例 1"选项卡，即可打开"运动算例"管理器，如图 3-91 所示，SolidWorks 图形区被水平分割。顶部区域显示模型，底部区域是"运动算例"管理器。"运动算例"管理器上半部是工具栏，包含表 3-5 所列的模拟成分等工具，下半部被竖直分割成两个部分：左侧是设计树，右侧是带有关键点和时间栏的时间线。

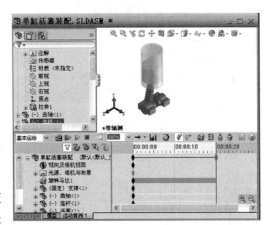

图 3-91　运动管理器

表 3-5　模拟成分及其添加方式

名　称	作　用	添 加 方 式
线性马达	模拟线性力	单击线性马达 ⚏ 按钮，选择零部件边线、表面或基准轴、基准面。通过移动速度滑杆设定速度，单击"确定" ✔ 按钮
旋转马达	模拟旋转力矩	单击旋转马达 ⚙ 按钮，选择零部件边线、表面或基准轴、基准面。通过移动速度滑杆设定速度，单击"确定" ✔ 按钮
线性弹簧	模拟弹力	单击线性弹簧 ⬛ 按钮，选择两个线性边线、顶点作为弹簧端点。设置自由长度数值以决定弹簧是否拉伸或压缩。设定弹簧的刚度值，单击"确定" ✔ 按钮
引力	模拟引力	单击引力 🌐 按钮，选择一线性边线、平面、基准面或基准轴，移动强度滑杆设定引力强度，单击"确定" ✔ 按钮

3．动画向导

借助"动画向导"，可以旋转零件或装配体、爆炸或解除爆炸装配体、生成物理模拟。下面以低速轴组件为例说明动画向导的使用过程。

（1）生成爆炸视图

打开"低速轴组件.sldasm"装配文件，生成爆炸视图。

（2）生成爆炸动画

单击窗口底部的"动画 1"选项卡，单击运动算例管理器工具栏中的"动画向导" 🔲 按钮。在图 3-92 所示的"选择动画类型"对话框中选择"爆炸"单选按钮，单击"下一步"按钮。在图 3-93 所示的"动画控制选项"对话框中设动画播放"时间长度"为 12，运动的"开始时间"为 0，单击"完成"按钮。

（3）生成解除爆炸动画

单击运动算例管理器工具栏中的"动画向导" 🔲 按钮。在"选择动画类型"对话框中选择"解除爆炸"单选按钮。单击"下一步"按钮。在图 3-94 所示"动画控制选项"对话框中设动画播放"时间长度"为 8，运动的"开始时间"为 12（爆炸动画结束时间），单击"完成"按钮。这样就在爆炸动画之后添加了解除爆炸动画，如图 3-95 所示。

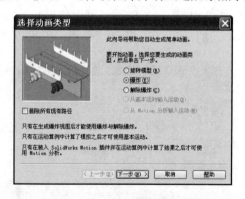

图 3-92　"选择动画类型"对话框

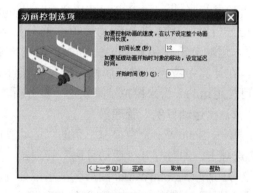

图 3-93　"爆炸"动画控制选项

（4）播放和存储动画

单击运动算例管理器工具栏的"播放" ▷ 按钮播放动画。单击 SolidWorksAnimator 工具栏上的"保存" 💾 按钮则保存为 avi 文件。

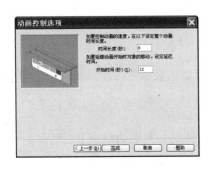

图 3-94 "解除爆炸"动画控制选项

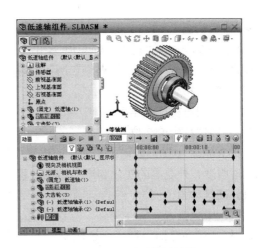

图 3-95 动画设置结果

4．装配体的基本运动

有些机械产品和机构可能在极限位置间具有运动特性，如机床导轨上的工作台、曲柄滑块机构、凸轮机构、弹簧机构等，SolidWorks 提供的"基本运动"允许模拟马达、弹簧及引力在装配体上的效果。生成模拟动画后机构可在设计人员限制的自由度范围内按一定规律运动，更好地展示产品功能与特点。

生成模拟步骤为：建立基本运动，然后添加表 3-5 所列的模拟成分，最后进行运动仿真。下面以单缸活塞机构物理模拟为例说明物理模拟过程。

1）建立基本运动。打开"资源文件"中的"单缸活塞装配.sldasm"装配文件，在窗口左下角单击"运动算例"，并在运动管理器中选中"基本运动"，如图 3-96 所示。

2）添加模拟成分。在运动管理器中单击"马达" 📷 按钮，选中"曲柄"侧面，如图 3-97 所示，在"马达"对话框中选择"旋转马达"，运动参数为"等速"，"100RPM"，单击"确定" ✔ 按钮。

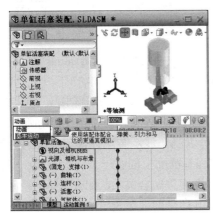

图 3-96 运动管理器

图 3-97 添加模拟成分

3）播放模拟。在模拟工具栏上单击"计算" 📷 按钮，在弹出的提示对话框中，单击"确定"按钮，开始播放模拟。单击"停止" ■ 按钮可停止模拟播放，单击"播放" ▷ 按钮可重播模拟。

5. 高级动画

SolidWorks 生成动画的原理与电影相似，它先确定零部件在各时刻外观的"关键点"，然后计算从起点位置移动到终点位置所需的顺序。故生成一个动作的步骤如下。

1）将零件移到初始位置。

2）将时间滑杆拖到结束时间。

3）将零件移到最终位置。

SolidWorks 不仅可以记录零部件的位置变化，还可以记录零部件视象属性，包括隐藏和显示、透明度、外观等的变化和产品渲染过程。

（1）高级动画范例 1—综合动画

本范例中包括视象属性动画、位置变化动画、装配体动态剖切动画和组合动画。

1）打开运动算例。打开"资源文件"中的"液压夹具体.sldasm"装配文件，然后单击窗口底部的"动画 1"标签，在运动算例管理器中选类型为"动画"。

2）"显示/隐藏零件"动画。如图 3-98 所示，单击设计树中的"Corps"零件，并在时间栏中将该零件的"外观"对应的键码拖动到动作结束时间对应的坐标 20 处。并右击"外观"，在快捷菜单中选择"隐藏"命令，自动在时间栏中添加时间线。完成显示/隐藏动画创建，如图 3-99 所示。单击工具栏的"播放" ▷ 按钮播放动画。单击工具栏的"保存" 🔲 按钮保存动画。

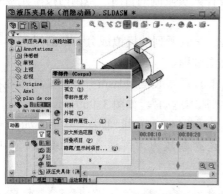

图 3-98 "隐藏"动画时间设定

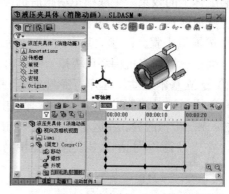

图 3-99 "隐藏"动画动作设定

3）活塞位置变化动画。如图 3-100 所示，单击设计树中的"Piston at joints"零件，将"移动"对应的时间栏中的键码拖动到动作结束时间对应的坐标 20 处。在图形区中将"Piston at joints"零件拖动到极限位置，自动在时间栏中添加时间线。完成活塞回收动画创建，如图 3-101 所示。单击工具栏的"播放" ▷ 按钮播放动画。单击工具栏的"保存" 🔲 按钮保存动画。

4）剖切动画。利用装配体独有的特征"切除"可以制作展示装配体内部特征的效果，结合动画则可制作动态剖切效果。具体思路是：在前视基准面上创建一个切除特征，其长度尺寸大于装配体的高度。添加装配体与前视基准面的"距离"配合关系，配合开始的距离为切除特征的长度，即无剖切效果；终止时的配合距离为零，即全部剖切效果。具体过程如下。

如图 3-102 所示，在特征树中右击"Corps"零件，选择"浮动"使其可以移动。

选择"前视"作为为草图绘制平面，单击"视图定向" 📷，选择"正视于" ⚓，使绘图平面转为正视方向。单击"草图"工具栏中的"圆" ◎、"直线" ╲ 和"剪裁实体" ✂ 按钮绘制切除特征草图，如图 3-103 所示。单击"视图定向" 📷，选择"等轴测" 🔲 显示等轴测图。

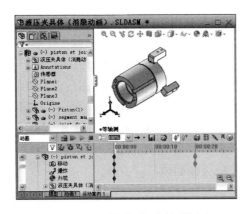

图 3-100　位置变化动画时间设定

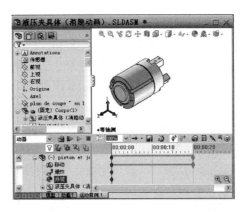

图 3-101　位置变化动画动作设定

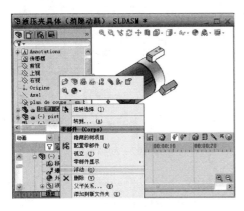

图 3-102　设定"浮动"

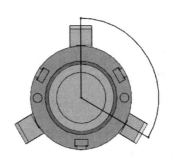

图 3-103　切除特征草图

单击"插入"→"装配体特征"→"切除"→"拉伸"命令，如图 3-104 所示，在弹出的"切除-拉伸"对话框的"方向 1"中通过　控制拉伸方向，并设置"给定深度"方式，深度值为 70mm；在"特征范围"中选中"所选零部件"，不选中"自动选择"，单击"自动选择"下拉列表，在 Feature Manager 特征树中选择需切除的零件"Corps"和"Cache"，单击"确定"　按钮。切除效果如图 3-105 所示。

图 3-104　"切除-拉伸"对话框

图 3-105　切除模型

单击装配体工具栏中的"配合" ，为"前视"和"Corps"的小凸台顶面添加"距离"配合关系，距离数值设为 70mm，如图 3-106 所示。

单击窗口底部的"动画"选项卡，切换到运动管理器窗口。如图 3-107 所示，单击设计树中的"距离 1（前视，Corp<1>）"下的"距离" ，将对应的键码拖动到动作结束时间对应的坐标 20 处。在时间坐标 10 对应处右击，选择"放置键码"，并双击该键码，将数值修改为 0mm（全剖效果），单击"确定" 按钮，在两键码之间生成时间线，表明完成了剖切动画创建，如图 3-108 所示。单击工具栏的  播放动画。单击 Animator 工具栏的  将动画保存为"剖切动画"，也可用添加控制零件的方式生成类似动画。

图 3-106　添加"距离"配合关系

图 3-107　动画设置

5）组合动画。可以将上述动画组合在同一个文件中，并通过拖动时间栏里各动作的键码，调整其先后顺序。如图 3-109 所示，由于显示/隐藏动画的时间线在剖切动画时间线之前，因此组合动画的顺序为：先显/隐，后剖切。

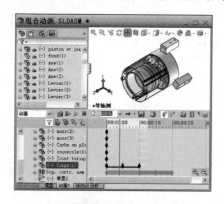

图 3-108　0～10s 为剖切动画

图 3-109　10～20s 为组合动画

（2）高级动画范例 2-关联动画

在 SolidWorks 装配体中可以编辑一个零件，使其特征参考其他零件的特征，从而使该特征随被参考零件特征的改变而改变，即建立了两个零件之间的关联。下面通过气门弹簧变形动画设计介绍关联设计技术的操作及应用。

气门弹簧的工作原理是：气门杆在气门导套中进行往复运动，气门杆的位置不同，气门弹簧的高度亦不同。整个过程中弹簧的圈数保持不变，气门弹簧的高度随气门杆的位置变化，即气门弹簧的高度与气门杆的位置是相关联的。

1）创建气门机构装配。选择 "文件"→"打开"命令，找到并打开"导套—气门杆组件.sldasm"装配文件。单击装配体工具栏中的"插入零部件" 按钮，将"气门弹簧.sldprt"零件添加到装配体中。如图 3-110 所示，单击装配体工具栏中的"配合" 按钮，为气门弹簧底面和导套底座顶面添加"重合"关系，为控制弹簧高度的直线和导套圆柱面添加"同轴心"关系，结果如图 3-111 所示。

图 3-110　气门弹簧配合对象　　　　　图 3-111　气门弹簧配合模型

2）气门弹簧关联设计。如图 3-112 所示，选择特征树中"气门弹簧"→"扫描 1"→"草图 1"，右击，在弹出的菜单中选择"编辑草图"命令，进入编辑草图编辑状态。单击"视图定向" 按钮，选择"正视于" ，使绘图平面转为正视方向。

单击"草图"工具栏中的"，单击"添加几何关系" 按钮，选择直线上端点和气门杆上面下边线，单击"重合" 按钮添加"重合"几何关系。单击"装配"工具栏中的"编辑零件" 按钮，退出零件编辑状态，弹簧与气门杆实现了关联，如图 3-113 所示。

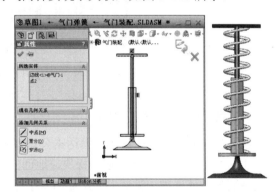

图 3-112　编辑草图　　　　　　　图 3-113　添加的几何关系与关联结果

3）添加位置控制配合。为了精确控制气门杆的位置，单击"装配体"工具栏中的"配合" 按钮，如图 3-114 所示，为气门杆平板下底面和导套底座顶面添加"距离"关系，取距离初始值为 50mm。

4）关联动画设计。如图 3-115 所示，单击设计树中的"距离 1（导套<1>，气门<1>）"，将对应的键码拖动到动作结束时间对应的坐标 20 处。并双击该键码，将数值修改为35（弹簧的最小高度），单击"确定" 按钮，在两键码之间生成时间线，表明完成了弹簧变形动画创建，如图 3-116 所示。单击工具栏的 播放动画。单击"保存" 按钮将动画保存为"气门弹簧变形动画"。

图 3-114 添加"距离"配合关系

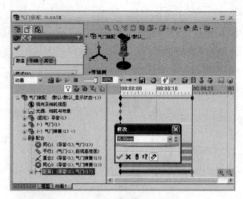

图 3-115 修改键码值

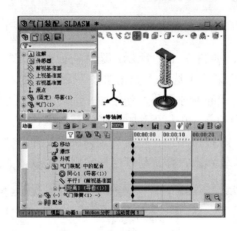

图 3-116 弹簧变形动画

3.4.4 机械产品技术文档制作

SolidWorks Composer 是由法国达索公司开发的利用三维数据创建文档的数字化出版工具，使用 3DVIA Composer 可以轻松快捷地创建产品的技术插图、装配工艺说明书、制造加工工艺说明书、使用维护说明书、产品用户手册、产品图解说明、产品 3D 动画演示、培训资料、装配说明、在线文档等技术文档。另外，使用 SolidWorks Composer 可以轻而易举地创建零件序号、材料明细表、分解视图以及注解等。下面以油缸为例说明其使用方法。

1．创建视图

（1）创建轴测图

1）视角设置。选择"主页"→"对齐照相机"命令，选择相应的照相机视图为"3/4 X+Y+Z"。

2）观察范围设置。选择"主页"→"缩放到适合大小"命令。

3）创建视图。在"视图"对话框中单击"创建视图"命令，在视图名称上单击并重命名为"轴测视图"。

（2）创建俯视图

1）视角设置。选择"主页"→"对齐照相机"命令，选择相应的照相机视图为"俯视图/仰视图"。

2）观察范围设置。选择"主页"→"缩放到适合大小"命令。

3）创建视图。在"视图"对话框中单击"创建视图"命令，在视图名称上单击并重命名为"右视图"。

（3）创建外部零件透明视图

1）显示已经创建的轴测图。切换到"视图"对话框，单击"轴测视图"。

2）选择透明零件。切换到"装配"对话框，按〈Ctrl〉键选中"缸筒""管接头""缸盖组件"和"缸底"。

3）选择透明属性。如图3-117所示在"属性"对话框中修改"不透明性"为50。

4）创建视图。在"视图"对话框中单击"创建视图"命令，在视图名称上单击并重命名为"零件透明"，如图3-117所示。

图3-117　透明属性设置

（4）截面视图

使用截面视图时，装配体被剖去一部分，可以清楚地表达模型的内部结构。借助截面视图，用户能清楚地看到装配体中各零件之间的装配关系。相关命令位于工具栏中的"作者"选项卡中。

1）显示已经创建的俯视图。切换到"视图"对话框，单击"轴测视图"。

2）选择剖切零件。切换到"装配"对话框，按〈Ctrl〉键选中"缸筒""管接头""缸盖组件"和"缸底"。

3）添加剖切面。在工具栏"作者"选项卡中单击"创建"命令，移动鼠标到"管接头"圆线中截面点附近，当出现红色箭头时单击创建剖切面。在"属性"对话框中选择"轴"为X轴，使其作为剖切面的法线，完成剖切。

4）视角设置。打开文件，选择"主页"→"对齐照相机"命令，选择相应的照相机视图为"3/4 X+Y+Z"。

5）创建视图。在"视图"对话框中单击"创建视图"命令，在视图名称上单击并重命名为"剖切视图"，如图3-118所示。

（5）总装配拆解视图

1）定位螺钉拆卸。在"装配"对话框中选中"定位螺钉"。选择"变换"→"移动"命令，选中坐标系垂直轴，在"属性"对话框，设"长度"为50。完成螺钉拆卸。

图 3-118　透明属性设置

2）耳环拆卸。在"装配"对话框中选中"耳环"。选择"变换"→"移动"命令，选中坐标系垂直轴，在"属性"对话框，设"长度"为-400。完成耳环拆卸。

3）缸盖拆卸。在"装配"对话框中选中"缸盖"。选择"变换"→"移动"命令，选中坐标系水平轴，在"属性"对话框，设"长度"为-350，完成缸盖拆卸。

4）导向套组件拆卸。在"装配"对话框中选中"导向套组件"。选择"变换"→"移动"命令，选中坐标系水平轴，在"属性"对话框，设"长度"为-300，完成导向套组件拆卸。

5）活塞组件拆卸。在"装配"对话框中选中"活塞组件"。选择"变换"→"移动"命令，选中坐标系水平轴，在"属性"对话框，设"长度"为-200，完成活塞组件拆卸。

6）视角设置。打开文件，选择"主页"→"对齐照相机"命令，选择相应的照相机视图为"3/4 X-Y+Z+"。

7）创建视图。在"视图"对话框中单击"创建视图"命令，在视图名称上单击并重命名为"总装配拆解视图"。

（6）活塞组件解体视图

1）选择活塞组件。在"装配"对话框先取消"单杆双作用活塞式油缸装配体"复选框的勾选，然后，选中"活塞组件"复选框。

2）活塞组件解体。选择"变换"→"爆炸"→"线性"命令，选择"零件线性"，选中水平轴箭头，设长度为400。完成活塞组件解体。

3）视角设置。打开文件，在工具栏中，选择"主页"→"对齐照相机"命令，选择相应的照相机视图为"3/4 X-Y+Z+"。

4）创建视图。在"视图"对话框中单击"创建视图"命令，在视图名称上单击并重命名为"活塞组件解体视图"，如图 3-119 所示。

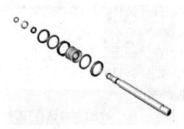

图 3-119　活塞组件解体

（7）缸体解体视图

1）创建选择集。切换到"装配"对话框，按住〈Ctrl〉键，选中"缸筒""管接头""缸底""排气孔螺钉"。单击"装配"对话框中的"创建视图"命令，更名为"缸体组件"。

2）选择缸体组件。在"装配"对话框先取消"单杆双作用活塞式油缸装配体"复选框的勾选，然后，在"选择集"中选择"缸体组件"复选框。

3）缸体组件解体。选择"变换"→"爆炸"→"球面"命令，选择"零件线性"，选中水平轴箭头，设长度为400。完成活塞组件解体。

4）视角设置。打开文件，选择"主页"→"对齐照相机"命令，选择相应的照相机视图为"3/4 X-Y+Z+"。

5）创建视图。在"视图"对话框中单击"创建视图"工具，在视图名称上单击并重命名为"缸体组件解体视图"，如图 3-120 所示。

图 3-120　缸体解体

（8）创建 BOM 视图

材料明细表（BOM）是构成一个装配体的所有零部件的列表，它的另外一个名称通常叫零件清单。借助 BOM，企业可以确定一个产品所需的零件数量，采购商可以了解到所订购产品的细节。

1）显示已创建的总装拆解视图。切换到"视图"对话框，单击"总装拆解视图"。

2）生成 BOM ID。在工具栏的"工作间"选项卡中单击"BOM"命令，弹出"BOM"对话框，将"应用对象"设置为"可视几何图形"，在"选项"栏的"定义"选项卡中选择父级级别为"级别 1"，选中"比较几何图形"和"精确比较"单选按钮，单击"生成 BOM ID"按钮，则在右窗格中显示生成的 BOM ID，如图 3-121a 所示。在此窗格中，单击"BOM ID"标签以改变 BOM ID 的排序方式。

3）创建零件编号。在装配结构树标签页中单击"单杆双作用活塞式油缸装配体"并选中所有装配体，单击"BOM"对话框中的"创建编号"命令。在"属性"选项卡中，将"自动对齐"选项设置为"自由 2D"，编号字体大小设置为 20，其余选项保持默认不变。按顺序拖动编号至适当位置，如图 3-121b 所示。

4）设定 BOM 表格。在对话框中选中 BOM 表格，在"属性"选项卡中将"文本"中的"大小"选项设置为 16，"位置"选项设为"自由"，拖动 BOM 表格至合适位置，调整后的BOM 表格如图 3-121 所示。在工作间窗口中单击"显示/隐藏 BOM 表格"命令，窗口中会自动显示/隐藏 BOM 表格。

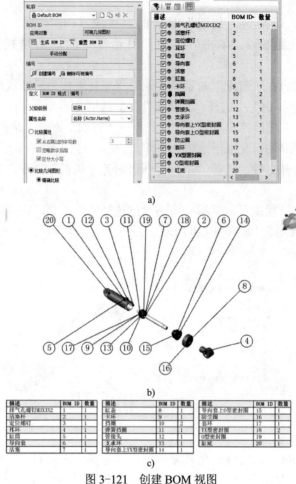

图 3-121　创建 BOM 视图

a)"BOM"对话框和窗格　　b)创建零件编号　　c) BOM 表格

5）创建视图。选择"视图"→"创建视图"命令，单击视图名称并重命名为"BOM 视图"。

（9）发布图像

选择"工作间"→"发布"→"技术图解"命令来发布场景的向量图，或使用"高分辨率图像"生成场景的高分辨率光栅图（BMP、JPEG、TIFF、PNG）。

1）显示已创建视图。切换到"视图"视口，单击已经建好的视图，如"BOM 视图"，将其显示到视口中。

2）发布向量图。选择"工作间"→"发布"→"技术图解"或"高分辨率图像"命令，单击"另存为"，SolidWorks Composer 生成模型的 SVG 向量图或高分辨率光栅图（BMP、JPEG、TIFF、PNG）。

2. 创建动画

3DVIA Composer 利用 SolidWorks 等多种三维 CAD 格式的模型文件能够方便地制作出精美逼真的三维动画，其基本概念如下。

1）时间轴窗格。运用 3DVIA Composer 制作动画是在时间轴窗格上，以放置关键帧的形式记录下 3D 模型在软件中所进行的操作，从而形成多种格式的视频文件。时间轴窗格的外观如图 3-122 所示。

图 3-122　时间轴窗格

2）动画。动画是以人类视觉暂留的原理为基础的，快速查看一系列相关的静态图像，人们就会感觉这是一个连续的运动。每一个单独图像称为帧。创建动画时必须生成大量帧，动画的质量取决于单位时间内帧的数量。

3）关键帧。关键帧是构成动画的基本组成单位，每个关键帧都对应于动画的相应动作，可以控制特定时间点的角色特征。Composer 拥有 3 种不同的关键帧以跟踪不同的特征：①角色关键帧：用于记录角色的位置和属性；②照相机关键帧：用于记录角色的视角和方位。③Digger 关键帧：用于记录 Digger 的特征。

4）角色位置/角色属性。角色位置描述如何进行分解和装配，角色属性则用于控制其颜色、亮度、不透明度等。

一般来说，在设计动画之前，应根据产品的工作原理、装配过程先进行动作顺序的规划。使用位置和属性关键帧设计动画的常规步骤如下。

1）将时间条移动到开始时间点。

2）更改角色的位置或属性。

3）设置关键帧，以记录角色的初始位置或属性。

4）将时间条移动到结束时间点。

5）更改角色的位置或属性。

6）设置关键帧以记录角色的最终外观或位置。

下面以单杆双作用活塞式油缸为例说明创建动画的过程。先旋转整个装配体，然后，旋转装配体上的一个零件，装配体和零件旋转的结合产生一个实际的动画。

（1）确定初始渲染角色关键帧

1）打开文件。打开"单杆双作用活塞式油缸.smg"文件。设置背景颜色：在"属性"对话框中单击"背景颜色"。设置背景颜色的参数为红色 R 为 210，绿色 G 为 87，蓝色 B 为 255（以后统称 R、G、B）。由于时间轴工具栏中的"自动关键帧"命令处于激活状态，因此程序在第 0s 会自动放置一个关键帧。

2）选择照明模式。如图 3-123 所示，在"属性"对话框中单击"照明模式"。选照明模式为"柔和（一个光源）"。

图 3-123　关键帧渲染

3）去除地面和网格效果。在工具栏的"渲染"选项卡中，分别单击"网格"按钮和"地面"按钮，即可去除地面和网格效果。

（2）照相机关键帧

1）视角设置。选择"主页"→"对齐照相机"命令，如图 3-124 所示，选择相应的照相机视图为"3/4 X+Y+Z"。

2）设置照相机关键帧。在时间轴工具栏中单击"设置照相机关键帧"按钮，在第 0s 处放置一个照相机关键帧，用于确定初始的照相机视图位置。这样即可保证无论怎样转动模型都不会改变视角。

（3）整个装配体旋转动画

1）设置时间条位置。在时间轴工具栏中移动"时间条"至 2s 处。

2）旋转装配体。在"装配"对话框中选中装配体根目录。选择"变换"→"旋转"命令，如图 3-125 所示，选中

图 3-124　照相机关键帧

坐标系垂直轴，在"属性"对话框中，设"角度"为 360°。由于时间轴工具栏中的"自动关键帧"命令处于激活状态，因此程序在第 0～2s 会自动放置 3 个关键帧。这步操作完成了整个装配体的动作。

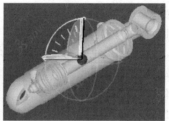

图 3-125　整体旋转动画设置

3）播放动画。在时间轴工具栏中移动"时间条"到开始位置，单击"播放"按钮，从开始播放动画，注意观察装配体旋转。

（4）活塞移动动画

1）设置时间条位置。在时间轴工具栏中移动"时间条"至 3s 处。

2）活塞推出关键帧。按住〈Ctrl〉键，在"装配"对话框中选中活塞组件、耳环和定位螺钉。选择"变换"→"移动"命令，选中坐标系与轴线重合的轴，在"属性"对话框，设"长度"为-90。由于时间轴工具栏中的"自动关键帧"命令处于激活状态，因此程序在第 2～3s 会自动放置多个关键帧。这步操作完成了活塞推出的动作。

3）设置时间条位置。在时间轴工具栏中移动"时间条"至 4s 处。

4）活塞推出关键帧。按住〈Ctrl〉键，在"装配"对话框中选中活塞组件、耳环和定位螺钉。选择"变换"→"移动"命令，选中坐标系与轴线重合的轴，在"属性"对话框，设"长度"为 90。由于时间轴工具栏中的"自动关键帧"命令处于激活状态，因此程序在第 2～3s 之间会自动放置多个关键帧。这步操作完成了活塞缩回的动作。

5）播放动画。在时间轴工具栏中移动"时间条"到开始位置，单击"播放"按钮，从开始播放动画，注意观察活塞移动。

（5）缸体显隐动画

1）设置时间条位置。在时间轴工具栏中移动"时间条"至 5s 处。

2）缸体隐藏关键帧。按住〈Ctrl〉键，在"装配"对话框中选中缸筒和缸底。在"属性"对话框中设"不透明性"为 0。自动放置一个关键帧。这步操作完成了缸体隐藏的动作。

3）设置时间条位置。在时间轴工具栏中移动"时间条"至 6s 处。

4）缸体显示关键帧。按住〈Ctrl〉键，在"装配"对话框中选中缸筒和缸底。在"属性"对话框中设"不透明性"为 1。自动放置一个关键帧。这步操作完成了缸体显示的动作。

5）播放动画。在时间轴工具栏中移动"时间条"到开始位置，单击"播放"按钮，从开始播放动画，注意观察缸体显隐变化。

（6）总装配拆装动画

通过在总装配轴测图视图和总装配拆解视图之间的视图切换实现拆装动画。

1）设置时间条位置。在时间轴工具栏中移动"时间条"至 0s 处。

2）轴测图视图放置。切换到"视图"对话框，拖动其中的"轴测图视图"到时间轴工具栏中的 0s 处。

3）设置时间条位置。在时间轴工具栏中移动"时间条"至 4s 处。

4）视图放置。切换到"视图"对话框，拖动其中的"总装配拆解视图"到时间轴工具栏中的 4s 处。

5）设置时间条位置。在时间轴工具栏中移动"时间条"至 8s 处。

6）轴测图视图放置。切换到"视图"对话框，拖动其中的"轴测图视图"到时间轴工具栏中的 8s 处。

7）播放动画。在时间轴工具栏中移动"时间条"到开始位置，单击"播放"按钮，从头播放动画，注意观察缸体显/隐变化。

习题 3

习题 3-1　简答题。

1）简述装配步骤。说明如何确定基准零件，如何选择装配顺序，如何选择装配关系。

2）简述机械产品表达的类型和用途。

3）简述自上而下的设计过程。

习题 3-2　完成如图 3-126 所示的变速器装配，生成爆炸视图。

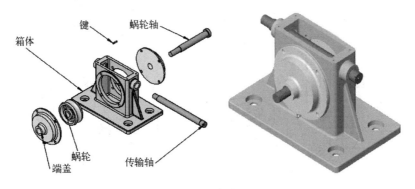

图 3-126　变速器

习题 3-3　完成图 3-127 所示的活塞连杆机构的组装，生成爆炸视图并制作动画动态显示装配和分解过程。

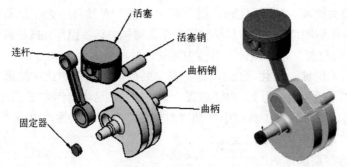

图 3-127　活塞连杆机构

习题 3-4　完成如图 3-128 所示的油泵装配，并生成物理模拟动画。

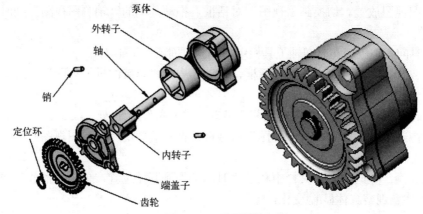

图 3-128　油泵爆炸视图

习题 3-5　完成如图 3-129 所示的连接架各零件，并进行组装。

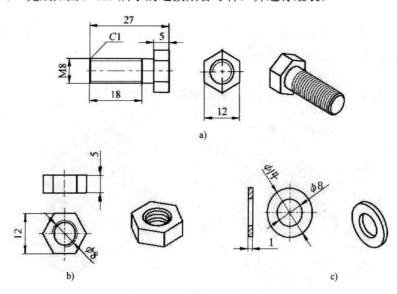

图 3-129　连接架零件及装配

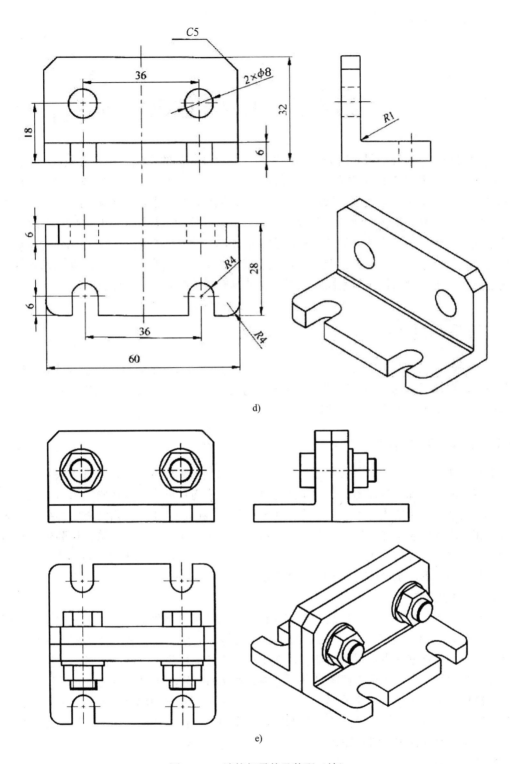

d)

e)

图 3-129　连接架零件及装配（续）

第4章　工程图创建

工程图是三维设计的最后阶段，同时也是产品设计思想的交流方式和常规加工手段的数据依据，人们常常把工程图称为"工程界的语言"。工程技术人员必须掌握绘制工程图样的基本理论方法，必须具有较强的绘图和读图能力，以适应生产和科技发展的需要。用户可以为三维实体零件和装配体创建二维工程图。零件、装配体和工程图是互相关联的文件，对零件或装配体所做的任何修改会导致工程图文件的相应变更，一般来说，工程图包含由模型建立的几个视图、尺寸、注解、标题栏、材料明细栏等内容。用户要掌握工程图的基本操作，从而能够快速地绘制出符合国家标准、用于加工制造或装配的工程图样。

4.1　工程图概述

三维设计在工程图方面具有更大的优势，不但可以插入三维模型的模型视图及自动生成相关视图，还可以自动插入三维模型设计阶段的尺寸、公差、注解等，无论从图样的质量上还是出图的效率上，都比传统二维设计具有更大的优势。

4.1.1　工程图基本术语

在日常生活中，人们大部分是通过语言和文字来交流思想的，但在工程上仅靠语言来描述是很困难的。例如，端盖是一个简单的零件，可以试着用语言来描述它的形状和大小，即使表达得很清楚，听的人也不一定能完全正确理解。因此，在工程上常常将物体按一定的投影方法和技术规定表达在图样上，用以表达机件的结构形状、大小及制造、检验中所必需的技术要求，这种图样称为工程图。所谓工程图，就是工程界用来表达物体的形状、大小和有关技术要求的图形，是表达设计意图、制造要求以及交流经验的技术文件。

1. 工程图组成

产品工程图需要全面描述产品的工程属性，包括图形、零件的材料、加工要求（几何公差、尺寸公差、粗糙度等）、一些必要的产品说明等，根据零件和装配件的配置和构成，需要列举相应的零件规格表和材料明细表，在工程图中还需要说明产品的图号、比例、设计人员、设计时间等信息。产品工程图包含两个相对独立的部分，即图纸格式和工程图内容。

图纸格式是图纸中符合企业要求并且内容不发生很大变化的部分，如图纸幅面定义、表格等。工程图内容是表达机械结构形状的图形，常用的有视图和剖视图等。视图分为基本视图、向视图、局部视图和斜视图4种。

2. 零件图

零件图是零件制造、检验和制订工艺规程的基本技术文件。因此，零件图应包括制造和检验零件所需全部内容，如图形、尺寸及其公差、表面粗糙度、几何公差、对材料及热处理的说明及其他技术要求等。

3．装配图

装配图是一种表达机器或部件装配、检验、安装、维修服务的重要技术文件。它是设计零件的结构和零件装配的基本依据。装配图应包括组装零件所需全部内容，如各零件的主要结构形状、装配关系、总体尺寸、技术要求、零件编号、标题栏和明细栏等。

4.1.2 SolidWorks 工程图入门

SolidWorks 中建立工程图的步骤为：根据三维模型生成所需的视图，并进行工程标注（尺寸及公差配合、几何公差、粗糙度及技术要求等），对装配图标注零件序号和建立材料明细栏。

1．引例

下面以图 4-1 所示零件为例说明工程图的建立过程。

（1）以默认模板生成标准三视图

单击"标准"工具栏中的"新建" 按钮。单击"工程图"，然后单击"确定"按钮。单击"视图布局"工具栏中的"标准三视图" 按钮。在如图 4-2 所示的"标准三视图"对话框中单击"浏览"按钮选择零件模型"工程图入门.sldprt"，然后单击"确定" 按钮，即以默认模板生成标准三视图，拖动视图到合适的位置。

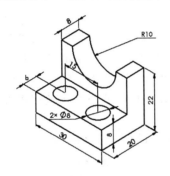

图 4-1　零件模型

图 4-2　"标准三视图"对话框

（2）标注尺寸

1）标注驱动尺寸。如图 4-3 所示，选择"注解"→"模型项目"命令，在"模型项目"对话框中选中"将项目输入到所有视图"复选框，单击"确定" 按钮，再单击"是"按钮。

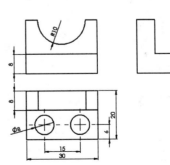

图 4-3　标注驱动尺寸

2）调整尺寸。删除图 4-3 中数值为 8mm 的两个线性尺寸，选择"注解"→"模型项目"命令，在图形区单击左视图后，在"模型项目"对话框中单击"确定" ✔按钮，再单击"是"按钮，如图 4-4 所示。

3）修改尺寸文字。如图 4-5 所示，在图形区单击尺寸数字 ϕ8，在"尺寸"对话框中的"标注尺寸文字"最前面添加"2×"。

图 4-4　调整尺寸

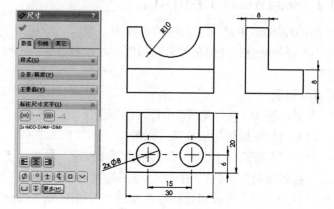

图 4-5　修改尺寸文字

（3）添加注解

1）添加中心线。选择"注解"→"中心线" 命令。在俯视图中，选择两条边线，中心线在两条边线之间出现。重复上述步骤来添加主视图的中心线，单击"确定" ✔按钮。

2）插入表面粗糙度。选择"注解"→"表面粗糙度" 命令。如图 4-6 所示，在"表面粗糙度"对话框中选择粗糙度的类型为 ，数值为 $Ra1.6$，在图形区选中相关边线插入表面粗糙度后，单击"确定" ✔按钮。

3）插入基准特征。选择"注解"→"基准特征" 命令。在图 4-7 所示的"基准特征"对话框中取消选择"使用文件样式"复选框，并依次单击 和 ，在图形区中单击左视图的下边线，移动指针以将引线放置在工程图视图中，单击"确定" ✔按钮。

4）插入形位公差符号。选择"注解"→"形位公差" 命令。在图 4-8 所示的"形位公差"对话框中：在"符号"中选择//，在"公差 1"输入 0.2，在"主要"输入 A。在图形区中单击左视图的上边线，移动指针定位，单击"确定"按钮，完成形位公差（国家标准中为"几何公差"，为了同 Solidworks 中一致，这里称"形位公差"）标注。

图 4-6　粗糙度

图 4-7　基准

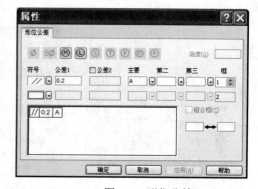

图 4-8　形位公差

5）插入技术要求。单击"注解"→"注释" 命令。在图形区中单击以放置注释。输入以下内容："技术要求　1.调质处理　230~250HB。2.零件应干净且无毛边。"选择字号为14，单击"确定" 按钮。

（4）填写标题栏

右击图纸空白区，选择"编辑图纸格式"进入图纸格式编辑环境，输入"单位名称"等内容。然后，右击图纸空白区，选择"编辑图纸"返回图纸编辑环境，单击"标准"→"保存" 按钮。完成工程图设计全部内容，如图4-9所示。

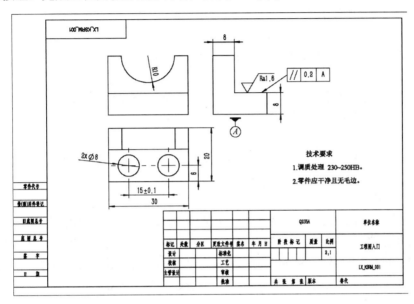

图4-9　工程图实例

（5）打印工程图

选择"文件"→"打印"命令，弹出"打印"对话框，如图4-10所示。

在"打印范围"下选择"所有"单选按钮。单击"页面设置"按钮，弹出"页面设置"对话框，如图4-11所示。可在此更改打印设定，如分辨率、比例、纸张大小等。在"分辨率和比例"下选择"调整比例以套合"单选按钮。单击"确定"按钮关闭"页面设置"对话框。再次单击"确定"按钮关闭"打印"对话框并打印工程图。

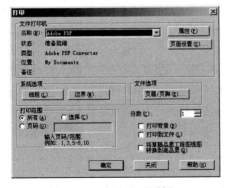

图4-10　"打印"对话框

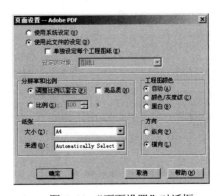

图4-11　"页面设置"对话框

2．创建工程图的步骤

根据上面引例中创建工程图的过程，可将创建工程图的步骤归纳如下。

1）选模板。设置图纸格式和图纸属性。

2）添视图。生成标准工程视图和派生工程视图。

3）定位置。合理布置各视图的位置。

4）标尺寸。标注定形定位尺寸。

5）填注解。填写技术要求等注解内容。

6）出图样。打印输出图样。

3．术语

SolidWorks 工程图包括图纸格式和图纸两个编辑环境。

（1）图纸

图纸是视图、说明文字和符号的生成和编辑环境，在图纸中可建立工程视图、注释文字和绘制图素等。在 SolidWorks 工程图中可以有多张图纸。

（2）图纸格式

图纸格式是标题栏、图框等符合统一样式要求的内容编辑环境。图纸格式文件的扩展名为 slddrt，默认保存位置为"SolidWorks 安装目录\data"。

（3）工程图模板

工程图模板 SolidWorks 中由图纸格式和图纸选项构成的工程图属性总体控制环境。SolidWorks 模板还包括零件模板和装配模板，当新建零件（装配、工程图）时，SolidWorks 程序将根据模板来设置相关属性。SolidWorks 零件、装配和工程图模板的扩展名分别为 prtdot、asmdot 和 drwdot。模板的默认保存位置为：SolidWorks 安装目录\data\templates。

（4）图样选项

图样选项包括字体大小、箭头形式、背景颜色等与绘图标准有关的选项。SolidWorks 通过菜单"工具"→"选项"→"系统选项/文件属性"来设置相关参数，对其进行全局控制，从而使图样更符合国家标准要求。

（5）注解

注解包括：注释、焊接注解、基准特征符号、基准目标符号、几何公差、表面粗糙度、多转折引线、孔标注、销钉符号、装饰螺纹线、区域剖面线填充、零件序号等。

4.2 创建工程图模板

在手工绘图时代，企业都会向设计人员提供规格不一的标准化空白图纸，其上已绘制好了图框、标题栏，甚至标示了企业名称和徽标，标准化空白图纸减少了设计人员的工作量，并且保障了企业工程图形式上的规范。在 SolidWorks 等三维 CAD 软件中，同样提供了类似的工程图模板，用户可以在工程图模板中设置图纸图框和标题栏等图纸格式，并且可以设定尺寸、箭头和文字样式等图纸选项。

4.2.1 工程图常用国家标准规范

国家标准对图纸幅面等进行了具体的规定。

1. 图纸幅面和格式

图纸幅面和格式由 GB／T 14689-2008《技术制图　图纸幅面和格式》规定。

（1）图纸幅面

图纸幅面指的是图纸宽度与长度组成的图面。绘制技术图样时应优先采用图 4-12 和表 4-1 所规定的基本幅面，必要时也允许加长幅面。

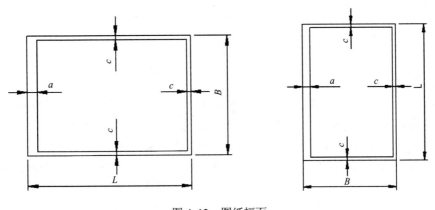

图 4-12　图纸幅面

表 4-1　图纸幅面及图框格式尺寸

幅面代号	A0	A1	A2	A3	A4
$B×L$	841×1189	594×841	420×594	297×420	210×297
a	25				
c	10			5	

（2）标题栏和明细栏

每张图纸上都必须画出标题栏，装配图有明细栏。GB/T 10609.1 – 2008《技术制图 标题栏》规定标题栏按图 4-13 所示绘制和填写，明细栏按图 4-14 所示绘制和填写。

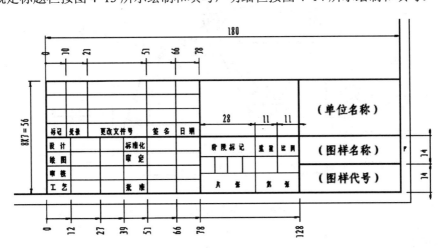

图 4-13　标题栏

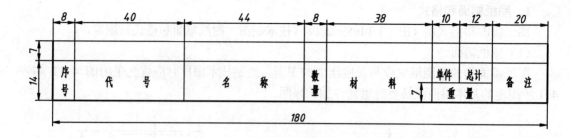

图 4-14　明细栏

2．字体

GB/T 14691-1993《技术制图 字体》规定图样上的字体必须工整、笔画清楚、间隔均匀，排列整齐。汉字应写成长仿宋体字，并采用国家正式公布推行的简化字。字体的号数，即字体高度 h，汉字的高度 h 不应小于 3.5mm，其字宽一般为 $h/\sqrt{2}$（约 0.7h）。字体高度 h 的公称尺寸系列为：1.8，2.5，3.5，5，7，10，14，20(mm)。字母和数字分为 A 型和 B 型。A 型字体的笔画宽度 d 为字高（h）的 1/14，B 型字体笔画宽度为字高的 1/10。在同一图样上只允许选用一种形式的字体。字母和数字可成斜体或直体，但全图要统一，斜体字字头向右倾斜与水平基准线成 75°。

3．图线

根据 GB/T 17450－1998《技术制图 图线》，在机械制图中常用的线型有实线、虚线、点画线、双点画线、波浪线、双折线等（见图 4-15）。图线的宽度 d 应根据图形的大小和复杂程度，在下列数系中选择：0.18，0.25，0.35，0.5，0.7，1，1.4，2(mm)。在机械图样上，图线一般只有两种宽度，分别称为粗线和细线，其宽度之比为 2∶1。在通常情况下，粗线的宽度采用 0.5mm 或 0.7 mm，细线的宽度采用 0.25mm 或 0.35 mm。在同一图样中，同类图线的宽度应一致。

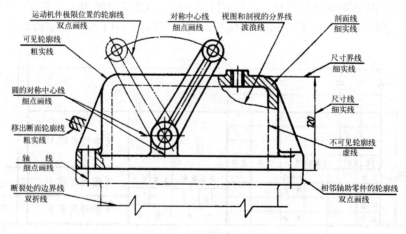

图 4-15　基本线型及应用

4．比例

工程图中常用的比例见表 4-2。

表 4-2　常用比例

原值比例	1:1					
缩小比例	(1:1.5)　　1:2	(1:2.5)	(1:3)	(1:4)	1:5　　1:10	
	$1:2×10^n$　　$(1:2.5×10^n)$	$(1:3×10^n)$		$(1:4×10^n)$	$1:5×10^n$	$(1:6×10^n)$
放大比例	2:1	(2.5:1)	(4:1)	5:1		
	$1×10^n:1$　　$2×10^n:1$	$(2.5×10^n:1)$		$(4×10^n:1)$	$5×10^n:1$	

注：n 为正整数。

5．图纸的折叠装订

一般把图纸按 GB/T 10609.3—2009《技术制图 复制图的折叠方法》折叠成 297mm×210mm（A4 图纸的大小）后装订，并把图号等折在外面。

4.2.2　创建符合国家标准的图纸格式

图纸格式是指工程图中图框、标题栏，甚至标识了企业名称和徽标等保障企业工程图规范的内容。下面通过建立一个符合国家标准的 A3 图幅工程图模板，说明在 SolidWorks 中图纸格式创建和使用方法，创建步骤如下。

（1）设置图幅

单击"文件"→"新建"，选择"工程图"，单击"确定"按钮，如图 4-16 所示，在"图纸格式/大小"对话框中选"自定义图纸大小"单选按钮，输入宽度 420mm，高度 297mm（A3-横向的图幅尺寸），单击"确定"按钮。

（2）进入编辑图纸格式状态

在图纸空白处右击，从快捷菜单中选择"编辑图纸格式"命令，切换到编辑图纸格式状态下。

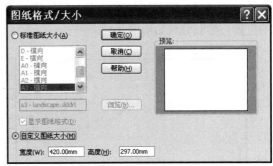

图 4-16　自定义图幅尺寸

（3）绘制图纸边框

1）绘制矩形。如图 4-18 所示，绘制两个矩形分别代表图纸的纸边界线和图框线。

2）固定左边界。在下面的步骤中将通过几何关系和尺寸确定两个矩形的大小和位置。选择外侧矩形的下角点，在 Property Manager 的"参数"选项组中确定该点的坐标点位置（X=0，Y=0）。按住〈Ctrl〉键，选择外侧矩形的左边和下边，在"Property Manager"对话框中单击"固定" ☑按钮为两边线建立"固定"几何关系，在标注尺寸时以这两个边定位。如图 4-17 所示，标注两个矩形的尺寸。

3）设置线型。选择"视图"→"工具栏"→"线型"命令，打开"线型"工具栏。

按住〈Ctrl+〉键，选择内侧代表图框的矩形，单击"线型"工具栏中的"线粗"▤按钮，定义 4 条直线为"粗实线"，单击"确定" ✔按钮。重复上述步骤，定义外侧代表图纸边线的 4 条直线为"细实线"，如图 4-18 所示。

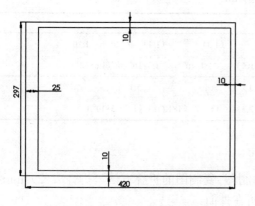

图 4-17　确定纸边和图框的大小　　　　图 4-18　设置图框的线粗

4）隐藏尺寸。选择"视图"→"显示/隐藏注解"命令，隐藏标注的图框尺寸，如图 4-19 所示。

（4）绘制标题栏

如图 4-20 所示，按照要求绘制标题栏中相应的直线，并使用几何关系、尺寸确定直线的位置，绘制完成后隐藏尺寸。

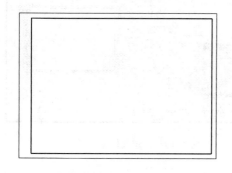
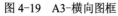

图 4-19　A3-横向图框

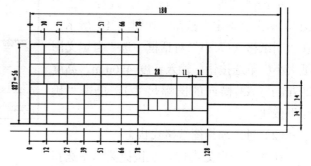

图 4-20　绘制标题栏

（5）注释

1）一般注释。在空白处右击，在弹出的快捷菜单中选择"注解"→"注释"命令。如图 4-21 所示，在标题栏相应的位置上添加注释文字，这些文字一般是不变的。

处数	标记	分区	更改文件号	签名	年.月.日	（材料标记）		（单位名称）
设计	签名	年.月.日	标准化	签名	年.月.日	图样标记	重量 比例	（图样名称）
制图								
审核								（图样代号）
工艺			批准			共　页　第　页		

图 4-21　一般性注释

2）链接图纸文件的属性。如图 4-22 所示，在标题栏的"比例"下面一栏单击来定位输入点，单击左侧特征树中部的链接到"属性" 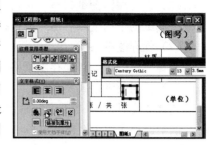按钮。弹出如图 4-23 所示的"链接到属性"对话框。单击"文件属性"下拉列表框选择"SW-图纸比例（Sheet Scale）"或输入注释的文字内容为" \$PRP:"SolidWorks-图纸比例（Sheet Scale）""。注释显示图纸的比例，如图 4-24 所示。同理，可在"图样名称"中链接"工程图名"：\$PRP:"SolidWorks-文件名称（File Name）"。

图 4-22 链接属性

图 4-23 "链接到属性"对话框

图 4-24 链接图纸比例

3）链接重量等零件模型的属性。可以在零件模型文件中添加"重量"等属性，然后，利用链接"图纸属性中所指视图种模型"属性的方式，链接到标题栏中。具体步骤为：添加模型文件属性。在模型环境中，选择"文件"→"属性"命令，如图 4-25 所示，在"摘要信息"对话框中单击"编辑清单"，然后，在"编辑自定义属性清单"对话框中输入"重量"，单击"确定"按钮。再在"摘要信息"对话框中单击"属性名称"选"重量"，在"类型"中选"文字"，在"数值/文字表达"中选"质量"，单击"确定"按钮。

4）链接零件模型的属性。

在工程图环境中的编辑图纸格式下，选择"注解"→"注释"命令，在标题栏的"重量"下面一栏单击来定位输入点，单击左侧特征树中部的"属性链接" 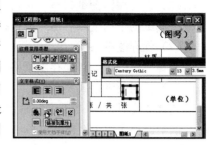按钮。弹出如图 4-26 所示的"链接到属性"对话框，选中"图纸属性中所指定视图中模型"单选按钮，单击"文件属性"下拉框选择"重量"，单击"确定"按钮。

图 4-25 添加模型重量属性

图 4-26 链接模型重量属性

（6）返回编辑图纸状态

在图纸的空白区域右击，从快捷菜单中选择"编辑图纸"命令，并放大全图。

（7）保存图纸格式

选择"文件"→"保存图纸格式"命令，将文件保存为"A3-横向图纸"即可。

（8）使用图纸格式

选择"文件"→"新建"命令，选工程图，单击"确定"按钮，在"图纸格式/大小"对话框中选相应的图纸格式，单击"确定"按钮即可。

4.2.3 设定符合国家标准的图纸选项

制图国家标准对图纸中的字体、线型等作了具体的规定。下面介绍在 SolidWorks 中设置这些项目的方法。

1. 设置工程图

（1）图纸背景颜色

选择"工具"→"选项"命令，在"系统选项"对话框中选择"颜色"，在"颜色方案"列表框中选择"工程图，纸张颜色"，单击"编辑"按钮，选择所需颜色，单击"确定"按钮。

（2）注解选项

按照机械制图国家标准规定字号分为 7 种，其数值为字的高度。习惯上，绘制 3、4、5 号图时，一般采用 3.5 号字；绘制 0、1、2 号图时，一般采用 5 号字。文字中的汉字采用仿宋体。在"文件属性"选项卡的"注解"目录中可以设定"注释、零件序号"等内容的字体。设置步骤为：选择"工具"→"选项"命令，弹出"文档属性"对话框，在"文件属性"选项卡的"绘图标准"目录中选择"注解"，单击"字体"，在"选择字体"对话框中选择"字体"为"仿宋_GB2312"，"字体样式"为"常规"，"高度"为 3.5mm，单击"确定"按钮，如图 4-27 所示。

图 4-27 注解属性

另外，在"注解"选项中可对零件序号等内容的格式进行单独设置。

（3）尺寸选项

在"文件属性"选项卡的"尺寸"目录中，设定尺寸标注的一些选项，包括是否显示双制尺寸、设定尺寸线、延伸线参数、尺寸排列参数、尺寸线箭头形式、圆弧尺寸标注方式、设定尺寸引线、尺寸精度和尺寸公差等。步骤为：选择"工具"→"选项"命令，弹出"文档属性"对话框，在"文件属性"选项卡选择"尺寸"，单击"字体"，在"选择字体"对话框中选择"字体"为"仿宋_GB2312"，"字体样式"为"常规"，"高度"为 3.5mm，单击"确定"按钮；将"箭头样式"设成实心箭头，并设置箭头的尺寸，如图 4-28 所示。

（4）线型选项设置

在"文件属性"选项卡的"线型"目录中，可设定图线的类型和粗细，步骤为：选择"工具"→"选项"命令，单击"文件属性"选项卡，在"文件属性"选项卡中，选择"线型"，将"可见边线"的"样式"设为"实线"，"线粗"设为 0.5mm，单击"确定"按钮，如图 4-29 所示。

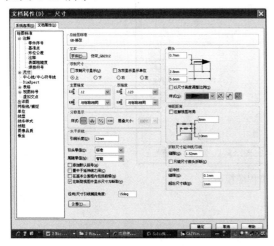

图 4-28　尺寸属性　　　　　　　　　　　图 4-29　线型属性

（5）图纸比例设置

在"图纸属性"对话框中可以设置图纸比例，选择图纸格式及投影方式等内容。具体步骤为：在工程图的设计树中，右击"图纸 1"，在弹出的快捷菜单中选择"属性"，在"图纸属性"对话框中，将图纸比例设为 1:1，单击"确定"按钮，如图 4-30 所示。

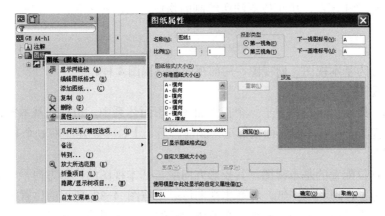

图 4-30　图纸比例

2．保存工程图模板

完成上述图纸格式和选项设置后，即可将其保存为模板文件，以便重复利用。步骤为：选择"文件"→"另存为"，在"保存类型"下拉框中选择"工程图模板（*.drwdot）"，在文件名中输入"A3_横放模板"，单击"保存"按钮将其保存到"<SolidWorks 的安装文件夹>\lang\ chinese-simplified\Tutorial"中即可。

3．使用工程图模板

选择"文件"→"新建"命令，在"新建 SolidWorks 文件"对话框中单击"高级"后，在"Tutorial"中模板列表中双击需要的模板即可以该模板新建文件，如图 4-31 所示。

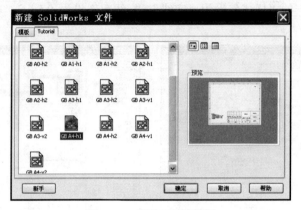

图 4-31　使用工程图模板

4.3　创建工程图

可以把 SolidWorks 的工程图理解为虚拟的绘图纸，可以在图纸上绘制视图、插入尺寸和注解等图样内容。

4.3.1　创建符合国家标准的视图

根据有关标准和规定，用正投影法所绘制的物体的图形称为视图。视图主要表达机件的外部结构形状。

1．视图类型

投影视图分为基本视图、向视图、局部视图和斜视图 4 种。

（1）基本视图

如图 4-32 所示，将机件置于一个正六面体投影面体系中，机件向基本投影面投影所得的视图称基本视图。向基本投影面投影可得到前、后、上、下、左、右 6 个基本视图。

（2）向视图

向视图是移位配置的基本视图，其投影方向应与基本视图的投影方向一一对应。在实际绘图过程中，为了合理利用图纸，各基本视图可以不按图 4-32 所示的位置关系配置，而是移位自由配置。为了便于读图，向视图必须进行标注。在视图的上方用大写字母标注出视图的名称，在相应视图附近用箭头指明投影方向，并标注相同的字母。

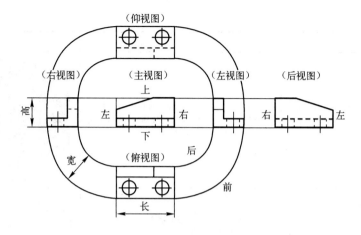

图 4-32　6 个基本视图的配置

（3）局部视图

将机件的某一局部结构向基本投影面投影所得到的视图，称为局部视图。

（4）斜视图

将机件向不平行于任何基本投影面的平面投影所得到的视图，称为斜视图。

（5）剖视图

为了清晰地表达机件的内部结构，常采用剖视的表达方法。假想用剖切面（平面或柱面）剖开机件，移去观察者和剖切面之间的部分，将其余部分向投影面投影所得到的图形称为剖视图。按剖切面剖开机件范围的大小不同，剖视图分为全剖视图、半剖视图和局部剖视图。

（6）局部放大图

将机件的部分结构，用大于原图形所采用的比例画出的图形称为局部放大图。

2．SolidWorks 视图创建

SolidWorks 中可以创建的工程视图包括以下几种。

1）标准工程视图。以零件或装配体生成的各种视图。包括标准三视图、模型视图、相对视图、预定义的视图、空白视图。

2）派生工程视图。由现有视图（标准视图或之前生成的派生视图）投影得到的各种视图，包括投影视图、辅助视图、局部视图、裁剪视图、断开的剖视图、剖面视图、旋转剖视图、交替位置视图、相对视图。

SolidWorks 生成标准工程视图和派生工程视图的命令及操作方法见表 4-3 和表 4-4。

表 4-3　SolidWorks 标准工程视图生成命令

名称	命 令 功 能	操 作 方 法	示 例
标准 三 视图	基于零件或装配体生成其主视图（也叫前视图）、俯视图、左视图	选择"插入"→"工程图视图"→"标准三视图"命令，切换到打开的文档窗口，在图形区单击	

名称	命令功能	操作方法	示例
模型视图	基于零件或装配体模型中指定的视图方向创建的视图（如：上视图）	选择"插入"→"工程图视图"→"模型视图"命令，选择一种视图定向，然后单击放置零件或装配体的模型视图	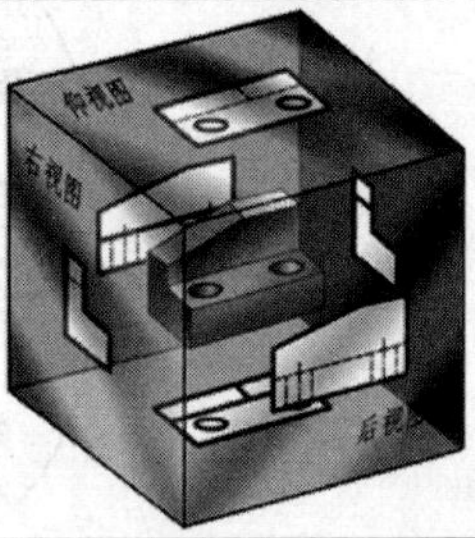
投影视图	在现有视图的上下左右 4 个投影方向上建立投影视图。	选择视图，然后选择"插入"→"工程图视图"→"投影"命令	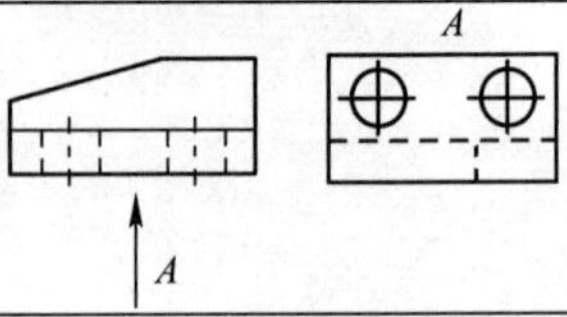
辅助视图	在垂直现有视图的一条参考边线的方向上生成视图	选择视图中的一条参考边线，选择"插入"→"工程图视图"→"辅助视图"命令	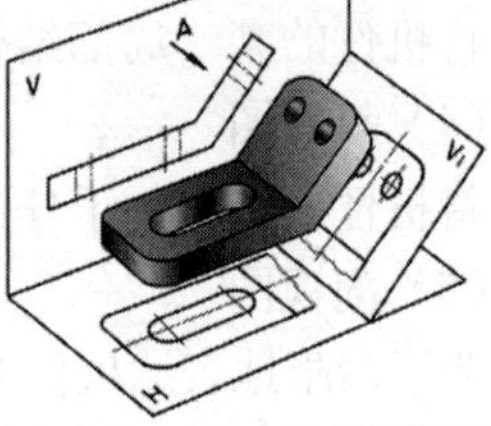

表 4-4　SolidWorks 派生工程视图生成命令

名称	命令功能	操作方法	示例
断裂视图	用折断线断开较长零件，与断裂区相关的参考尺寸反映实际尺寸	选择视图，选择"插入"→"工程图视图"→"水平或者竖直断裂线"命令，插入并拖动折断线，确定断开范围（右击折断线，可选择切断类型）	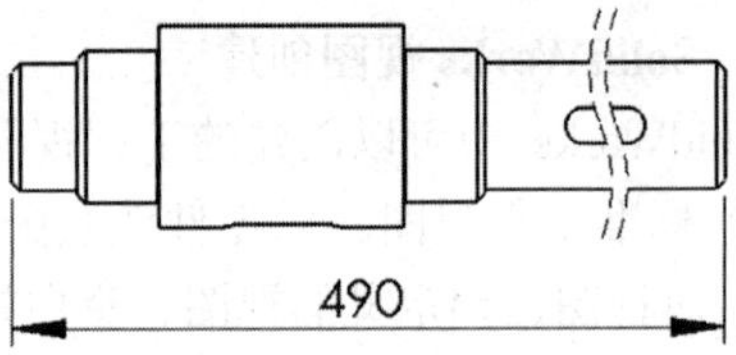 断裂视图
裁剪视图	裁剪现有的视图，只保留所需部分	绘制一个包含裁剪区的闭合轮廓线，选择"插入"→"工程图视图"→"剪裁视图"命令	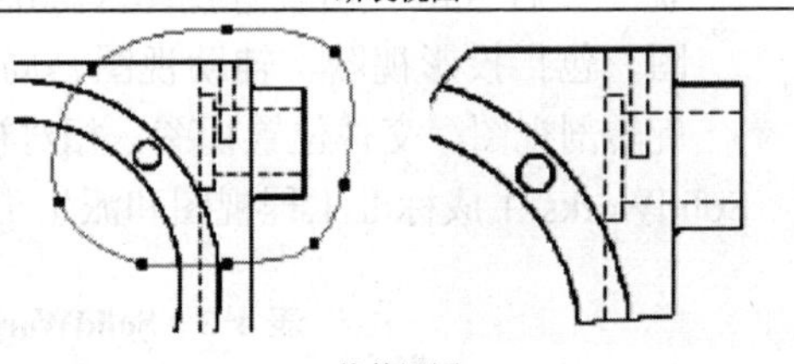 裁剪视图
局部视图	单独放大现有视图的某个局部	绘制一个包含放大区域的闭合轮廓线（一般用圆），选择"插入"→"工程图视图"→"局部视图"命令，右击局部视图修改局部视图的比例	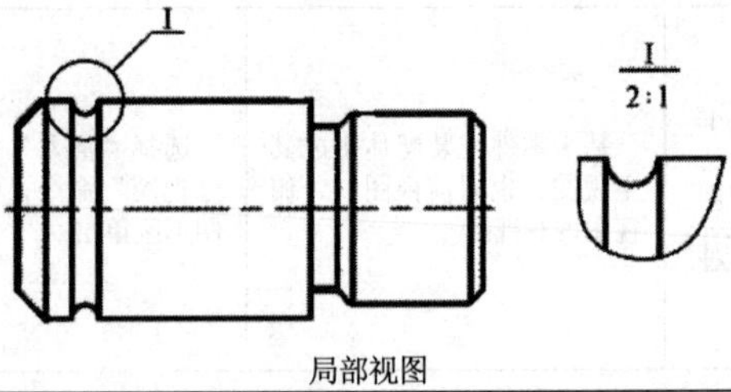 局部视图

130

名称	命令功能	操作方法	示　例
剖面视图	用剖切线"剖开"视图。可获得阶梯剖视图和旋转剖视图	绘制剖切线，选择"插入"→"工程图视图"→"剖面视图"命令，放置剖视图（在放置剖视图时按住〈Ctrl〉键，可以断开剖面视图和父视图的对齐关系）	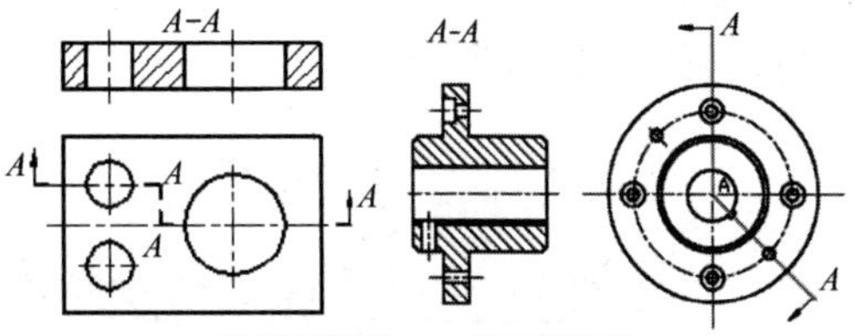 阶梯剖视图　　旋转剖视图
断开的剖视图	用封闭草图按指定深度对现有视图进行剖视。可获得局部剖视、半剖视图和全剖视图	创建一个封闭轮廓并选中它，选择"插入"→"工程图视图"→"断开的剖视图"命令，单击"深度"框激活选择深度（用户可以在相关视图中选择一条边，或者直接设定这个深度）	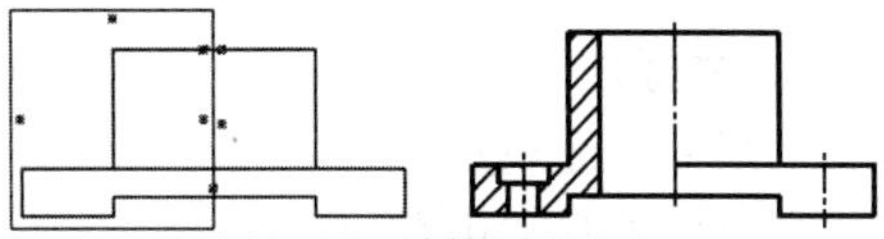 半剖视图（须隐藏中间边线） 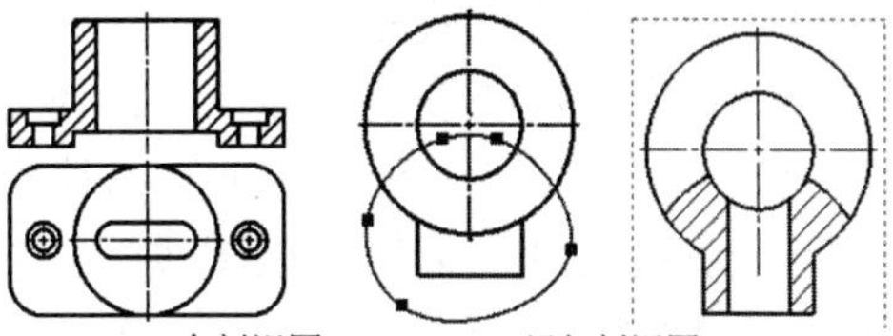 全剖视图　　局部剖视图

3．SolidWorks 视图编辑

（1）修改工程视图的属性

在设计树中右击"图纸"或"相应的视图名称"，在弹出的快捷菜单中选择"属性"，可以修改所有视图或某个视图的比例、名称等属性。

（2）解除视图对齐关系

欲解除视图关系，应同时选中需要解除视图关系的视图，选择"工具"→"对齐视图"→"解除对齐关系"命令。

（3）对齐视图

先选中需要对齐的视图，然后选择"工具"→"对齐视图"→"水平对齐另一视图"或"竖直对齐另一视图"命令，此时注意鼠标的形状，再单击要对齐的目标视图即可。

（4）隐藏/显示边线

右击欲隐藏的边线，在弹出的快捷菜单中选择"隐藏边线"。选中相应视图，单击显示样式中的"隐藏线可见" 按钮。

（5）隐藏切边

切边是切点迹线，工程图中不应该显示。批量隐藏方法是：右击相应视图，在弹出的快捷菜单中选择"切边"→"切边不可见"命令。

4.3.2　添加符合国家标准的注解

在加入尺寸、形位公差等项目之前，要设置字体等一些参数使其符合国家标准的相关规定。具体操作为：在设计树的顶层图标上右击，在快捷菜单中选择"文件属性"命令，然后在随后出现的"文件属性"对话框中设置关于工程图的选项。一般将设置好的属性保存为模板，以便重复使用。

1. 注解标注内容

注解包括：尺寸、注释、焊接注解、基准特征符号、基准目标符号、形位公差、表面粗糙度、多转折引线、孔标注、销钉符号、装饰螺纹线、区域剖面线填充、零件序号等。注解工具按钮如图 4-33 所示。

图 4-33　注解工具

2. 尺寸标注

（1）尺寸标注规则

工程图中的尺寸由数值、尺寸线等组成，如图 4-34 所示。尺寸标注应满足以下规则：所标尺寸应为机件最后完工尺寸；机件的每一尺寸，只应在反映该结构最清晰的图形上标注一次；尺寸数字不可被任何图线所通过，当无法避免时，必须将该图线断开；当圆弧大于 180° 时，应标注直径符号 ϕ，圆弧小于或等于 180° 时，应标注半径符号 R。

（2）SolidWorks 尺寸标注类型

在 SolidWorks 工程图中的可以标注两种类型的尺寸。

1）模型尺寸。在 SolidWorks 中生成每个零件特征模型时标注的尺寸称为模型尺寸，

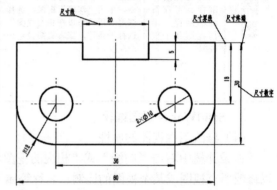

图 4-34　尺寸组成

将这些尺寸插入各个工程图视图后，在模型中改变尺寸会更新工程图，在工程图中改变插入的尺寸也会改变模型。标注方法：单击"注解"工具栏中的"模型项目"，然后，在模型项目 PropertyManager 中设定选项后可将驱动尺寸插入到工程图中。

2）参考尺寸。在 SolidWorks 工程图文档中添加的尺寸是参考尺寸，并且是从动尺寸；不能通过编辑参考尺寸的值来改变模型。然而，当模型的标注尺寸改变时，参考尺寸值也会改变。标注方法：单击"注解"工具栏中的"智能尺寸"，然后，在"智能尺寸 Property Manager"中设定选项后可将参考尺寸插入到工程图中。

（3）SolidWorks 常用尺寸编辑方法

1）改变尺寸属性。右击"尺寸"，在弹出的快捷菜单中选择"属性"，在"尺寸"属性对话框中对该尺寸单独设置"公差""尺寸线"等属性。

2）对齐尺寸位置。选择"工具"→"对齐"命令，选择对齐方式调整尺寸布局。

（4）SolidWorks 智能尺寸标注过程

单击"注解"工具栏中的"智能尺寸" 按钮，即可如图 4-34 所示标注尺寸。如图 4-35 所示，对于键槽宽度等有公差要求的尺寸，在"公差/精度"中设定：双边，基本尺寸保留小数数字为"无"（即无小数位），偏差为保留小数数字为 0.12（即保留两位小数），其他标签中的公差字体设"字体比例"为 0.7；对于辐板孔直径等尺寸，在"标注尺寸文字栏"中

输入"6×"等符号；然后单击"确定" 按钮完成尺寸标注。

3．插入表面粗糙度符号

单击"注解"工具栏中的"表面粗糙度" 按钮。在图 4-36 所示的"表面粗糙度"对话框中的"符号"中单击✓，在"符号布局"中输入表面粗糙度数值 Ra6.3，然后在图形区中单击主视图齿顶圆。单击"确定"✓按钮标注表面粗糙度。

图 4-35　尺寸标注操作　　　　　　　　　图 4-36　"表面粗糙度"对话框

4．插入基准特征符号和形位公差符号

单击"注解"工具栏中的"基准特征"按钮。在图 4-37a 所示的"基准特征"对话框中取消选择"使用文本样式"，并依次单击和，在图形区指定位置单击放置基准特征符号，单击"确定"按钮。

单击"注解"工具栏中的"形位公差"按钮。在图 4-37b 所示的"形位公差"对话框中，在第一行的"符号"中选择，"公差 1"中输入 0.04。"主要"中输入 A，在图形区中单击指定位置形位公差符号，单击"确定"按钮。

a)　　　　　　　　　　　　　　　　　b)

图 4-37　形位公差设置

a)"基准特征"对话框　b)"形位公差"对话框

5．技术要求

单击"注解"工具栏中的"注释"按钮。在图形区中单击以放置注释。输入技术要求，如："技术要求 1.热处理调质，230~250HB。2.未注倒角 *C2*，未注圆角 *R*10。 3.清除毛刺。"（可在 Word 中输入并格式化后，再粘贴）。

6. 添加装饰螺纹线

国标规定：外螺纹的牙顶（大径）及螺纹终止线用粗实线表示，牙底（小径）用细实线表示。在垂直于螺纹轴线的投影面的视图中，表示牙底的细实线圆只画约 3/4 圈。而在剖视图上内螺纹的牙底（大径）为细实线，牙顶（小径）及螺纹终止线为粗实线。在垂直于螺纹轴线的投影面的视图中，牙底仍画成约为 3/4 圈的细实线。SolidWorks 装饰螺纹线来描述螺纹属性，而不必在模型中加入真实的螺纹。装饰螺纹线可以在零件模型中添加，也可以在零件工程图中添加。具体操作如下。

如图 4-38 所示，选择"插入"→"注解"→"装饰螺旋线"命令，单击螺栓端面线，设定方式为"给定深度"，设定深度值为 20，设定螺纹内径为 7.5mm，单击"确定" ✔ 按钮。

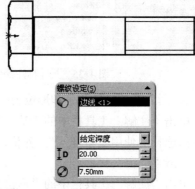

图 4-38 添加装饰螺旋线

4.3.3 半联轴器工作图创建

下面以图 4-39 所示的半联轴器工作图的生成过程来练习以上命令。

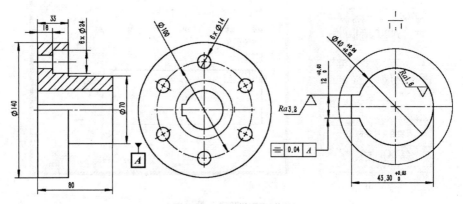

图 4-39 半联轴器工作图

1. 生成视图

（1）打开工程图模板

打开"半联轴器.sldprt"。单击"标准"工具栏中的"新建" 按钮。单击"高级"，如

图 4-40 所示，选择"模板"中的"gb_a4"，然后单击"确定"按钮。打开新工程图，且弹出"模型视图"对话框。

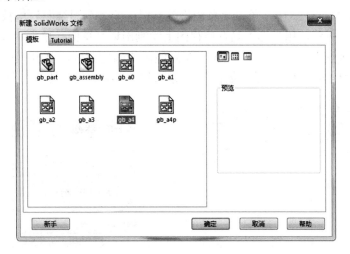

图 4-40　工程图模板选择

（2）生成主视图和左视图

如图 4-41 所示。在"模型视图"对话框中，执行下列操作：在要插入的零件/装配体下，选择"半联轴器"。单击"下一步" ⊕ 按钮。在"方向"下，单击"标准视图"下的"前视" □ 按钮，选择"预览"命令，在图形区中显示预览。然后，将指针移到图形区，并显示前视图的预览。单击以将前视图作为工程视图 1 放置，将指针移到前视图右侧单击生成左视图，如图 4-42 所示，然后单击"确定" ✔ 按钮。

图 4-41　生成模型视图

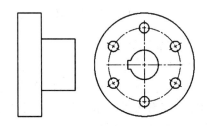

图 4-42　视图生成结果

（3）比例设定

在 Property Manager 中右击"图纸格式 1"，在弹出的快捷菜单中选择"属性"，如图 4-43 所示，在"图纸属性"对话框中将比例设定为 1:2，标准图纸大小：A4（GB）。单击

"确定"按钮。

（4）生成半剖视图

在 CommandManager 中，单击"草图"工具栏中的"草图绘制" ![按钮进入草图绘制环境，如图 4-44 所示，用矩形工具在前视图上绘制剖切区草图。单击"视图布局"工具栏中的"断开的剖视图"，在左视图中单击一条圆线确定剖切位置，单击"确定" ✔按钮。生成半剖视图，如图 4-45 所示，单击剖视图中线，选择"隐藏/显示边线"命令将其隐藏。

图 4-43　比例设定

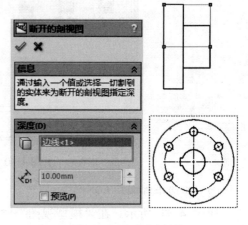

图 4-44　生成半剖剖视

（5）生成局部视图

如图 4-46 所示，在轴左侧键槽处绘制草图圆，单击视图布局上的"局部视图"工具，单击"确定" ✔按钮生成键槽放大视图。

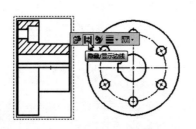

图 4-45　半剖视图及隐藏边线操作

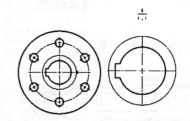

图 4-46　局部视图操作

2．添加注解

（1）标注尺寸

单击"注解"工具栏中的"智能尺寸" ![按钮，如图 4-47 所示标注直径等尺寸。对于键槽宽度等有公差要求的尺寸，在"公差/精度"中设定：双边，都为正偏差时下偏差前输入"+"（如"+0.02"），基本尺寸保留小数数字为"无"（即无小数位），偏差为保留小数数字为 0.123（即保留 3 位小数），其他标签中的公差字体设"字体比例"为 0.7；对于辐板孔直径等尺寸，在"标注尺寸文字"栏中输入"6×"等符号；对于键槽等尺寸先标注默认圆线尺寸，然后在"引线"标签中选择 "第一圆弧条件"为"最大"。然后单击"确定" ✔按钮完成尺寸标注，如图 4-48 所示。

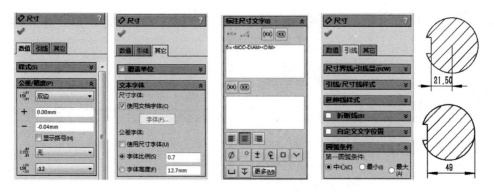

图 4-47　尺寸标注操作

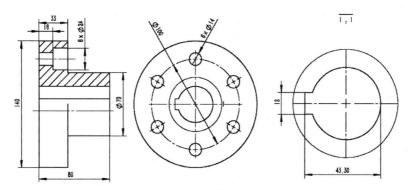

图 4-48　尺寸标注结果

（2）添加中心符号线和中心线

单击"中心符号线" ⊕ 按钮，单击圆线，单击"确定" ✔ 按钮。单击"中心线" 📐 按钮，在视图中，指针移动到须添加中心线的一条边线处单击，然后再在中心线所在一侧单击，生成贯穿整个视图的中心线，单击"确定" ✔ 按钮。拖动中心线和"中心符号线"的控制点调整其长度，如图 4-48 所示。

（3）插入表面粗糙度符号

单击"注解"工具栏中的"表面粗糙度" ✔ 按钮。在图 4-49 所示的"表面粗糙度"对话框中的"符号"中单击 ✔，在符号布局中输入表面粗糙度数值 *Ra*6.3，然后在图形区中单击对应部位，调整位置后，单击"确定" ✔ 钮按。同理，标注其他位置的表面粗糙度。选中 ✔ 并在左右最下框中输入（），然后，在右上角空白处标注 ✓ 。

（4）插入基准特征符号和形位公差符号

单击"注解"工具栏中的"基准特征" 🔠 按钮。在图 4-50 所示的"基准特征"对话框中取消选择"使用文件样式"，并依次单击 📇 和 ✔，在图形区对应部位附近移动指针将引线放置在工程图视图中，单击"确定" ✔ 按钮。

单击"注解"工具栏中的"形位公差" 📧 按钮。在图 4-51 所示的"形位公差"对话框中，在第一行的"符号"中选择 ＝，"公差 1"中输入 0.04，"主要"中输入 A，引线方式选 ↗ 。在图形区中单击主视图齿顶圆移动指针以放置形位公差符号，单击"确定"按钮完成圆周跳动标注。同理，标注其他位置的形位公差。

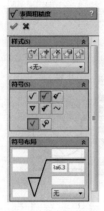

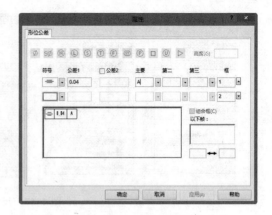

图 4-49　表面粗糙度　　　　　图 4-50　基准设置　　　　　图 4-51　形位公差设置

4.4　创建零件图

零件图又称零件工作图，是表达单个零件形状、大小和特征的图样，也是在制造和检验机器零件时所用的图样，它是指导零件生产的重要技术文件。

4.4.1　零件图基本知识

零件图的基本要求应遵循 GB/T 17451—1998《技术制图　图样画法　视图》的规定。该标准明确指出：绘制技术图样时，应首先考虑看图方便。根据物体的结构特点选用适当的表达方法，在完整、清晰地表达物体形状的前提下，力求制图简便。

1．零件图内容

1）一组视图（视图、剖视图、断面图）。表达零件各部分的形状、结构、位置。

2）完整的尺寸。确定零件各部分形状的大小、各结构之间的相对位置。

3）技术要求。说明零件在制造和检验时应达到的技术标准。

4）标题栏。说明零件的名称、材料、数量以及签署等。

2．零件图的视图选择原则

1）主视图安放位置应符合零件的加工位置或工作位置，以能最清楚地显示零件的形状特征的方向为主视图的投影方向。

2）其他视图的选择。主视图确定后，选择适当的其他视图（剖视、断面）表达该零件还没有表达结构、形状。

3）在选择视图时，可作几种方案的分析、比较，然后选出最佳方案。

3．零件图的尺寸标注要求

零件图上所标注的尺寸是制造、检验零件的依据，合理的标注尺寸在于正确地选择尺寸的基准及其配置形式，使之既符合设计要求以保证质量，又满足工艺要求以便于加工和检验。在尺寸标注中，对于一些常见局部结构的简化标注法和习惯标注法，国家标准（GB/T 16675.2-2012）都作了相应的规定，标注时必须符合这些规定，并在标注实践中逐渐熟记。

（1）正确选择尺寸基准

标注尺寸时要选好基准，即尺寸标注的起点，标出足够的尺寸而不重复，并且要便于零件的加工制造，应避免在加工时进行计算。尺寸基准按用途分为设计基准和工艺基准。

1）设计基准。零件工作时用以确定其位置的基准面或线称为设计基准。如图 4-52 所示的轴承座，分别选下底面和对称平面为高度方向和左右方向的设计基准。因为一根轴通常要用两个轴承座支持，两者的轴孔应在同一轴线上。两个轴承座都以底面与机座贴合确定高度方向位置，以对称平面确定左右位置。所以，在设计时以底面为基准来确定高度方向的尺寸，以对称面为基准确定底板上两个螺栓孔的孔心距及与轴孔的对称关系，最终实现两轴承座安装后轴孔同心。

2）工艺基准。零件在加工和测量时用以确定其位置的基准面或线称为工艺基准。在设计工作中，尽量使设计基准和工艺基准一致，这样可以减少尺寸误差，便于加工。又可将基准分为主要基准和辅助基准。零件在长、宽、高 3 个方向都应有一个主要基准，如图 4-53 中所示轴承座底平面为高度方向的主要基准；左右对称面为长度方向的主要基准，轴承端面为宽度方向的主要基准。主要基准与辅助基准之间应有尺寸相联系。一般零件的主要尺寸应从主要基准起始直接注出，以保证产品质量。非主要尺寸从辅助基准标注，以方便加工测量的要求。如图 4-52 所示，轴承座的主要尺寸已标注出，能够直接提出尺寸公差等技术要求，还可以避免加工误差的积累，保证零件的质量。而图 4-53 所标注尺寸就不能保证产品质量。

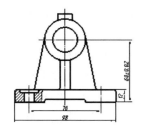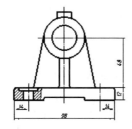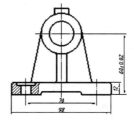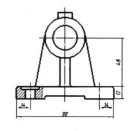

图 4-52　合理的工艺基准　　　　　　　图 4-53　不合理的工艺基准

（2）按零件加工工序标注尺寸

标注尺寸应尽量与加工工序一致，以便于加工，并能保证加工尺寸的精度。如图 4-54a 中轴的轴向尺寸是按加工工序标注的。而图 4-54b 中尺寸不符合加工工序要求。

（3）标注尺寸要便于测量

图 4-55 所示为套筒件轴向尺寸的两种标注法。图 4-55a 标注方式测量不方便，图 4-55b 标注方式测量方便。

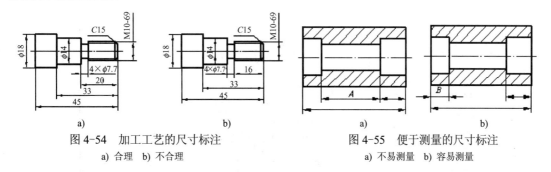

图 4-54　加工工艺的尺寸标注　　　　　　图 4-55　便于测量的尺寸标注
　　　a) 合理　b) 不合理　　　　　　　　　a) 不易测量　b) 容易测量

（4）避免标注成封闭的尺寸链

尺寸链就是在同向尺寸中首尾相接的一组尺寸，每个尺寸称为尺寸链中的一环。尺寸一般都应留有开口环，即对精度要求较低的一环不注尺寸。如图 4-56 所示的轴的尺寸就构成一个封闭的尺寸链，因为尺寸 c 为尺寸 a、d、e 之和，而尺寸 e 没有精度要求。在加工尺寸 a、d、c 时，所产生的误差将积累到尺寸 e 上，因此挑选一个不重要的尺寸 e 不标注。

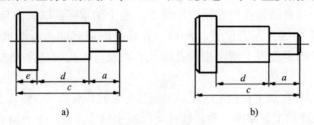

图 4-56　尺寸链标注

a) 错误　b) 正确

4.4.2　轴类零件工作图实践

轴套类零件的结构一般比较简单，各组成部分多是同轴线的不同直径的回转体（圆柱或圆锥），而且轴向尺寸大，径向尺寸相对小；另外，这类零件一般起支承轴承、传动零件的作用，因此，常带有键槽、轴肩、螺纹及退刀槽、中心孔等结构。常在车床、磨床上加工成形。

1.　轴套类零件工作图内容

如图 4-57 所示，轴套类零件一般只需一个主视图，在有键槽和孔的地方，增加必要的剖视或剖面。对于不易表达清楚的局部，例如退刀槽、中心孔等，必要时应绘制局部放大图。选择主视图时，多按加工位置将轴线水平放置，以垂直轴线的方向作为主视图的投影方向。凡有配合处的径向尺寸都应标出尺寸偏差。标注轴向尺寸时，首先应选好基准面，并尽量使尺寸的标注反映加工工艺的要求，不允许出现封闭的尺寸链。对尺寸及偏差相同的直径应逐一标注，不得省略；倒角、圆角都应标注无遗，或在技术要求中说明。

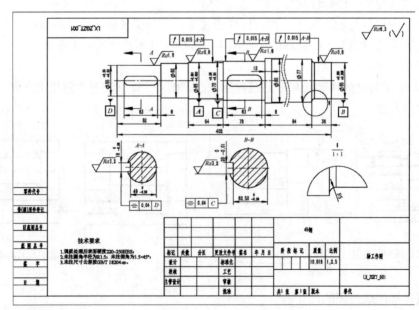

图 4-57　轴的工程图

2．轴工作图设计

本例完成轴类零件工程图创建，内容包括打开工程图模板、生成上视图、移动工程视图、生成移出剖面视图、生成断裂视图、添加中心符号线和中心线、标注尺寸、插入表面粗糙度符号、插入基准特征符号和形位公差符号、插入注释并格式化、打印工程图。

3．绘图前准备

为了在工程图中链接相关属性，一般在零件环境设定自定义属性。具体步骤为：打开"轴.sldprt"零件模型，选择"文件"→"属性"命令，切换到"自定义"选项，将输入图纸名称为"轴工作图"，图纸代号为"LX-ZGZT-001"和零件材料为"45 钢"，单击"确定"按钮。单击"保存" 🖫 按钮。

4．生成视图

（1）打开工程图模板

打开"轴.sldprt"。单击"标准"工具栏中的"新建" 🗋 按钮。单击"高级"按钮，如图 4-58 所示，选择"模板"中的"gb_a4"，然后单击"确定"按钮。新工程图出现在图形区中，并弹出"模型视图"对话框。

（2）生成主视图

如图 4-59 所示。在"模型视图"对话框中，执行下列操作：在要插入的零件/装配体

图 4-58　工程图模板选择

下，选择"高速轴"。单击"下一步" ● 。在"方向"下，单击"标准视图"下的"前视" 🗋 按钮，选中"预览"，在图形区中显示预览。然后，将指针移到图形区，并显示前视图的预览。单击以将前视图作为工程视图 1 放置，单击"确定" ✔ 按钮。

（3）比例设定

在 Property Manager 中右击"图纸格式 1"，在弹出的快捷菜单中选择"属性"，如图 4-60 所示，在"图纸属性"对话框中将比例设定为 1:2.5，标准图纸大小：A4（GB）。单击"确定"按钮。

图 4-59　模型视图设置

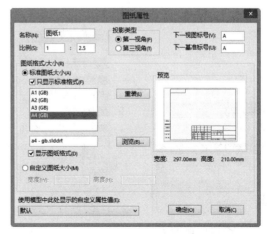

图 4-60　比例设定

（4）生成移出剖面视图

单击视图布局上的"剖面视图" 按钮。将指针移动到联轴器键槽断面处单击，并绘制剖切线。将指针移到右面并单击来放置视图，在图 4-61 所示的"剖面视图"对话框中选中"只显示切面"，单击"确定" ✔ 按钮。如图 4-62 所示，在 Feature Manager 中右击剖面视图，在弹出的快捷菜单中选择"视图对齐"，→ "解除对齐关系"，然后，将剖面视图移动恰当位置。重复上述操作，生成大齿轮键槽剖面视图。

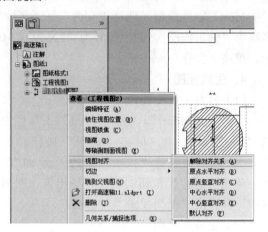

图 4-61　剖面视图操作　　　　　　　　　　　图 4-62　解除视图对齐关系

（5）生成断裂视图

单击视图布局上的"断裂视图" 按钮。在断裂起始处单击，然后在断裂结束处单击插入断裂线，如图 4-63 所示，设置缝隙大小为 2mm，折断线样式为"曲线切断"，单击"确定" ✔ 按钮。

（6）生成局部视图

单击视图布局上的局部视图。在轴左侧圆角过渡处绘制草图圆，如图 4-64 所示，在"局部视图"对话框中选择"使用自定义比例"单选按钮，设比例为 1:1，选中要断裂的视图，单击"确定" ✔ 按钮。生成视图，如图 4-65 所示。单击"标准"工具栏上的"保存" 按钮，文件名为"轴工作图"。

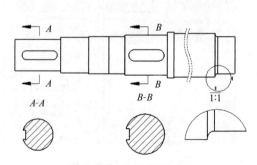

图 4-63　断裂视图操作　　　图 4-64　局部视图操作　　　　图 4-65　视图操作结果

5. 添加注解

（1）标注尺寸

单击"注解"工具栏中的"智能尺寸" 按钮，如图 4-66 所示。标注直径等尺寸，对于键槽宽度等有公差要求的尺寸，在"公差/精度"中设定：双边，都为正偏差时下偏差前输入"+"（如"+0.02"），基本尺寸保留小数数字为"无"（即无小数位），偏差为保留小数数字为 0.123（即保留 3 位小数），在"其他"选项卡中设"字体比例"为 0.7；对于辐板孔直径等尺寸，在"标注尺寸文字"栏中输入"6×"等符号；对于键槽等尺寸先标注默认圆线尺寸，然后在"引线"选项卡中选择 "第一圆弧条件"为"最大"。然后单击"确定" ✔ 按钮完成尺寸标注，如图 4-67 所示。

图 4-66　尺寸标注操作

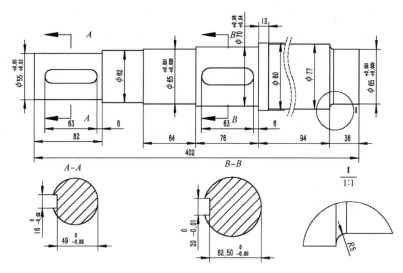

图 4-67　尺寸标注结果

（2）添加中心符号线和中心线

单击"注解"工具栏中的"中心符号线" 按钮，在视图中的圆线上单击"确定"按钮。单击"注解"工具栏中的"中心线" 按钮。在视图中，单击须添加中心线的一条边线，然后再在中心线所在一侧单击，生成贯穿整个视图的中心线，单击"确定" ✔ 按钮。拖动中心线和"中心符号线"的控制点调整其长度。

（3）插入表面粗糙度符号

单击"注解"工具栏中的"表面粗糙度"☑按钮。在图 4-68 所示的"表面粗糙度"对话框中的"符号"中单击☑，在"符号布局"中输入表面粗糙度数值 *Ra*6.3，然后在图形区中单击对应部位，调整位置后单击"确定"✔按钮。同理，标注其他位置的表面粗糙度。选中☑并在左右最下框中输入"（）"，然后，在右上角空白处标注✔。

（4）插入基准特征符号和形位公差符号

单击"注解"工具栏中的"基准特征"▣按钮。在图 4-69 所示的"基准特征"对话框中取消选择"使用文件样式"，并依次单击▣和✔，在图形区对应部位附近移动指针将引线放置在工程图视图中，单击"确定"✔按钮。

图 4-68　"表面粗糙度"对话框

图 4-69　基准设置

单击"注解"工具栏中的"形位公差"▣按钮。在图 4-70 所示的"形位公差"对话框中，在第一行的"符号"中选择↗，"公差 1"中输入 0.015，"主要"中输入 A-B，引线方式选为↗。在图形区中单击主视图齿顶圆移动指针以放置形位公差符号，单击"确定"按钮完成圆周跳动标注。同理，标注其他位置的形位公差，如图 4-71 所示。

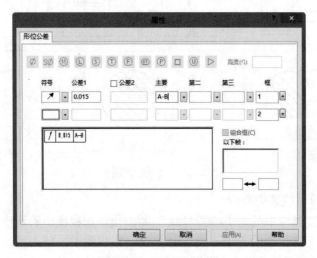

图 4-70　形位公差设置

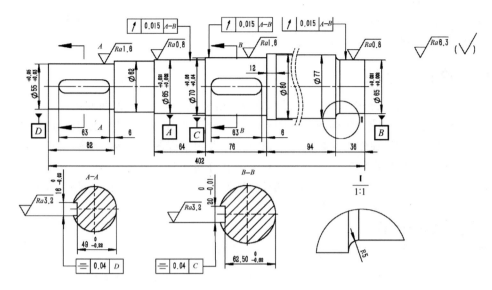

图 4-71　中心线、表面粗糙度及形位公差标注结果

（5）技术要求

放大显示工程图图纸的左下角。单击"注解"工具栏中的"注释" 按钮。在图形区中单击以放置注释。输入以下内容："技术要求　1.调质处理后表面硬度 220~250HBS；　2.未注圆角半径为 R1.5；未注倒角为 1.5×45°；3.未注尺寸公差按 GB/T 18204-m。"（上述内容可在 Word 中编辑后粘贴到 SolidWorks 中）。选择所有注释文字。在格式化工具栏上，选择 16 为字号。选择注释然后单击"粗体" B （格式化工具栏），完成将注释格式化。单击"保存" 按钮。

（6）填写标题栏

右击图纸空白区，在弹出的快捷菜单中选择"编辑图纸格式"进入图纸格式编辑环境，输入"单位名称"等内容。然后，右击图纸空白区，在弹出的快捷菜单中选择"编辑图纸"返回图纸编辑环境，单击"标准"工具栏中的"保存" 按钮。完成轴工作图设计全部内容。

6. 输出图纸

（1）打印工程图

单击"文件"→"打印"，弹出"打印"对话框。在"打印"对话框中，单击"页面设置"，弹出"页面设置"对话框，可在此更改打印设定，如分辨率、比例、纸张大小等。在分辨率和比例下，选择"调整比例以套合"，单击"确定"按钮以关闭"页面设置"对话框。欲打印全部图纸，在打印范围下，选择"所有"。再次单击"确定"按钮以关闭"打印"对话框并打印工程图。如欲打印工程图的所选区域，则在打印范围下，单击"选择"，然后单击"确定"，打印所选区域对话框出现并在工程图纸中显示一个选择框。单击"自定义比例"，并在方框中输入需要的数值，然后单击"应用比例"。将选择框拖动到想要打印的区域，单击"确定"按钮。

（2）保存工程图

单击"标准"工具栏中的"保存"按钮。如果系统提醒工程图中参考的模型已修改，并询问是否要保存更改，单击"是"，关闭工程图。

4.4.3 齿轮工作图实践

齿轮和端盖等盘状传动件的主体结构是同轴线的回转体，厚度方向的尺寸比其他两个方向的尺寸小。这类零件图一般用两个视图表示。选择主视图时，一般按加工位置将轴线水平放置，以垂直轴线的方向作为主视图的投影方向，并用剖视图表示内部结构及其相对位置。有关零件的外形和各种孔、筋、轮辐等的数量及其分布状况，通常选用左（或右）视图来补充说明。如果还有细小结构，则还需增加局部放大图。各径向尺寸以轴的中心线为基准标出，宽度方向的尺寸以端面为基准标出。

1. 齿轮工作图内容

如图 4-72 所示，一般齿轮工作图包括以下内容。

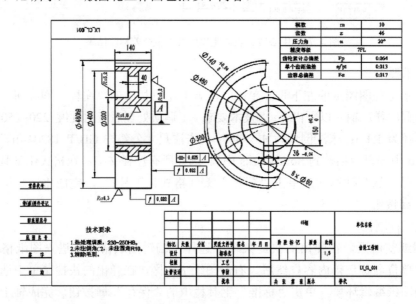

图 4-72　齿轮工作图

1）视图。圆柱齿轮一般用两个视图表达。

2）标注尺寸及公差。包括齿轮宽度、齿顶圆和分度圆直径、轴孔键槽尺寸等。

3）标注形位公差。包括齿轮齿顶圆的径向圆跳动公差、齿轮端面的轴向圆跳动公差、键槽的对称度公差。

4）标注表面粗糙度。

5）编写啮合特性表。特性表内容包括齿轮的基本参数、精度等级、圆柱齿轮和齿轮传动检验项目、齿轮副的侧隙及齿厚极限偏差或公法线长度极限偏差。

6）编写技术要求。齿轮工作图上的技术要求一般包括：对材料表面性能的要求，如热处理方法，热处理后应达到的硬度值。对图中未标明的圆角、倒角尺寸及其他特殊要求的说明。

146

2．齿轮工作图设计

（1）绘图前准备

1）添加工程图配置。如图 4-73 所示，右击特征树中的"阵列齿槽"，在弹出的快捷菜单中选择"配置特征"，在图 4-74 所示的"配置"对话框中添加"工程图配置"，选中配置中的"压缩"复选框，单击"确定"按钮。单击"标准"工具栏中的"保存"📥按钮。

图 4-73　添加配置

图 4-74　配置对话框

2）设定标题栏属性。选择"文件"→"属性"命令，弹出"摘要信息"对话框，切换到"自定义"选项卡。具体设置如图 4-75 所示。单击"确定"按钮。单击标准工具栏中的"保存"📥按钮。

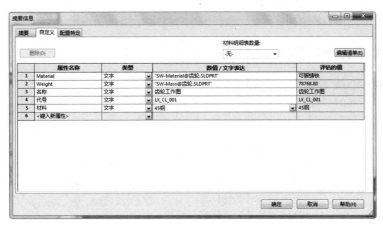

图 4-75　更改属性

（2）生成视图

1）打开工程图模板。单击"标准"工具栏中的"新建"🗇按钮，单击"高级"，选择"模板"中的"gb_a4"，然后单击"确定"。

2）生成主视图和左视图。如图 4-76 所示。在"模型视图"对话框中，执行下列操作：在要插入的零件/装配体下，选择"齿轮"。单击"下一步"⬤按钮，选择参考配置为"工程图配置"，在"方向"下，单击"标准视图"下的"前视"🔊按钮，选中"预览"，在图形区中显示预览。然后，将指针移到图形区，并显示前视图的预览。单击放置前视图，移动鼠标到前视图右侧单击生成左视图，单击"确定"✔按钮。

3）比例设定。在 Property Manage 中右击"图纸格式 1"，在弹出的快捷菜单中选择"属性"，如图 4-77 所示在"图纸属性"对话框中将比例设定 1:5，并选中"A4（GB）"，单击"确定"按钮。

 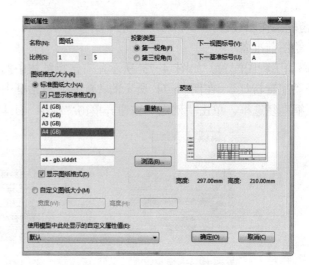

图 4-76　"模型视图"对话框　　　　　图 4-77　"图纸属性"对话框

4）添加局部剖视图。在 CommandManager 中，单击"草图"工具栏中的"草图绘制"按钮进入草图绘制环境，如图 4-78 所示，用"样条曲线" $\sim$ 在前视图上绘制剖切区域草图。单击"视图布局"工具栏中的"断开的剖视图"按钮，在左视图中单击一条圆线确定剖切位置，单击"确定" ✔ 按钮。

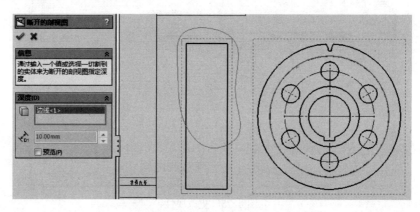

图 4-78　局部剖视图设定

5）裁剪左视图。在 CommandManager 中，单击"草图"工具栏中的"草图绘制"按钮进入草图绘制环境，如图 4-79 所示，用"样条曲线" $\sim$ 在左视图上绘制保留部分区域草图。单击"视图布局"工具栏中的"裁剪视图"，单击"确定" ✔ 按钮。

6）添加中心线。在 CommandManager 中，单击"草图"工具栏中的"草图绘制"按钮进入草图绘制环境，用虚线工具在两个视图中绘制相关中心线和分度圆完成视图准备，如图 4-79 所示。单击"标准"工具栏中的"保存" 🖫 按钮。

（3）添加注解

1）标注尺寸。单击"注解"工具栏中的"智能尺寸" 按钮，如图 4-80 所示，标注齿宽等尺寸，对于键槽宽度等有公差要求的尺寸，在"公差/精度"中设定：双边，基本尺寸保留小数数字为"无"（即无小数位），偏差为保留小数数字为 0.12（即保留两位小数），"其他"选项卡中的"字体比例"为 0.7；对于辐板孔直径等尺寸，在"标注尺寸文字"栏中输入"6×"等符号；然后单击"确定" ✔ 按钮完成尺寸标注。

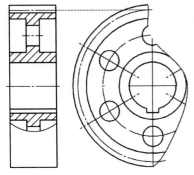

图 4-79 齿轮视图　　　　　　　　　　　　　图 4-80 尺寸标注操作

2）插入表面粗糙度符号。单击"注解"工具栏中的"表面粗糙度" ✔ 按钮。在图 4-81 所示的"表面粗糙度"对话框中的"符号"中单击 ✔，在符号布局中输入表面粗糙度数值 Ra6.3，然后在图形区中单击主视图齿顶圆。单击"确定" ✔ 按钮。同理，标注其他位置的粗糙度。

3）插入基准特征符号和形位公差符号。单击"注解"工具栏上的"基准特征" 🄰 按钮。在图 4-82 所示的"基准特征"对话框中依次单击 🗝 和 ✔，在图形区齿轮轴线附近移动指针将引线放置在工程图视图中，单击"确定" ✔ 按钮。

图 4-81 "表面粗糙度"对话框

图 4-82 "基准特征"对话框

单击"注解"工具栏中的"形位公差" 🔳 按钮。在图 4-83 所示的"形位公差"对话框中，在第一行的"符号"中选择 ⤢，在"公差 1"中输入 0.022，在"主要"输入 A，在图形区中单击主视图齿顶圆移动指针以放置形位公差符号，单击"确定"按钮完成圆周跳动标注。同理，标注其他位置的形位公差。

4）技术要求。放大显示工程图图样的左下

图 4-83 "形位公差"对话框

角。单击"注解"工具栏中的"注释" 按钮。在图形区中单击以放置注释。输入以下内容："技术要求　1.热处理调质，230~250HB。　2.未注倒角 *C*2，未注圆角 *R*10。3.清除毛刺。"（可在 Word 中输入，再粘贴）。选择所有注释文字。在"格式化"工具栏上，选择字号为 14。选择"注释"→"粗体" （格式化工具栏）命令，完成将注释格式化。单击"标准"工具栏上的"保存" 。按钮

　　5）插入啮合特性表。在 Excel 中编辑啮合特性表并保存。然后，选择"编辑"→"粘贴"命令，将 Excel 中编辑的啮合特性表粘贴到工程图中并拖动放置到右上角。单击"标准"工具栏中的"保存" 按钮。

　　6）填写标题栏。右击图纸空白区，在弹出的快捷菜单中选择"编辑图纸格式"进入图纸格式编辑环境，输入"单位名称"等内容。然后，右击图纸空白区，在弹出的快捷菜单中选择"编辑图纸"返回图纸编辑环境，单击"标准"工具栏中的"保存" 按钮完成工程图设计全部内容。

4.4.4　弹簧工作图实践

　　如图 4-84 所示，在圆柱螺旋压缩弹簧工作图中，除标注尺寸、尺寸偏差、轴线对两端面的垂直度公差、表面粗糙度符号、标注技术要求之外，还应绘制负荷-变形图。技术要求包括：旋向、有效圈数、总圈数、刚度、热处理方法及硬度要求。

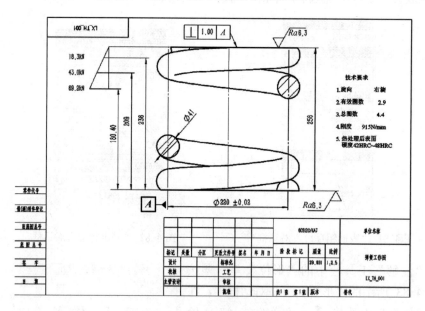

图 4-84　弹簧工作图

1. 绘图准备

（1）添加切除特征

打开"资源文件"中的弹簧"CAE.sldprt"。在左侧的设计树中选择"前视基准面"在 CommandManager 中，单击"草图"工具栏中的"草图绘制" 按钮进入草图绘制环境。

如图 4-85 所示绘制草图，并按图 4-86 设置拉伸切除为"完全贯穿"，切除效果如图 4-87
所示。

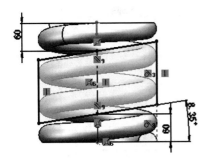

图 4-85　草图　　　　　　图 4-86　拉伸切除设置　　　　图 4-87　切除效果

（2）添加配置

右击特征树中的"切除特征"，在弹出的快捷菜单中选择"配置特征"，如图 4-88 所
示。在"配置"对话框中添加"工程图配置"，具体设置如图 4-89 所示，单击"确定"按
钮。单击"标准"工具栏中的"保存" ⊞ 按钮。

图 4-88　添加配置　　　　　　　图 4-89　"配置"对话框

（3）设定链接属性

选择"文件"→"属性"命令，切换到"自定义"选项卡，如图 4-90 所示。更改
"名称"为"弹簧工作图"，"代号"为"LX_TH_001"，单击"确定"按钮。单击保存 ⊞
按钮。

2. 生成主视图

（1）打开工程图模板

单击"标准"工具栏中的"新建" ▯ 按钮。单击"高级"，选择"模板"卡中的
"gb_a4"，然后单击"确定"按钮。一新工程图出现在图形区中，并弹出"模型视图"对
话框。

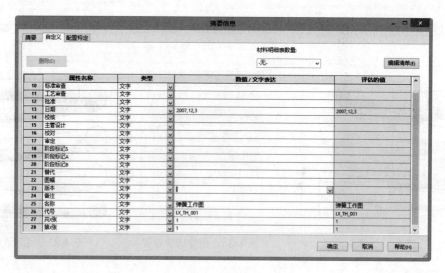

图 4-90　更改属性

（2）生成主视图

如图 4-91 所示，在"模型视图"对话框中，执行下列操作：在要插入的零件/装配体下，选择"弹簧 CAE"。单击"下一步" ⊕ 按钮。选择参考配置为"工程图配置"，在"方向"下，单击"标准视图"下的"前视" ⬜，选中"预览"，在图形区中显示预览。然后，将指针移到图形区，并显示前视图的预览。单击以将前视图作为工程视图 1 放置，单击"确定" ✔ 按钮。

（3）比例设定

在 Property Manager 中右击"图纸格式 1"，在弹出的快捷菜单中选择"属性"，如图 4-92 所示在"图纸属性"对话框中将比例设定为 1:2.5，并选中 A4（GB），单击"确定"按钮。

图 4-91　"模型视图"对话框

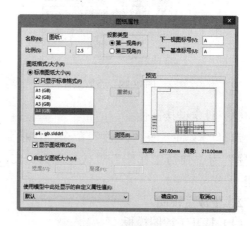

图 4-92　"图形属性"对话框

（4）隐藏弹簧中段

如图 4-93 所示，在视图区，右击弹簧中段，在弹出的快捷菜单中选择"显示/隐藏"→"隐藏实体"命令。

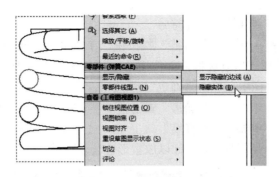

图 4-93　隐藏弹簧中段

3．添加注解

（1）添加剖面线

单击"注解"工具栏中的"区域剖面线/填充"按钮，如图 4-94 所示，在对话框中设剖面线密度为 0.25，加剖面线区域为"边界"，在视图区单击两弹簧条断面边线。单击"确定" ✔ 按钮。

（2）添加中心线

在 CommandManager 中，单击"草图"工具栏中的"草图绘制" 🗗 按钮进入草图绘制环境。单击 "保存" 🖬 按钮。

（3）标注尺寸

单击"注解"工具栏中的"智能尺寸" 🔲 按钮，标注弹簧条直径、自由高和弹簧中径。单击选中弹簧中径，如图 4-95 所示，在"公差/精度"中设定：对称，上下偏差为±0.02，基本尺寸保留小数数字为"无"（即无小数位），偏差为保留小数数字为 0.12（即保留两位小数），然后单击"确定" ✔ 按钮，完成尺寸标注。

图 4-94　剖面线填充

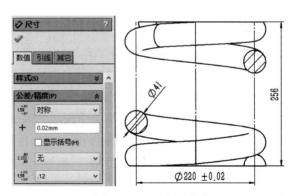

图 4-95　尺寸标注操作

（4）插入表面粗糙度符号

单击"注解"工具栏中的"表面粗糙度" ✔ 按钮。在图 4-96 所示的"表面粗糙度"对话框中的"符号"中单击 ✔，在符号布局中输入表面粗糙度数值 *Ra*6.3，然后在图形区中单击弹簧两端面，单击"确定" ✔ 按钮。

（5）插入基准特征符号和形位公差符号

单击"注解"工具栏中的"基准特征" 按钮。在图 4-97 所示的"基准特征"对话框中取消选择"使用文件样式"复选框，并依次单击 和 ，在图形区弹簧中径附近移动指针将引线放置在工程图视图中，单击"确定" ✔ 按钮。

单击"注解"工具栏中的"形位公差" 按钮。在图 4-98 所示的"形位公差"对话框中，在第一行的"符号"中选择"垂直度"⊥，在"公差 1"中输入 1.00，在"主要"中输入 A，在图形区中单击弹簧端面移动指针以放置形位公差符号，单击"确定"按钮。

图 4-96 "表面粗糙度"对话框　图 4-97 "基准特征"对话框　　　　图 4-98 "形位公差"对话框

（6）技术要求

放大显示工程图图纸的左下角。单击"注解"工具栏中的"注释" 按钮。在图形区中单击以放置注释。输入以下内容："技术要求　1.旋向　　右旋　2.有效圈数　2.9　3.总圈数 4.4　4.刚度 915N/mm　5. 热处理后表面硬度 42HRC~48HRC;"选择所有注释文字，在"格式化"工具栏上，选择 16 为字号。选择"注释"→"粗体" （格式化工具栏），完成将注释格式化。

（7）绘制弹簧负荷-变形图

在 CommandManager 中，单击"草图"工具栏中"草图绘制" 按钮进入草图绘制环境，如图 4-84 所示绘制弹簧负荷-变形图。

（8）填写标题栏

右击图纸空白区，在弹出的快捷菜单中选择"编辑图纸格式"进入图纸格式编辑环境，输入"单位名称"等内容。然后，右击图纸空白区，在弹出的快捷菜单中选择"编辑图纸"返回图纸编辑环境，完成工程图设计全部内容，单击"标准"工具栏上的"保存" 按钮。

4.5　创建装配图

在设计新产品或改进现有产品时，一般先根据工作原理绘制装配图，然后根据装配图提供的信息设计零件的结构；在生产过程中，要依据装配图提供的视图、装配关系、技术要求等把制成的零件装配成能实现某种功能的机器；最后依据装配图来调整、检验、安装或使用、维修机器。可见，装配图是表达设计意图，为装配、检验、安装、维修服务的重要技术文件。

4.5.1 装配图基础知识

1. 装配图的主要内容

1）一组视图。表达机器或部件的结构、工作原理、装配关系、各零件的主要结构形状。

2）完整的尺寸。机器或部件的配合尺寸、安装（如安装孔间距）、总体尺寸。

3）技术要求。说明机器或部件的性能、装配、检验等要求。

4）标题栏。说明名称、重量、比例、图号、设计单位等。

5）零件编号。装配图中每一种零件或部件都要进行编号，且形状尺寸完全相同的零件和标准部件只编一个序号，数量填写在明细栏中。

6）明细栏。列出机器或部件中各零件的序号、名称、数量、材料等。

2. 装配图视图选择原则

1）主视图的选择一般应满足下列要求：① 按机器（或部件）的工作位置放置。当工作位置倾斜时，可将它摆正，使主要装配轴线、主要安装面处于特殊位置；② 能较好地表达机器（或部件）的工作原理和结构特征；③ 能较好地表达主要零（部）件的相对位置和装配关系，以及主要零件的主要形状。

2）其他视图的选择。选择其他视图时，应进一步分析还有哪些工作原理、装配关系和主要零件的主要形状没能表达清楚，然后选用适当的其他视图作为补充，并保证每个视图都有明确的表达内容。

3）在选择视图时，可进行几种方案的分析、比较，然后选出最佳方案。

3. 装配图的尺寸标注

装配图是用来表示机器或部件的工作原理和零部件装配关系的技术图样，尺寸标注与零件图不同，一般只需注出下列几种尺寸。

1）规格尺寸（性能尺寸）。说明机器（或部件）的规格或性能的尺寸。它是设计和用户选用产品的主要依据。

2）装配尺寸。保证部件正确装配及说明装配要求的尺寸。包括配合尺寸（表示零件间的配合性质和公差等级的尺寸）和相对位置尺寸（表示装配时需要保证的零件间相对位置的尺寸，如重要的间隙、距离、连接件的定位尺寸等）。

3）安装尺寸。机器或部件被安装到其他基础上时所必需的尺寸。

4）外形尺寸。机器或部件整体的总长、总宽、总高。外形尺寸为包装、运输、安装提供了需占有空间的大小。

5）某些重要尺寸。运动零件的极限位置尺寸，主要结构的尺寸，例如两啮合齿轮的中心距、齿轮的模数。

4. 装配图中的技术要求

技术要求是指在设计时，对部件或机器装配、安装、检验和工作运转时所必须达到的指标和某些质量、外观上的要求。拟定机器或部件技术要求时应具体分析，一般从以下 3 个方面考虑，并根据具体情况而定。

1）装配要求，指装配过程中的注意事项，装配后应达到的要求。

2）检验要求，指对机器或部件整体性能的检验、试验、验收方法的说明。

3）使用要求，对机器或部件的性能、维护、保养、使用注意事项的说明。

5. 装配图的零部件序号，明细栏和标题栏

装配图上所有的零部件都必须编注序号或代号，并填写明细栏，以便统计零件数量，进行生产的准备工作。同时，在看装配图时，也是根据序号查阅明细栏了解零件的名称、材料和数量等，它有助于看图和图样管理。

（1）零部件序号

一般规定：装配图中所有零部件都必须编注序号，相同的零部件只编一个序号，零部件的序号应与明细栏中的序号一致。同一装配图中编注序号的形式应一致，序号应按水平或垂直方向排列整齐，并按顺时针或逆时针方向顺序排列。

（2）标题栏和明细栏

明细栏是说明图中各零件的名称、数量、材料等内容的表格。明细栏中所填序号应和图中所编零件的序号一致。序号在明细栏中应自下而上按顺序填写，如位置不够，可将明细栏紧接标题栏左侧画出，仍按自下而上顺序填写。对于标准件，在名称栏内还应注出规定标记及主要参数，并在代号栏中写明所依据的标准代号。装配图的标题栏与零件图的标题栏类似。

6. SolidWorks 装配图操作

（1）剖视图中不欲剖切零件的处理

我国制图标准规定：剖视图所包含的标准件，如螺栓、螺母、垫圈和开口销等不做剖切处理。在 SolidWorks 工程图环境下可以按照以下操作来实现：激活所完成的剖视图，并右击，在弹出的快捷菜单中选择“属性”，在弹出的“工程图属性”对话框中单击“剖面范围”，在剖视图中单击不进行剖切的零件，最后单击“确定”按钮即可。

（2）改变材料明细栏中零件的顺序

材料明细栏中零件的顺序依据的是各零件装入装配体的顺序，若想改变，需要调整装配体特征管理设计树下零件的顺序，然后重新插入材料明细栏。

（3）材料明细栏模板的建立

可依照需求通过编辑系统自带的表格模板（*. sldbomtbt）或基于 Excel 的材料明细栏（*.xls）自行设计新的模板。

自定义基于 Excel 的材料明细栏的步骤步骤如下。

1）打开系统模板。打开系统所预设的材料明细栏模板“SolidWorks\lang \Chinese_simplified\Bomtemp.xls”文件。

2）修改内容。将原 Excel 文件中的“项目号”改为“序号”，定义名称为“ItemNo”；在“数量”前插入两列，分别为“代号”和“名称”，定义名称分别为“DrawingNo”和“PartNo”；将“零件号”改为“材料”，定义名称为“Material”；“说明”前插入两列，分别为“单重”和“总重”，定义名称分别为“Weight”和“TotalWeight”；将原 Excel 文件中的“说明”改为“备注”，定义名称为“Description”。在 Excel 文件编辑环境中，逐步在 G 列中输入表达式 D2*F2，…，D12*F12，…，以便在装配体的工程图中由装入零件的数量与重量来自动提取所装入零件的总重量。

3）保存模板。选择"文件"→"另存为"命令，将文件命名为"BOM 表模板.xls"，保存在 SolidWorks\lang\ chinese-simplified \...下的模板文件中。

自定义 SolidWorks 明细栏的步骤步骤如下：

在装配体工程图中，单击任一视图，选择"插入"→"表格"→"材料明细栏"后，任选一个系统自己带的表格模板（例如 Material all.sldbomtbt），打开后，在表格里面修改表头的项目（注意表头里面的内容与系统原来的表头有链接关系，如果想彻底修改表头内容的链接关系，需要右击为其重新选择链接对象），修改完成后单击左上角（就是选中整个表）后右击，在弹出的快捷菜单中选择"另存为"保存即可。

4.5.2 螺栓联接装配图实践

下面以螺栓联接装配图设计为例介绍装配图设计的主要命令。

1．绘图前准备

（1）设定链接属性属性

选择"文件"→"属性"命令，切换到"自定义"选项卡，如图 4-99 所示，"属性名称"中的"代号"输入"LX_LSLJ_000_000"，"名称"输入"螺栓联接"，"共 X 张"输入3，"第 X 张"输入1，单击"确定"按钮。单击"标准"工具栏中的保存 🔲 按钮。

图 4-99　更改属性

（2）添加装饰螺纹线

SolidWorks 的装饰螺纹线是用来描述螺纹属性的，不必在模型中加入真实的螺纹。具体操作为：打开零件"螺栓 M20×90.sldprt"，选择"插入"→"注解"→"装饰螺旋线"命令，如图 4-100 所示，单击螺栓端面圆线、顶面，设标注为 GB，大小为 M20，方式为"给定深度"，深度值为 46，单击"确定" ✔ 按钮。单击"标准"工具栏中的"保存" 🔲 按钮。

2．生成视图

（1）打开工程图模板

单击"标准"工具栏上的"新建" 🔲 按钮。单击"高级"，选择"模板"选项卡中的"gb_a4"，然后单击"确定"按钮。一新工程图出现在图形区中，并弹出"模型视图"对话框。

（2）生成基本视图

在"模型视图"对话框中，执行下列操作：在要插入的零件/装配体下，选择"螺栓联接"。单击"下一步" 🔵 按钮。在"方向"下，单击"标准视图"下的"前视" 🔳，选中"预览"，在图形区中显示预览。然后，将指针移到图形区，并显示前视图的预览。单击放置前视图，移动鼠标到前视图下面单击生成俯视图，在向主视图左上方移动鼠标单击生成轴测图，单击"确定" ✔️ 按钮。

（3）视图布局

拖动各视图，在图纸中合理布局，如图 4-101 所示。

图 4-100　添加装饰螺纹线

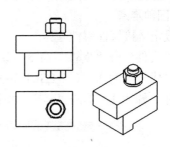

图 4-101　视图布局

（4）添加局部剖视图

在 CommandManager 中，单击"草图"工具栏中的"草图绘制" 🖉 按钮进入草图绘制环境，如图 4-102 所示，用"样条曲线" 〰️ 在主视图上绘制剖切区域草图。单击"视图布局"工具栏上的"断开的剖视图"，在主视图上单击选择不剖切的零件：螺母、垫片和螺栓，在俯视图中单击圆线确定剖切位置，单击"确定" ✔️ 按钮，生成局部剖视图，如图 4-103 所示。

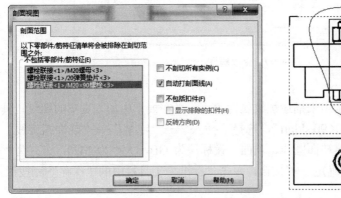

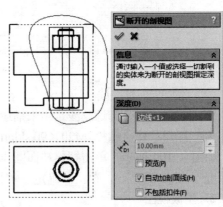

图 4-102　局部剖视图设定

（5）渲染轴测图

如图 4-104 所示，单击轴测图，在"视图"工具栏中单击"带边线上色"完成轴测图渲染。

3．添加注解

（1）添加中心线和圆心线

在"注解"工具栏中，单击"中心线"按钮，在主视图上单击螺栓母线添加中心线；单击"中心符号线"按钮，在俯视图中单击螺栓圆线添加"中心符号线"，拖动中心线和"中心符号线"的控制点调整其长度，如图 4-105 所示。单击"标准"工具栏中的"保存" 按钮。

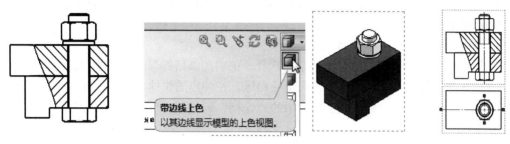

图 4-103　局部剖视图　　　　图 4-104　渲染视图设定　　　　图 4-105　添加中心线

（2）显示装饰螺纹线

选择"插入"→"模型项目"命令，如图 4-106 所示，选择装饰螺纹线，单击"确定" 按钮。选择"工具"→"选项"命令，在"选项"对话框中选择"文档属性"→"线型"→"装饰螺纹线"→"实线"，单击"确定"按钮。

（3）标注尺寸

单击"注解"工具栏中的"智能尺寸" 按钮，标注缸体凸缘和盖板的厚度。

（4）插入零件序号

单击主视图后，单击"注解"工具栏中的"自动零件序号"按钮，弹出"自动零件序号"对话框，如图 4-107 所示，设置"阵列类型"为靠左，"引线附加点"为面，"零件序号设定"为无，单击"确定" 按钮。然后，拖动调整需要调整的序号，如图 4-107 所示。

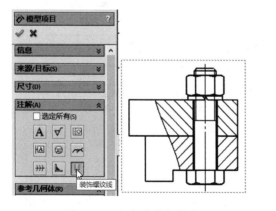

图 4-106　添加装饰螺旋线

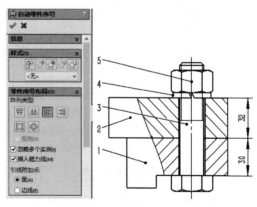

图 4-107　添加零件序号

（5）技术要求

放大显示工程图图纸的左下角。单击"注解"工具栏中的"注释" 按钮。在图形区中单击以放置注释。输入以下内容："技术要求　1.装配前所有零件要清洗。2.螺栓用扭矩扳手预紧。"（可在 Word 中输入，再粘贴）。选择所有注释文字。在格式化工具栏上，选择 14 为字号。选择"注释"→"粗体" **B**（格式化工具栏），完成将注释格式化。单击"标准"工具栏中的"保存"按钮。

（6）插入明细栏

单击主视图，然后选择"插入"→"表格"→"材料明细表"命令，在"材料明细表"对话框的表格模板中浏览选择"...\模板\材料明细表.sldbomtbt"文件，选中表格位置中的"附加到定位点"复选框，单击"确定"按钮放置明细栏到标题栏之上。单击"保存"按钮。

（7）填写标题栏

右击图纸空白区，在弹出的快捷菜单中选择"编辑图纸格式"进入图纸格式编辑环境，输入"单位名称"等内容。然后，右击图纸空白区，在弹出的快捷菜单中选择"编辑图纸"返回图纸编辑环境，单击"标准"工具栏中的"保存"按钮。完成工作图设计全部内容，如图 4-108 所示。

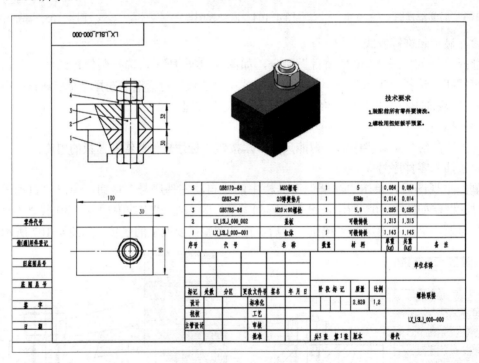

图 4-108　螺栓联接装配图

4.5.3　减速器总装配图实践

本节主要完成减速器总装配图设计，包括打开工程图模板、生成新工程图、更改比例、移动工程视图、生成剖面视图、生成局部剖视图、添加中心符号线和中心线、修改剖面线、标注尺寸、插入材料明细栏、自动插入零件序号、插入注释并格式化和打印工程图。

（1）打开工程图模板

打开"资源文件"\减速器总装.sldasm。单击"标准"工具栏中的"新建"按钮，选择"工程图"，然后单击"高级"，选择"gb_a0"模板，单击"确定"按钮。一新工程图出现在图形区中。

（2）生成新工程图

单击"视图布局"工具栏中的"标准三视图"按钮，在要"插入的零件/装配体"下，选择"减速器总装"，单击"确定" ✔ 按钮生成标准三视图。选择"视图"→"原点"命令，以隐藏坐标原点。

（3）更改比例

在 Property Manager 中右击"图纸格式 1"，在弹出的快捷菜单中选择"属性"，在"图纸属性"对话框中将比例设定为 1:2.5。

（4）移动工程视图

在指针位于视图边框、模型边线等时指针更改为 ✥，此时单击并拖动可移动视图。单击"工程视图 1"（图纸上的前视图），然后上下拖动。单击"工程视图 2"（左视图），然后左右拖动。将工程图纸上的视图移动到恰当的位置。

（5）生成剖面视图

单击"草图"按钮，在俯视图中绘制矩形，如图 4-109a 所示。单击"视图布局"工具栏中的"断开的剖视图"，如图 4-109b 所示，在"剖面视图"对话框选中"不剖切所有实例"和"自动打剖面线"复选框，在俯视图中单击 "确定"按钮。在主视图中单击轴承端盖圆线，作为剖面位置，如图 4-109c 所示，单击"确定" ✔ 按钮生成全剖视图，如图 4-109d 所示。

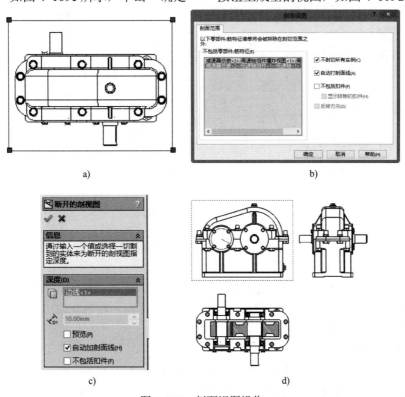

图 4-109　剖面视图操作

a) 剖视范围草图　　b) 不剖切的零件　　c) 剖面线方式　　d) 剖视结果

（6）生成局部剖视图

单击"草图绘制"工具栏中的"样条曲线" ◠ 按钮创建一个封闭轮廓，如图 4-110a 所

161

示，单击"确定" ✔ 按钮。单击"视图布局"工具栏中的"断开的剖视图" 🖼 按钮，在 Property Manager 中的"图纸格式 1"的"减速器总装（1）"中选择不进行剖切的"螺塞"，在"剖面视图"对话框（图 4-110b）中选中"自动打剖面线"和"不包括扣件"复选框，单击"确定"按钮。在图 4-110c 所示的"断开的剖视图"对话框中直接设定剖切深度为 300mm，单击"确定"按钮。重复上述步骤完成"通气塞""螺栓 M36×100（4）"和"螺栓 M36（2）"处的局部剖视图，如图 4-110d 所示。

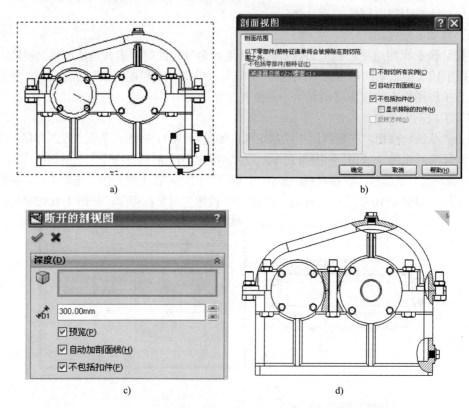

图 4-110　局部剖视图操作

单击"标准"工具栏中的"保存" 🖫 按钮。接受默认文件名称，单击"确定"按钮。

（7）添加中心符号线和中心线

单击"注解"工具栏中的"中心符号线" ⊕ 按钮。在各视图中，单击圆线，单击"确定" ✔ 按钮。单击"注解"工具栏中的"中心线" 🖽 按钮，在各视图中，选择须添加中心线的两条边线，单击"确定" ✔ 按钮。

（8）修改剖面线

在剖视图中选中轴承滚珠处的剖面线，在图 4-111a 所示的"区域剖面线/填充"对话框中，不勾选"材质剖面线"复选框，并选中剖面线"属性"为"无"，则可去除轴承滚珠处的剖面线。

在剖视图中选中轴承外圈处的剖面线，在图 4-111b 所示的"区域剖面线/填充"对话框中，不勾选"材质剖面线"复选框，并设定剖面线的角度为 0°。重复上述操作，完成剖视图中剖面线的修改，如图 4-111c 所示。

a)

b)

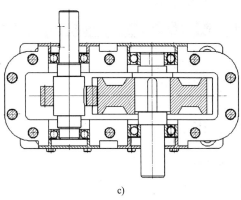
c)

图 4-111　修改剖面线

（9）标注尺寸

单击"注解"工具栏上的"智能尺寸" 🔷 按钮。将指针移动到全剖视图中大齿轮与低速轴配合段的一条边线上并单击，移动指针到另一条边线上并单击，移动指针并单击来放置尺寸，直径尺寸 140 出现。按如图 4-112a 所示的"尺寸"对话框中设置"公差/精度"再单击 🔳 按钮，在"标注尺寸文字"中单击直径符号 ∅。重复上述操作完成尺寸标注，如图 4-112b 所示。

a)

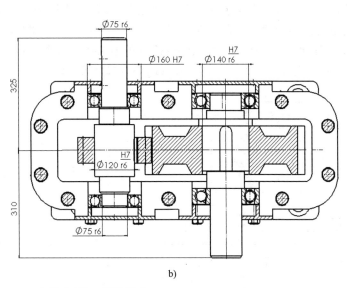
b)

图 4-112　标注尺寸

a)　"尺寸"对话框　b) 标注结果

（10）插入材料明细栏

现在插入材料明细栏（BOM）以在装配体中识别每个零件并标号。

选择主视图，选择"插入"→"表格"→"材料明细表"命令。在图 4-113 所示的"选择材料明细表模板"对话框中选择"材料明细表.sldbomtbt"，单击"打开"按钮。在如图 4-114 所示的"材料明细表"属性对话框中选择"附加到定位点"，单击"确定" 生成材料明细栏，如图 4-115 所示。

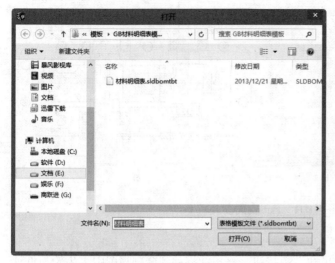

图 4-113 "选择材料明细表模板"对话框

图 4-114 "材料明细表"属性对话框

（11）自动插入零件序号

零件序号可手工或自动插入。在此自动插入零件序号。单击"注解"工具栏中的"自动零件序号"  按钮。如图 4-116 所示，在 Property Manager 中的零件序号布局下，单击"圆形"，并选中"忽略多个实例"复选框。这样，同一种零件的序号只在一个视图中出现。单击需要插入零件序号的视图，最后单击"确定" ✔ 按钮。将按需要移动零件序号，可框选多个零件序号后右击，在弹出的快捷菜单中选择"对齐"命令对零件序号进行"水平对齐""垂直对齐"、"水平均分"和"垂直均分"等序号组织。

15		螺栓M20	9		0		
14		螺栓M36X100	4		0		
13		螺盖	1		0		
12		通气窗	1		0		
11		第二实例	10		0		
10		大垫片	14		0		
9		螺栓M36	6		0		
8		大通盖	1		0		
7		小端盖	1		0		
6		小通盖	1		0		
5		大端盖	1		0		
4		上箱盖	1		0		
3		高速轴组件爆炸视图	1		0		
2		低速轴组件	1		0		
1		下箱体	1		0		
序号	代 号	名 称	数量	材 料	单重(kg)	共重(kg)	备 注

图 4-115　材料明细栏

图 4-116　插入零件序号

（12）插入注释并格式化

放大显示工程图图纸的左下角。单击"注解"工具栏中的"注释" 按钮。在图形区中单击以放置注释。输入以下内容："技术条件 1.装配前，全部零件用煤油清洗，箱体内壁涂两次不被机油浸蚀的涂料；2.装配时，剖分面不得使用任何填料；3.箱座内装填 50 号润滑油脂规定高度；4.表面涂灰色油漆。"。在 Property Manager 中的"图层"下选择"格式"，选择"所有注释文字"。在"格式化"工具栏上，选择字号为 36。选择"注释"→"粗体"⬛。然后单击"确定"按钮，完成注释格式化，如图 4-117 所示。

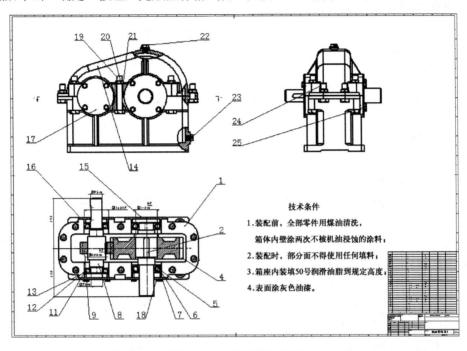

图 4-117　　减速器装配图

（13）打印工程图

选择"文件"→"打印"命令，弹出"打印"对话框，如图 4-118 所示。在"打印范围"下，选择"所有"，单击"页面设置"按钮，弹出"页面设置"对话框，如图 4-119 所示。可在此更改打印设定，如分辨率、比例、纸张大小等。在"分辨率和比例"下，选中"调整比例以套合"单选按钮。单击"确定"按钮以关闭"页面设置"对话框。再次单击"确定"按钮以关闭"打印"对话框并打印工程图。

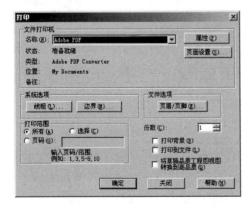

图 4-118　"打印"对话框

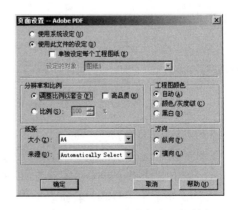

图 4-119　"页面设置"对话框

单击"标准"工具栏中的"保存"按钮。如果系统提醒工程图中参考的模型已修改，并询问是否要保存更改，单击"是"，关闭工程图。

4.5.4 曲轴连杆活塞总成实践

本节以曲轴连杆活塞总成为例说明拆装工程图的创建方法。

1. 生成总成爆炸图

（1）打开装配文件

打开"资源文件"中的"曲轴连杆活塞总成.sldasm"装配。

（2）添加配置

单击装配设计树上的"配置"选项卡，选择"添加配置"并输入配置名称为"拆装"，单击"确定" ✔ 按钮。

（3）拆卸活塞连杆组

单击"装配"工具栏中的"爆炸视图"按钮，如图4-120所示，不选中"选择子装配体零件"复选框，在图形区中选择"活塞栏杆组"，然后选中操纵杆控标的X轴，输入移动距离为700mm，单击"应用"按钮，再单击"完成"按钮生成 "拆卸活塞连杆组" 爆炸。

（4）拆卸曲轴组

如图4-121所示，选中"选择子装配体零件"复选框，在图形区中选择"曲轴"和"主轴承盖"，然后选中操纵杆控标的Z轴，输入正方向移动距离为350mm，单击"应用"按钮，再单击"完成"按钮生成"拆卸曲轴组"爆炸。

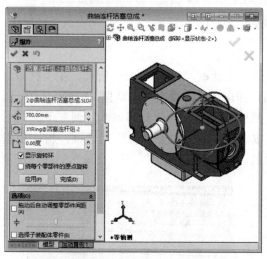

图4-120　拆卸活塞连杆组　　　　　　　　　图4-121　拆卸曲轴组

（5）机体组解体

在图形区中选择"油底壳"，然后选中操纵杆控标的Y轴，输入负方向移动距离为200mm，选中"选择子装配图零件"，单击"应用"按钮，再单击"完成"按钮生成"油底壳" 爆炸。重复上述步骤，将缸套向X轴正方向移动300mm。完成机体组分解。

（6）曲轴组解体

在图形区中选择"主轴承盖"，然后选中操纵杆控标的 Z 轴，输入正方向移动距离为

300mm，单击"应用"按钮，再单击"完成"按钮，完成曲轴组解体。

（7）活塞连杆解体

在图形区中选择左侧"活塞销挡环"，然后选中操纵杆控标的 Z 轴，输入正方向移动距离为 200mm，选中"选择子装配图零件"，单击"应用"按钮，再单击"完成"按钮生成左侧"活塞销挡环"爆炸。

重复上述步骤，将右侧"活塞销挡环"向 Z 轴负方向移动 100mm；将"活塞销"向 Z 轴正方向移动 150mm；将"活塞"向 X 轴正方向移动 150mm；将"连杆螺栓"向 Y 轴正方向移动 200mm；将"连杆盖"和连杆瓦向 Y 轴正方向移动 50mm。单击"确定"✔按钮，完成曲轴连杆活塞总成解体，如图 4-122 所示。

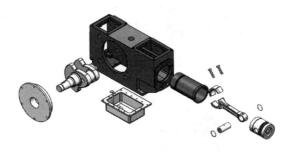

图 4-122　曲轴连杆活塞总成解体

2．生成总成爆炸视图

（1）打开工程图模板

单击"标准"工具栏中的"新建"🖳按钮，选择"工程图"，然后单击"高级"，选择"gb_a4"模板，并单击"确定"按钮。一新工程图出现在图形区中。

（2）生成等轴测图

如图 4-123 所示，在 Property Manager 中，执行下列操作：在"要插入的零件/装配体"下，单击"浏览"找到"曲轴连杆活塞总成.sldasm"并打开，单击"下一步"➡按钮。在"参考配置"中选"拆卸"，在"方向"下单击"等轴测"🔲，选中"预览"。然后，将指针移到图形区，并显示前视图的预览。单击将等轴测图作为工程视图 1 放置，单击"确定"✔按钮。

（3）更改比例

在 Property Manager 中右击"图纸格式 1"，在弹出的快捷菜单中选择"属性"，在"图纸属性"对话框中将比例设定为 1:10。

（4）移动工程视图

在指针位于视图边框、模型边线等时更改为✥，此时单击并拖动将视图移至恰当位置。

（5）渲染轴测图

选择轴测图，在"视图"工具栏中选择"带边线上色"命令完成轴测图渲染。

（6）插入零件序号

选中主视图，单击"注解"工具栏中的"自动零件序号"按钮，如图 4-124 所示，"零件序号设定"中选"无"，"零件序号文件"选"文件名称"，"引线附加点"选"面"，单击"确定"✔按钮。然后，拖动调整需要调整的序号，如图 4-125 所示。

图 4-123　生成轴测图设置　　　　　　　　图 4-124　插入零件序号

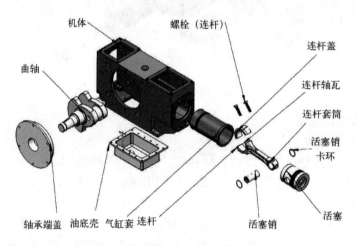

图 4-125　曲轴连杆活塞总成爆炸视图

（7）添加图纸和视图

如图 4-126 所示，在"图纸 1"标签附近，单击"添加图纸"按钮添加"图纸 2"。单击"视图布局"工具栏中的"标准三视图"按钮，单击"浏览"找到"曲轴连杆活塞总成.sldasm"，在参考配置中选择"默认"，单击"确定" ✔ 按钮生成默认配置的标准三视图。

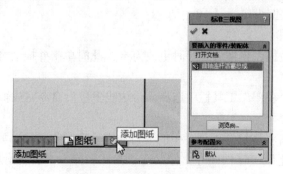

图 4-126　添加图纸和标准三视图

习题 4

习题 4-1 简答题。

1）工程图包括哪两部分内容？SolidWorks 如何对其进行管理？

2）在工程图中，如何控制组合件中不进行剖切的零部件？

3）在工程图中生成了剖面视图，但发现方向不正确，如何改正？

习题 4-2 上机练习生成带有图 4-127 所示标题栏的 A4 横向图纸格式。

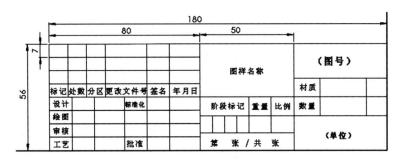

图 4-127 图纸格式练习

习题 4-3 建立图 4-128 所示各零件的模型并生成相关剖视图。

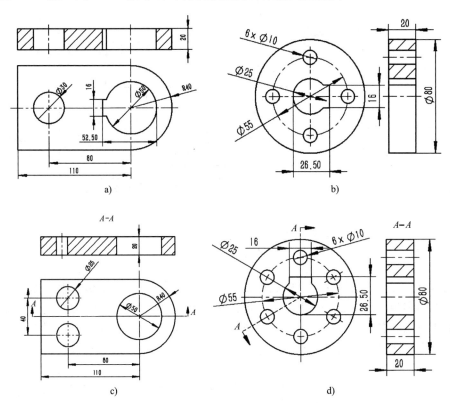

图 4-128 剖视图练习

a) 全剖 b) 半剖 c) 阶梯剖 d) 旋转剖

习题 4-4　建立图 4-129 所示各零件的模型并添加相关注解。

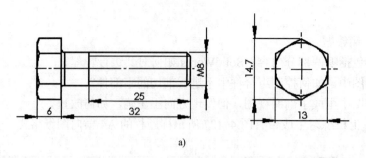

a)

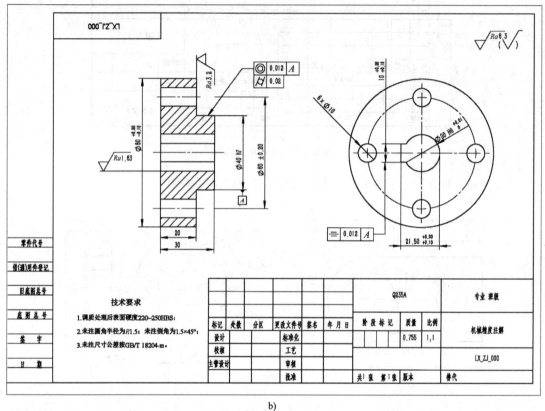

b)

图 4-129　注解练习

a) 装饰螺纹线　b) 机械精度

习题 4-5　打开"资源文件"中高速轴组件文件并生成装配图。练习内容包括：建立主视图、俯视图和侧视图、全剖侧视图，注意轴零件在剖视图中不会被剖切、建立或修改标题档，其中要包含的名字、日期、图号与图样名称等项目、加入每个零件的零件号、建立材料明细栏、标注线性尺寸、几何公差和其他注记。

第5章　SolidWorks 提高设计效率的方法

使用 SolidWorks 进行设计的优点主要体现在 3 方面：使设计人员专注于设计，而非 CAD 工具；利用已有的设计部分，加快设计进程；使用智能工具，提升设计能力。SolidWorks 加快零件三维模型设计常用的方法包括以下两种。

1）采用配置和库特征等设计重用方法实现零件的快速建模。

2）针对不同的行业特殊性，提供了钣金、焊接、管道等多种模块，方便设计。

5.1　设计重用

在 CAD 建模过程中，常常会遇到尺寸大小不同，但形状基本相似的零件。逐一设计相似零件既花费大量的精力和时间，又降低了设计效率，且容易出错。SolidWorks 借助配置、设计库和二次开发等功能来提高设计效率，减少不必要的重复劳动。

5.1.1　配置的应用

SolidWorks 配置可以在单一的文件中对零件或装配体生成多个设计，从而开发与管理一组具有不同尺寸、特征和属性的模型。配置主要有如下几个方面的应用：

1）同一零件中，某些尺寸不一样。如轴类零件，粗车是一个配置，精车是另外一个配置。

2）简化模型需要。为零件有限元分析或减小装配文件规模，对于复杂的零件，可以考虑压缩一些圆角、倒角等细部特征。

1. 生成配置的方法

可以手动生成单个配置，也可以使用系列零件设计表同时建立多个配置。

2. 手动生成单个配置实例

首先，建好零件模型；然后，在特征树中右击要配置的特征，或在绘图区中右击要配置的特征尺寸，在弹出的快捷菜单中选择 "添加配置" 命令，在"添加配置"框中输入配置名称、说明等，完成添加新的配置。

下面生成阶梯轴的两个配置：毛坯和成品，如图 5-1a 和图 5-1b 所示。

（1）生成阶梯轴零件

新建一个如图 5-1b 所示零件，保存为"阶梯轴配置.sldprt"。

（2）生成阶梯轴配置

如图 5-2 所示，在特征树中，右击"倒角 1"

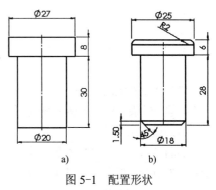

图 5-1　配置形状

a) 毛坯　b) 成品

特征，在弹出的快捷菜单中选择"配置特征"，在"修改配置"对话框的配置名称列中依次输入"成品"和"毛坯"，并选中"毛坯"行中的复选框，单击"确定"按钮，生成两个配置："成品"（有倒角）和"毛坯"（无倒角）。

（3）切换配置

如图 5-3 所示，单击"配置" 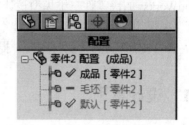 按钮，切换到配置树，双击要使用的配置名称即可进行配置切换。

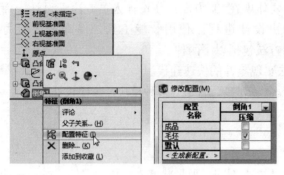

图 5-2 配置生成过程　　　　　　　　　图 5-3 切换配置

3. 系列零件设计表生成配置

系列零件设计表建立多个配置的步骤为：首先，设计出初始零件形态，插入系列零件设计表，选择自动生成，在系列零件设计表的 Excel 界面编辑零件的尺寸数值和附加特征的状态（压缩/解除压缩），单击 Excel 表以外的空白处确认即可自动生成多个新的配置。下面生成图 5-1b 所示阶梯轴的系列零件。

（1）生成系列零件参数表

打开 Excel 软件，生成如下系列零件参数表，包括尺寸数值和附加特征的状态（"s"为压缩，数值"u"为解除压缩）。保存为"阶梯轴系列零件参数表"。

配置名称	厚度@大端	直径@大端草图	长度@小端	直径@小端草图	$状态@倒角
20	12	30	40	20	s
25	14	35	45	25	u
30	16	40	50	30	s
35	18	45	55	35	u
40	20	50	60	40	s
45	22	55	65	45	u
50	24	60	70	50	s
55	26	65	75	55	u
60	28	70	80	60	s

（2）生成阶梯轴零件

新建一个如图 5-1b 所示的零件，保存为"阶梯轴系列零件.sldprt"。

（3）设定参数名称

如图 5-4 所示，更改特征树中的特征和草图的名称与"阶梯轴系列零件参数表"中一一对应；选中对应的尺寸，将其主要值的名称改为与"阶梯轴系列零件参数表"一致，如图 5-5 所示，选中大端草图直径尺寸，并将其更名为"直径@大端草图"，单击"确定" ✔按钮。

图 5-4　设定特征名称

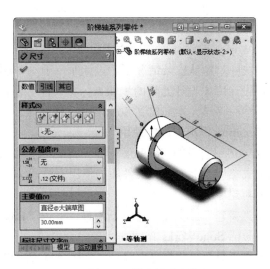

图 5-5　设定尺寸名称

（4）插入系列零件设计表

选择"插入"→"表格" →"设计表"命令，弹出"系列零件设计表"如图 5-6 所示，选中"来自文件"单选按钮，单击"浏览"按钮选中"阶梯轴系列零件参数表.xls"文件，单击"确定" ✔ 按钮。在绘图区出现 Excel 工作表，在 Excel 表以外的区单击，退出Excel 编辑，系统提示生成的系列零件的数量和名称，单击"确定"按钮。

（5）配置使用

如图 5-7 所示，单击"配置" 🔣 按钮，进入"配置"管理状态，双击所需的配置即可切换到相应的零件。

图 5-6　"系列零件设计表"对话框

图 5-7　"配置"列表

5.1.2　设计库定制与使用

一个产品在设计中自制件越多，成本相应就越高。为此，在一个产品设计中不可避免地要用到很多的标准件、企业常用件和外购件。SolidWorks 中用设计库实现类似功能。

1.　SolidWorks 的设计库使用

SolidWorks 的设计库为用户提供了存储、查询、调用常用设计数据和资源的空间。利用设计库可以提高检索效率，减少重复劳动，提高设计效率。

SolidWorks 的设计库主要用于以下几个方面：企业标准件/常用件库、特征库、常用注释库和图块库。默认安装情况下，设计库位于"<安装目录>\data\design library"文件夹中。

使用设计库中设计元素的步骤为：在"任务窗格"的"设计库" 中展开设计元素所在文件夹，然后将该元素拖放到 SolidWorks 图形区。

2. Toolbox 标准件库的使用

SolidWorks 自带的 Toolbox 标准件库，包括各类紧固件和钢梁计算器等多个工程工具。下面以生成螺母为例说明标准件库的使用方法。

（1）新建零件

单击"新建" 按钮，建立新零件，并以"Basic"名称保存。

（2）激活 SolidWorks Toolbox

选择"工具"→"插件"命令，在图 5-8 所示的"插件"对话框中的软件产品列表中选择 SolidWorks Toolbox 和 SolidWorks Toolbox Browser。

（3）插入螺母

单击 SolidWorks 界面右侧的"设计库" 按钮，然后在设计库中选择"Toolbox"→"GB"→"螺母"→"六角螺母"命令，右击"六角螺母 C 级 GB/T41-2000"，在快捷菜单中选择"生成新零件"命令，在"螺母"属性对话框中设置螺母大小为"M5"，单击"确定" 按钮，如图 5-9 所示。

图 5-8　插件选择

图 5-9　螺母标准件

3. SolidWorks 的设计库定制

可以在 SolidWorks 中定制符合企业特点的设计库，其步骤如下。

1）生成库元素。生成企业里常用的一些零部件，设置好"配合参考"。

2）保存库元素。在本地计算机中创建一个"库元素"文件夹，文件目录结构树可以参考图 5-10 所示。把生成的库元素保存在相应的文件夹中。

启动 SolidWorks 软件，选择"工具"→"选项"命令，在"系统选项"对话框中选择文件位置，把创建的设计库"文件夹"添加到列表中即可，如图 5-11 所示。

图 5-10　文件目录结构树　　　　　　　　　图 5-11　"系统选项"对话框

3）使用设计库。将 SolidWorks 右侧任务窗格中零部件直接拖进来。

5.1.3　二次开发

为了适应特定企业的特殊需求，提高效率，形成企业自己的特色，可以使用 SolidWorks 进行本地化和专业化的二次开发工作。

1.　二次开发方法

对 SolidWorks 进行二次开发主要有两种方法。

1）更新法。即用人机交互形式建立模型，设置合理的设计变量，再通过 VB 程序驱动设计变量实现模型的更新，这种方法编程较简单，通用性好。

2）完全法。完全用程序实现三维模型的参数化设计以及模型的编辑，这种方法编程较更新法复杂，但可以实现对具有复杂形体的零件造型，如生成精确的渐开线齿轮齿廓。

2.　二次开发实例 —— 更新法

（1）圆盘参数化建模

1）选平面。在设计树中单击"前视基准面"。

2）绘草图。单击草图绘制工具"圆"，在图形区中绘制圆。单击草图绘制工具"智能尺寸"，在图形区中标注直径（如直径为 50mm）。

3）造特征。单击特征工具"拉伸凸台"，设置拉伸特征"给定深度"（如"给定深度"为 50mm）。

4）显参数。在设计树中右击"注解"，在弹出的快捷菜单中选择"显示特征尺寸"命令。

5）改名称。在图形区中右击直径尺寸，在弹出的快捷菜单中选择"属性"命令，设置名称为"diameter"，单击"确定"按钮；在图形区中右击高度，在弹出的快捷菜单中选择"属性"命令，设置名称为"High"，单击"确定"按钮。

6）存模型。选择"文件"→"保存"命令，将模型文件以指定的文件名保存到指定文件夹下（如："D:\圆盘二次开发\圆盘.SLDPRT"）。

（2）圆盘参数化程序开发

1）录制宏。选择"工具"→"宏"→"录制"命令，录制后，选择"工具"→"宏"→"停止"命令，在对话框中输入宏的名称（如：圆盘二次开发），并单击"保存"按钮。（扩展名为 swp 的文件会自动添加到文件名中）。

2）打开宏。选择"工具"→"宏"→"编辑"命令后，在对话框中选择宏文件（*.swp）并单击"打开"按钮。

3）绘窗体。在 VBA 的工程管理器中右击"Macro1"，在弹出的快捷菜单中选择"插入"→"用户窗体"命令，利用控件绘制工具，在窗体中绘制两个标签、两个文本框和两个按钮。

4）设属性。按照表 5-1 设置窗体及控件的属性。

表 5-1   窗体及控件的属性

序号	类型	Name	Caption	Text
1	窗体	Userform1	基于 SolidWorks 的参数化设计	–
2	标签 1	Label1	直径（mm）	–
3	标签 2	Label2	高度（mm）	–
4	文本框 1	TxtDiameter	–	50
5	文本框 2	TxtHigh	–	10
6	按钮 1	CmdOK	确定	–
7	按钮 2	CmdClose	关闭	–

5）添事件。在窗体分别双击"关闭"和"确定"按钮，为其添加单击事件 CmdClose_Click()和 CmdOK_Click()。事件代码如下。

```
Private Sub CmdClose_Click()
    End      '退出
End Sub

Private Sub CmdOK_Click()
    DiameterValue = Val(TxtDiameter.Text) / 1000      '从文本框获取新的直径
    HighValue = Val(TxtHigh.Text) / 1000              '从文本框获取新的高度
    Call ParameterSub(DiameterValue，HighValue)       '调用更新函数
End Sub
```

6）加模块。在 VBA 的工程管理器中双击"Macro1"，修改其主函数 Main()函数并添加模型更新函数 ParameterSub()。代码如下。

```
' ********************************************************************
' C:\DOCUME~1\syj\LOCALS~1\Temp\swx2460\Macro1.swb-macro recorded on 04/07/08
' ********************************************************************
Dim swApp As Object
Dim Part As Object
Dim SelMgr As Object
Dim boolstatus As Boolean
Dim longstatus As Long，longwarnings As Long
Dim Feature As Object
Sub main()
    UserForm1.Show 0      '打开主窗口
```

```
End Sub
Sub ParameterSub(ByVal DiameterValue_Passed As Double,ByVal HighValue_Passed As Double)
Set swApp = Application.SldWorks
Set Part = swApp.ActiveDoc
    '打开原始文件
    Set Part = swApp.OpenDoc6("D:\圆盘二次开发\圆盘.SLDPRT"，1，0，""，longstatus，longwarnings)
    If longstatus = 2 Then
        MsgBox "D:\圆盘二次开发\圆盘.SLDPRT 不存在！"，vbOKOnly，"警告"
        Exit Sub
    Else
        Set Part = swApp.ActivateDoc2("圆盘"，False，longstatus)
    End If
    '更改特征尺寸
    Part.Parameter("Diameter@草图 1").SystemValue = DiameterValue_Passed    '更改直径
    Part.Parameter("High@拉伸 1").SystemValue = HighValue_Passed            '更改高度

    '用新的特征尺寸更新模型
    Part.EditRebuild3 ' Regenerate the part file since changes were made
    '显示方式
    Part.ShowNamedView2 "*等轴测"，7                                        '等轴测图
    Part.ViewZoomtofit2                                                   '显示全图
End Sub
```

7）执行宏。选择"工具"→"宏"→"执行"命令，在对话框中找出宏文件（*.swp、*.swb），然后单击"打开"按钮。

8）添加工具宏。运行 SolidWorks，选择"工具"→"自定义"命令，打开"自定义"对话框，在"命令"选项卡上，从"类别"列表中选择"宏"，将新建宏按钮拖动到相应得工具栏上。单击工具栏上的按钮执行相应的程序。

5.2 钣金设计

本节主要内容包括在折弯和展开两种状态下，利用基体法兰等钣金特征来建立钣金零件；使用现有成型工具来生成诸如压筋等成型特征；将实体零件转换为钣金零件；建立自己的成型工具；生成钣金零件的工程图。

5.2.1 钣金设计快速入门

钣金是针对金属薄板（通常在 6mm 以下）的一种综合冷加工工艺，包括剪、冲/切/复合、折、焊接、铆接、拼接、成型（如汽车车身等）等。其显著的特征就是同一零件厚度一致。SolidWorks 为满足钣金零件的设计需求而专门定制了钣金工具。

1. 钣金设计引例

下面以如图 5-12 所示的一个简单的五金挡片为例介绍钣金零件的设计过程。

（1）生成基体法兰

新建零件，在上视基准面生成如图 5-13 所示草图。选中草图，选择"插入"→"钣金"→

"基体法兰"命令，如图 5-14 所示，设置"厚度" 为 2mm，单击"确定" 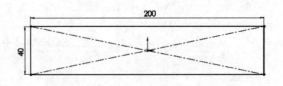按钮。

（2）生成圆角

单击"圆角" 按钮，选择 4 条边角线，设置"圆角半径"为 10mm，单击"确定"按钮。

图 5-12　五金挡片

图 5-13　草图

图 5-14　生成基体法兰

（3）切除材料

在上视基准面生成如图 5-15 所示草图，选中草图，单击"特征"工具栏中的"拉伸切除" 按钮，选择"完全贯穿"，单击"确定"按钮。

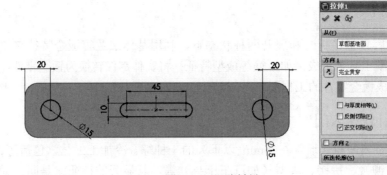

图 5-15　切除材料

（4）生成折弯

在模型上表面上打开一幅草图并添加折弯线，添加图 5-16 所示的竖直尺寸。

选择"插入"→"钣金"→"绘制折弯"命令，选择顶面为固定面；设置弯曲角度设为 90°；折弯位置设为"折弯中心线" ；"折弯半径" 为 5mm，单击"确定"按钮。

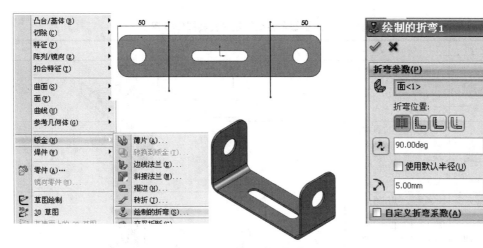

图 5-16　绘制折弯

（5）钣金工程图

新建工程图，在"模型视图"对话框中选中"平板形式"复选框，单击"确定" ✔ 按钮，则生成钣金零件的展开视图，如图 5-17 所示。

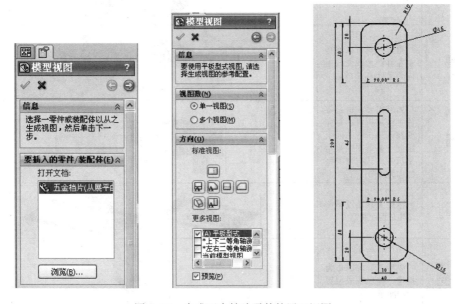

图 5-17　生成五金挡片零件的展开视图

2. 钣金工具

SolidWorks 钣金零件的最大特点是可以在设计过程中随时展开。此外，钣金零件的展开图样视图是自动生成的，且在视图中是可利用的。右击工具栏中的"办公产品"，从弹出的快捷菜单中选择"钣金"命令，添加的"钣金"工具栏中包含全部钣金命令的按钮。这些命令也可以通过选择 "插入"→"钣金"命令找到。SolidWorks 用于钣金零件建模的特征的定义及其操作步骤如表 5-2 所示。

表 5-2　主要钣金特征的定义及其操作步骤

特征名称	特征定义	操作步骤
基体法兰	基体法兰不仅生成零件最初的实体，而且为以后的钣金特征设置参数	
边线法兰	边线法兰可以利用钣金零件的边线添加法兰，通过所选边线可以设置法兰的尺寸和方向	
斜接法兰	斜接法兰用来生成相互连接的法兰，且自动生成必要的切口。它必须由一个草图轮廓来生成，且草图基准面必须垂直于生成斜接法兰的第一条边线	
薄片特征	薄片特征使用垂直于钣金零件厚度方向的草图，为钣金零件中添加凸缘	
褶边	褶边工具可以将钣金零件的边线变成不同的形状	选择边线
折弯	如果需要在钣金零件上添加折弯，首先要在创建折弯的面上绘制一条草图线来定义折弯。该折弯类型被称为草图折弯	
转折	转折工具通过草图线生成两个折弯	
成型工具	成型工具可以作为折弯、伸展或成型钣金的冲模	钣金成型特征　成型工具
展开/折叠	使用"展开"和"折叠"工具可在钣金零件中展开和折叠一个、多个或所有折弯	选择固定面　选择固定面
切除	可以在钣金零件的"折叠""展开"状态下建立切除特征，以移除多余的材料	

5.2.2 建立钣金零件的方法

利用 SolidWorks 建立钣金零件的方法主要有以下两种。

（1）使用钣金特征建立钣金零件

利用钣金设计的所有功能建模。可分为从折弯状态建模和从展开状态建模两种方式。

（2）由实体零件转换成钣金零件

按照常规方法先建立零件，然后将它转换成钣金零件，这样可以将零件展开，以便于应用钣金零件的特定特征。

下面以图 5-18 所示铜盒的设计为例，说明三种钣金设计的过程。铜盒尺寸为 300mm×200mm×100mm，壁厚 2mm。

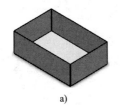 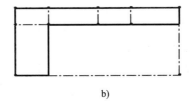

a)   b)

图 5-18　铜盒

a) 折弯状态　b) 展开状态

1．从折弯状态建模

（1）新建铜盒—折弯零件文件

启动 SolidWorks，单击"标准"工具栏中的"新建"按钮，弹出"新建 SolidWorks 文件"对话框，选择"零件"模板，单击"确定"按钮。选择"文件"→"另存为"命令，弹出"另存为"对话框，在"文件名"文本框输入"铜盒-折弯"，单击"保存"按钮。

（2）创建盒底

在特征管理器设计树中选择"上视基准面"，单击"草图"工具栏中的"草图绘制"按钮进入草图绘制。单击"中心矩形"工具，捕捉坐标原点，绘制矩形；单击"尺寸/几何关系"工具栏中的"智能尺寸"按钮标注尺寸，如图 5-19 所示。

选择"插入"→"特征"→"钣金"→"基体法兰"命令，显示"基体法兰"属性管理器。如图 5-20 所示，设置"厚度"T1 为 2.0mm，单击"确定" ✔ 按钮，生成盒底。

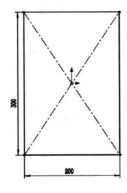

图 5-19　盒底草图

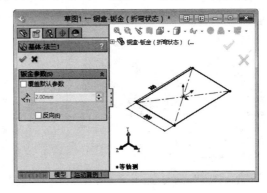

图 5-20　盒底法兰

（3）创建左侧面

选择盒底与左侧面交线，选择"插入"→"特征"→"钣金"→"边线法兰"命令。如图 5-21 所示，在"边线法兰"属性管理器中，设置"给定深度"D 为 100mm，单击"确定"✔按钮生成左侧面。

（4）创建后侧面

在左侧面上选择左侧面与后侧面交线，选择"插入"→"特征"→"钣金"→"边线法兰"命令。如图 5-22 所示，在"边线法兰"属性管理器中，设置类型为"成形到一顶点"，设"法兰位置"为█，单击右上角点，单击"确定"✔按钮生成后侧面。

图 5-21　左侧面特征

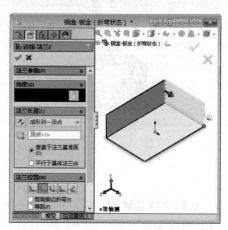
图 5-22　后侧面特征

（5）创建剩余侧面

重复"步骤（4）"创建剩余侧面，在特征树中将其材料设为"黄铜"完成铜盒实体建模，如图 5-23 所示。

（6）观察展平状态

如图 5-24 所示，在特征树中右击"平板型式"→"平板型式6"，在弹出的快捷菜单中选择"解除压缩"命令，即可展平铜盒。重复上述步骤，若选择"压缩"命令，则恢复折弯状态。

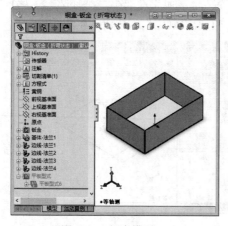
图 5-23　铜盒模型

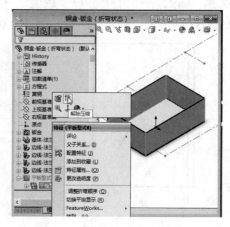
图 5-24　展平设置

2．从展开状态建模

（1）新建铜盒—展平零件文件

启动 SolidWorks，单击"标准"工具栏中的"新建"按钮，弹出"新建 SolidWorks 文件"对话框，选择"零件"模板，单击"确定"按钮。选择"文件"→"另存为"命令，弹出"另存为"对话框，在"文件名"文本框输入"铜盒-展平"，单击"保存"按钮。

（2）创建钣金料板

在特征管理器设计树中选择"上视基准面"，单击"草图"工具栏中的"草图绘制"按钮进入草图绘制。单击"中心矩形"按钮，捕捉坐标原点，绘制矩形；单击"尺寸/几何关系"工具栏中的"智能尺寸"按钮标注尺寸，如图 5-25 所示。

选择"插入"→"特征"→"钣金"→"基体法兰"命令，显示"基体法兰"属性管理器。设置"厚度"T1 为 2.0mm，单击"确定" ✔ 按钮，生成铜盒料板。

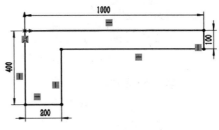

图 5-25　铜盒料板

（3）折弯盒底

绘制折弯线：选择铜盒料板的上表面，单击"草图"工具栏中的"草图绘制"按钮进行折弯线的绘制。再单击"直线"等绘制草图，如图 5-26 所示。

单击"钣金"工具栏中的"绘制的折弯"按钮或选择"插入"→"特征"→"钣金"→"绘制的折弯"命令。弹出"绘制的折弯"属性管理器，单击选择铜盒料板的盒底部位作为固定面，设置"折弯位置"为 ⌐，"角度"为 90.00 度，单击"确定" ✔ 按钮，盒底折弯，如图 5-27 所示。

图 5-26　盒底折弯线及其折弯参数

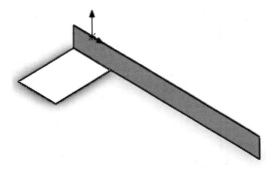

图 5-27　盒底折弯特征

（4）折弯盒侧面

1）绘制折弯线：选择侧面板面，单击"草图"工具栏中的"草图绘制"按钮进行折弯线的绘制。再单击"直线"等工具绘制草图。

2）单击"钣金"工具栏中的"绘制的折弯"按钮或选择"插入"→"特征"→"钣金"→"绘制的折弯"命令。显示"绘制的折弯"属性管理器，如图 5-28 所示，单击选择铜盒料板的盒底部位作为固定面，设置"折弯位置"为 ⌐，"角度"为 90.00 度，单击"确定" ✔ 按钮，折弯得到图 5-29 所示的铜盒模型。

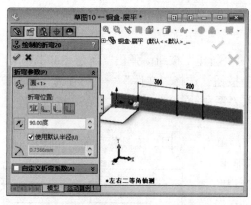

图 5-28　盒侧面弯线及其折弯参数

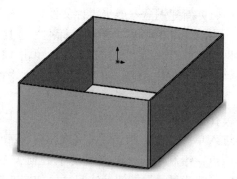

图 5-29　铜盒模型

3．实体转换到钣金

（1）新建铜盒—实体转换

启动 SolidWorks，单击"标准"工具栏中的"新建"工具，弹出"新建 SolidWorks 文件"对话框，选择"零件"模板，单击"确定"按钮。选择"文件"→"另存为"命令，弹出"另存为"对话框，在"文件名"文本框中输入"铜盒-实体转换"，单击"保存"按钮。

（2）创建实体模型

在特征管理器设计树中选择"上视基准面"，单击"草图"工具栏中的"草图绘制"按钮进入草图绘制。单击"中心矩形"按钮，捕捉坐标原点，绘制矩形；单击"尺寸/几何关系"工具栏中的"智能尺寸"按钮标注尺寸，如图 5-30 所示。

单击"特征"工具栏中的"拉伸凸台/基体"命令，如图 5-31 所示，在"凸台拉伸 1"属性管理器中设置"给定深度"D 为 100mm，单击"确定"✔按钮，生成实体模型。

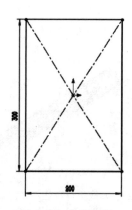

图 5-30　盒底草图

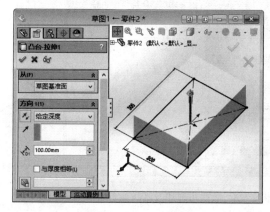

图 5-31　三维实体

（3）应用钣金特征

单击"转换到钣金"按钮（钣金工具栏）或选择 "插入"→"钣金"→"转换到钣金"命令。如图 5-32 所示，在 Property Manager 中的"钣金"参数下，选择三维模型底面作为钣金零件的固定面。将钣金"厚度"设置为 2mm，并将"折弯半径"设置为 2mm。在折弯边线下，选择一条底面边线和三条侧面交线作为折弯边线，标注即可附加到折弯和切口边线，单击"确定"✔按钮得到图 5-33 所示的钣金模型。

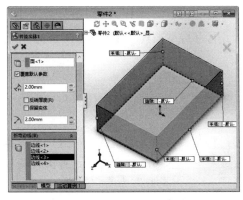

图 5-32 转换到钣金设置

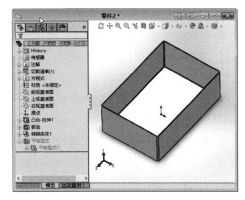

图 5-33 实体转换到钣金

（4）展开零件

在特征树中右击"平板型式"中的"平板型式 7"，在弹出的快捷菜单中选择"解除压缩"命令，即可展平铜盒。重复上述步骤，若选择"压缩"命令，则恢复折弯状态。

4．生成铜盒工程图

（1）打开工程图

单击"标准"工具栏中的"新建"按钮，弹出"新建 SolidWorks 文件"对话框，选择"工程图"模板，选择合适的图纸格式和大小，建立新的工程图。

（2）标准三视图

选择"插入"→"工程视图"→"标准三视图"命令。在"标准三视图"属性管理器中，单击"浏览"按钮，弹出"打开"对话框，选择所需打开的钣金零件文件，单击"打开"按钮，即可生成对应钣金零件的标准三视图。

（3）添加平板视图

选择"插入"→"工程视图"→"模型视图"命令，显示"模型视图"属性管理器，单击"浏览"按钮，在"打开"对话框中选择所需打开的钣金零件文件，单击"打开"按钮。单击"上视"按钮，在"模型视图"属性管理器的"方向"选项组的"视图定向"选项框中选择"平板型式"复选框，如图 5-34 所示。

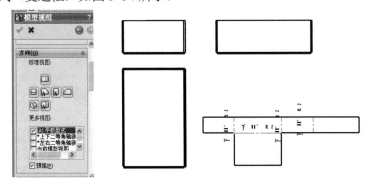

图 5-34 铜盒工程图

5.2.3 机箱盖子钣金设计实践

本节以建立一个计算机机箱盖子的钣金零件为例，说明钣金设计的过程。

1．零件分析

建立机箱盖子，将用到所有 4 种法兰特征，以及切除和成型工具，其步骤如图 5-35 所示。

2．设计步骤

（1）新零件

新建一个零件，并保存为"机箱盖子.sldprt"。

（2）生成基体法兰

如图 5-36 所示，在前视基准平面上画一矩形，将其属性设为构造线。为底边和原点之间加上中点约束。选择"插入"→"特征"→"钣金"→"基体法兰"命令，弹出"基体法兰"对话框，如图 5-37 所示。在对话框中改变设置："终止类型"为给定深度；"深度"为95mm；"厚度"为 0.4mm；"折弯半径"为 1.0mm；材料厚度加在轮廓里边，选择"反向"复选框来改变方向。单击"确定" ✔ 按钮添加法兰，基体法兰在特征管理器显示为"基体-法兰"，注意同时添加了其他两种特征：钣金 1 和平板型式 1。

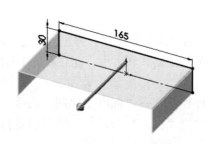

图 5-35　钣金零件实例　　　　图 5-36　草图　　　　图 5-37　"基体法兰"对话框

（3）生成斜接法兰

以左侧板底面为草图平面，从外面的边线顶点处绘制一条长度为 6.25mm 的水平线作为斜接法兰的轮廓。选择"插入"→"特征"→"钣金"→"斜接法兰"命令或者单击"钣金"工具栏中的"斜接法兰" ▨ 按钮，在图形区中选中所有边线，单击"确定" ✔ 按钮，接受如图 5-38 所示的斜接法兰默认属性，完成斜接法兰建模，如图 5-39 所示。

图 5-38　斜接法兰设置　　　　　　　图 5-39　斜接法兰模型

（4）添加边线法兰

选择"插入"→"特征"→"钣金"→"边线法兰"命令，或者单击"钣金"工具栏中的"边线法兰" 按钮，单击将其放在模型内部。如图 5-40 所示，通过对话框设置角度和法兰位置："角度"为 90°，"法兰位置"选择 （材料在外），"法兰长度"类型为给定深度，其值用编辑法兰轮廓来指定。单击"编辑法兰轮廓"来改变默认的矩形轮廓，弹出"轮廓草图"对话框。拖动轮廓并添加尺寸使其完全定义，并倒圆角，在"轮廓草图"对话框中单击"完成"。

用类似的步骤在零件相对的边上添加另一个边线法兰，位置略有不同，如图 5-41 所示。

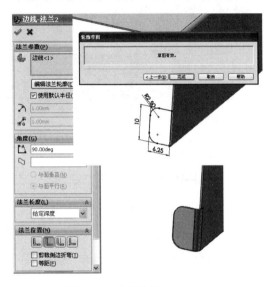

图 5-40　边线法兰 1

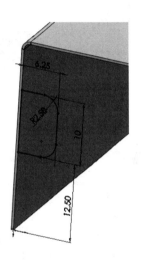

图 5-41　边线法兰 2

（5）添加薄片

选择斜接法兰的表面，插入一幅草图。添加如图 5-42 所示的圆心在模型边线上的圆形轮廓，并标注图示尺寸。

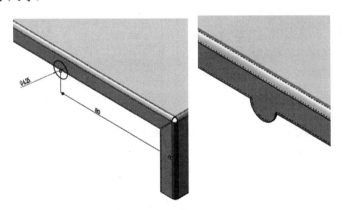

图 5-42　薄片特征

选择"插入"→"特征"→"钣金"→"薄片"命令或者单击"钣金"工具栏中的"薄皮" 按钮生成薄片特征——薄片 1，方向和深度因模型而定。

（6）展开

选择"插入"→"特征"→"钣金"→"展开"命令，如图 5-43 所示，选择"顶面"为固定面，单击"收集所有折弯"按钮，最后单击"确定" ✓ 按钮展开钣金零件。

（7）切除

绘制一个 ϕ2.5mm 的圆，并与圆形边添加同心约束。在固定面上绘制图 5-44 所示尺寸的矩形草图，终止条件为"完全贯穿"的切除。

图 5-43　展开钣金零件

图 5-44　切除

（8）折叠

选择"插入"→"特征"→"钣金"→"折叠"命令，如图 5-45 所示，选择"顶面"为固定面，单击"收集所有折弯"按钮，最后单击"确定" ✓ 按钮折叠钣金零件。

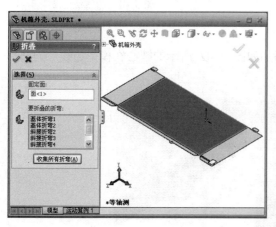
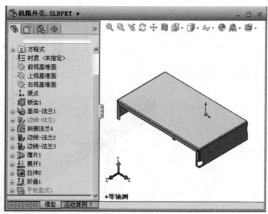

图 5-45　折叠钣金零件

（9）钣金成型工具

1）Counter sink emboss 成型工具。单击设计库中 Forming Tools 文件夹，双击 embosses 文件夹，拖动 Counter sink emboss 到图示的模型面上，检查特征的方向（可用〈Tab〉键来改变方向），松开鼠标放下特征。现在处于编辑草图状态，弹出一个信息框提示为特征定位。并出现特征轮廓和两条中心线（定位用），按图 5-46 尺寸定位草图，单击"放置成形特征"对话框中的"完成"按钮。成型特征按所需的方向添加到模型中。

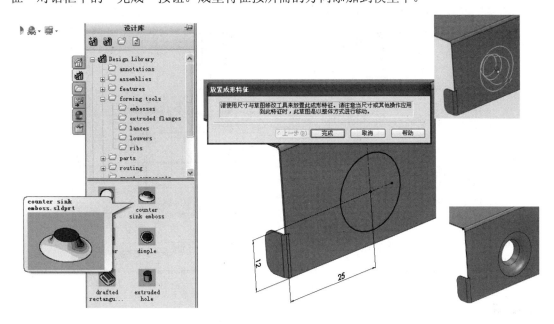

图 5-46　添加 Counter sink emboss 成型工具

2）Louver 成型工具。　单击设计库中 Forming Tools 文件夹，选择 Louvers 文件夹中 Louver 成型工具并拖动到如图 5-47 所示的模型面上，用〈Tab〉键来使特征方向朝上，标注尺寸和添加约束使草图完全定义。用修改草图命令将草图按 90°旋转 3 次，使草图的长边面对零件后面的边。使用草图内的几何轮廓来给草图定位，单击"完成"按钮结束成型工具的插入过程。按 15mm 的间距将刚建的成型特征阵列 4 个。

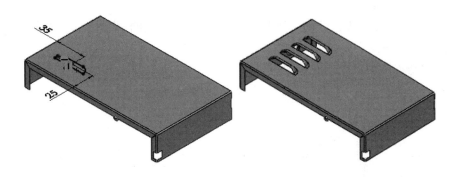

图 5-47　添加 Louvers 成型工具

（10）钣金零件工程图

打开一幅图幅为 A3-横向、无图纸格式的工程图，将比例设为 1:2，插入刚建成的钣金零件的标准三视图和展开图样视图，从模型项目中插入驱动尺寸，如图 5-48 所示。

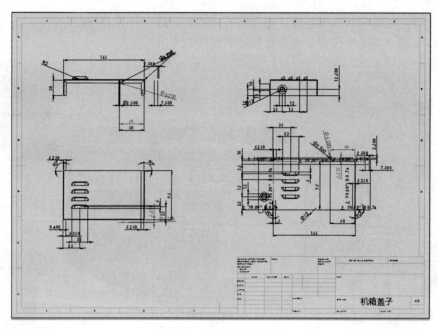

图 5-48　钣金零件工程图

5.3　焊件设计

　　船舶、重型车辆的主体结构和体育馆的屋顶钢架结构等多由型钢焊接而成。SolidWorks 吸取其他产品的优势并结合自身的功能，为该类焊接零件提供了独特设计方式，从而既减少了设计环节，又可以做到参数化关联。

5.3.1　焊件设计快速入门

1．焊件零件引例

　　创建图 5-49 所示的焊接结构。基本思路是使用 2D 和 3D 草图来定义焊件零件的基本框架，然后沿草图线段添加结构构件。

　　（1）绘制基本框架

　　新建零件，并创建基本框架草图，如图 5-50 所示。

图 5-49　焊接结构

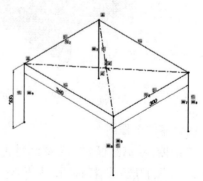

图 5-50　焊接结构框架

190

（2）添加结构构件

选择"插入"→"焊件"→"结构构件"命令，在 Property Manager 中，在"标准"中选择 iso。在"类型"中选择"方形管"。在"大小"中选择 20×20×2，在"设定"下，选择应用边角处理并单击"终端斜接" 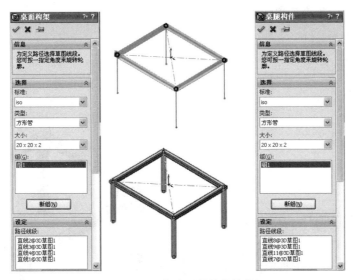 按钮。选中桌面的 4 条边线，单击"确定" ✔ 按钮，沿桌面的 4 条线段添加结构构件。

重复上述步骤，沿桌腿的 4 条线段添加结构构件，如图 5-51 所示。

图 5-51　添加方形管结构构件

（3）剪裁结构构件

剪裁结构构件是为了在焊件零件中能相互正确对接。

选择"插入"→"焊件"→"剪裁/延伸"命令。在 Property Manager "边角类型"下，单击"终端剪裁" 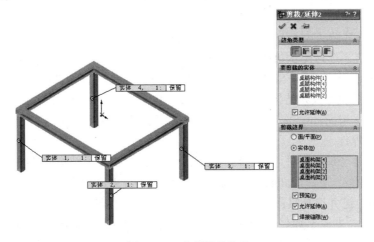 按钮。在图形区中选择桌腿构件为要剪裁的实体，在剪裁边界中选择"实体"模式，并选中桌面构件，单击"确定" ✔ 按钮，桌腿构件被剪裁为与桌面构件齐平，如图 5-52 所示。

图 5-52　剪裁结构构件

（4）添加角撑板

放大左下角。选择"插入"→"焊件"→"角撑板"命令。如图 5-53 所示，在 Property Manager "支承面" 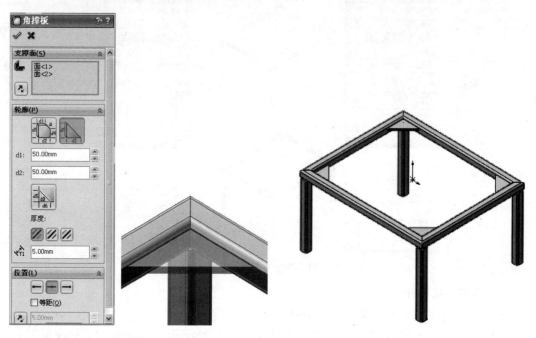 下，选择图示两个面作为角撑板的两个直角面。在"轮廓"选项卡下，单击"三角形轮廓" ，将 Profile Distance1（轮廓距离 1） 和 Profile Distance2（轮廓距离 2） 均设为 50；单击"内边" 按钮，将角撑板厚度 设置为 5mm。在"位置"选项卡下，单击"轮廓定位于中点" 按钮，单击"确定" 按钮。重复上述步骤为另外 3 个角添加角撑板，如图 5-54 所示。

图 5-53　角撑板设置　　　　　　　　　　　　　图 5-54　角撑板设置模型

（5）添加圆角焊缝

在角撑板和 Structural Member1（结构构件 1）之间添加圆角焊缝。放大显示右上角，选择"插入"→"焊件"→"圆角焊缝"命令。如图 5-55 所示，在 Property Manager 中"箭头边"下，为焊缝类型选择"全长"，在"圆角大小"下，将焊缝大小 设为 5.00，为 Face Set1（面组 1）选择图示角撑板面，单击 Face Set2（面组 2） ，然后选择结构构件的两个侧面。根据选择的 Face Set1（面组 1） 和 Face Set2（面组 2） 指定交叉边线，一圆角焊缝预览会沿角撑板和结构构件之间的边线出现。单击 Face Set2（面组 2） 后，选择箭头边中的两个平坦面，单击"确定" 按钮，圆角焊缝和注解出现。

（6）生成子焊件

可将相关实体分成子焊件。桌面构件生成一子焊件，将 4 个结构构件线段组合在一起。

如图 5-56 所示，在 Feature Manager 设计树中扩展"切割清单" 。在"切割清单" 下，按〈Ctrl〉键并选择桌面构架，所选实体在图形区中高亮显示，然后右击并在弹出的快捷菜单中选择"生成子焊件"。同时包含所选实体，且命名为子焊件 1(8)的新文件夹出现，在"切割清单"(31) 之下，双击重命名为"桌面"。

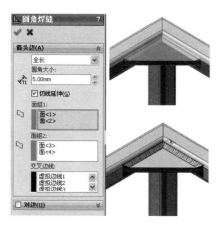

图 5-55 添加圆角焊缝

图 5-56 生成子焊件

（7）生成切割清单项目

可在工程图上显示切割清单，切割清单将相同项目分成组，如 4 个角撑板或两个横梁构件。在 Feature Manager 设计树中扩展切割清单(31) 🖼。右击"切割清单(20)"并在弹出的快捷菜单中选择"更新"，将模型保存为"桌子焊件.sldprt"。

（8）焊件工程图

1）新建工程图。单击"标准"工具栏中的"新建" 🔲 按钮 ，生成一新工程图。在 Property Manager 中，执行下列操作：在要插入的零件/装配体下选择桌子焊件，单击"下一步" 🔵 按钮，在"方向"下的"更多视图"中，选择"上下二等角轴测"；在"尺寸类型"下选择"真实"。单击来放置视图，然后根据需要调整比例。单击"确定" ✔ 按钮关闭 Property Manager。

2）添加焊接符号。单击"注解"工具栏中的"模型项目" 🔷 按钮。在 Property Manager 中，在"源/目标下"单击后选择"整个模型"。在"尺寸"下选择为"工程图标注" 🖼。在"注解"下选择"焊接" 🔳 按钮，单击"确定" ✔ 按钮。焊接注解插入到工程图视图中，拖动注解将之定位。

3）添加零件序号。选择工程视图。单击"注解"工具栏中的"自动零件序号" 🔢 按钮。在 Property Manager 中的"零件序号布局"下，选择"方形" 🔲 按钮，单击"确定"按钮 ✔，零件序号添加到工程视图。每个零件序号的项目号与切割清单中的项目号相对应，拖动零件序号和焊接符号将之定位。

4）添加切割清单。单击"焊件切割清单" 🖼 按钮，在图形区中选择工程视图。单击"确定" ✔ 按钮，关闭 Property Manager。在图形区中单击以在工程图的左上角放置切割清单，如图 5-57 所示。

2. SolidWorks 焊件设计步骤

SolidWorks 焊件设计步骤为：首先，建立整体框架轴线草图，将焊接型材库中的工字梁等不同型材放置到对应的草图线段上，并对交叉部位进行剪裁建立主体结构；然后，添加焊缝、角支撑板和顶端盖等常用焊件结构。最后，生成和管理焊接切割清单，以便在生成焊接工程图时自动生成信息关联的 BOM，并能标注序号。

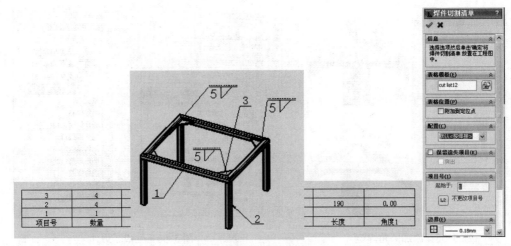

图 5-57　焊接工程图

在某些情况下，如为了运输方便，希望把大型焊接件进行拆分，分组成若干单独的小焊件，这些较小的焊件成为"子焊件"。子焊件可以被单独保存，即将子焊件文件夹中的所有实体保存为一个独立的文件，从而可以很方便地为子焊件建立工程图。

5.3.2　框架焊件设计实践

1. 焊件零件分析

使用 2D 和 3D 草图来定义焊件零件的基本框架，然后沿草图线段添加结构构件。打开零件文件 Weldment_Box.sldprt，该文件已包含一些 2D 和 3D 草图。

2. 焊接零件设计步骤

（1）绘制框架

单击"草图"工具栏中的"3D 草图"，再单击"直线"按钮，捕捉原点，按〈Tab〉键，确定空间控标的方向为 XY，放开〈Tab〉键，在平面 XY 内沿 X 轴方向绘制矩形边线，沿 Y 轴方向绘制矩形另一边线，重复上述步骤，完成矩形直线并标注边长为 600mm 的正方形。

重复上述步骤，完成焊接框架 3D 草图，并通过定义各直线沿相应坐标轴方向的几何约束实现完全定义，单击右上角的"退出草图" 按钮，如图 5-58 所示。

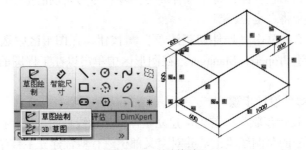

图 5-58　绘制框架

（2）添加结构构件

选择"插入"→"焊件"→"结构构件"命令，如图 5-59 所示，在 Property Manager

中，在"选择"分组中，将"标准"设置为"iso"，在"类型"中选择"方形管"，在"大小"中选择"30×30×2.6"，在"图形区"中选中沿 4 个前视线段在结构构件中添加组，在"设定"下，选择"应用边角处理"并单击"终端斜接 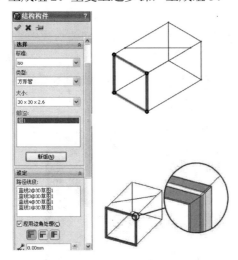 "按钮，单击"确定" ✔ 按钮。

重复上述步骤，按图 5-60 所示顺序选择线段，选择"应用边角处理"并单击"终端对接 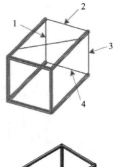 "，生成组 2。重复上述步骤，生成组 3。

图 5-59 结构构件组 1

图 5-60 结构构件组 2

（3）裁剪结构构件

选择"插入"→"焊件"→"裁剪/延伸"命令。如图 5-61 所示，在 Property Manager 中，选择"边角类型"为 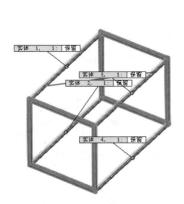 ，选择 4 条长边为"要裁剪的实体"，选择 8 条短边为"裁剪边界"，单击"确定" ✔ 按钮。

图 5-61 裁剪结构构件

（4）添加交叉构件

选择"插入"→"焊件"→"结构构件"命令，在 Property Manager 中，在"标准"中选择"iso"，在"类型"中选择"方形管"，在"大小"中选择"30×30×2.6"，在图形区中选中沿 4 个前视线段在结构构件中添加组，在"设定"下，选择"应用边角处理"并单击"终端斜接"按钮，单击"确定" ✔ 按钮添加交叉构件。

（5）裁剪交叉构件

选择"插入"→"焊件"→"裁剪/延伸"命令，在 Property Manager 中，选择"边角类型"为 ，选择"交叉构件"为"要裁剪的实体"，选择两条长边为"裁剪边界"，单击"确定" 按钮完成裁剪，如图 5-62 所示。

（6）添加顶端盖

选择"插入"→"焊件"→"顶端盖"命令，如图 5-63 所示，在"参数"下，为"面" 选择边角上部面，将"厚度方向"设置为"向内" 以使顶端盖与结构的原始范围齐平，单击"确定" 按钮。重复上述步骤，给其他角加盖。

图 5-62　裁剪交叉构件

图 5-63　添加顶端盖

（7）添加角撑板

放大显示模型的左下角。选择"插入"→"焊件"→"角撑板"命令，在 Property Manager 中的"支撑面" 下，选择如图 5-64 所示两个面；在"轮廓"选项卡下，单击"三角形轮廓" ；将 ProfileDistance1（轮廓距离 1） 和 ProfileDistance2（轮廓距离 2） 均设为 80mm；单击"内边" 按钮；将"角撑板厚度" 设置为 5mm；在"位置"选项卡下，单击轮廓定位于中点 ，单击"确定" 按钮。

重复上述步骤，为结构构件 1 的另外 3 个角添加角撑板，如图 5-65 所示。

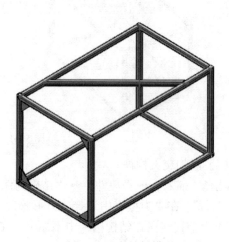

图 5-64　角撑板

图 5-65　角撑板模型

（8）添加圆角焊缝

放大显示前视组的左下角。选择"插入"→"焊件"→"圆角焊缝"命令，在 Property Manager 中，如图 5-66 所示，在"箭头边"选项卡下，"焊缝类型"选择"全长"，在"圆角大小"中，将"焊缝大小"  设为6mm。为"面组1"选择图示角撑板面，单击面组2，然后选择结构构件的两个平坦面，单击"确定" 按钮，圆角焊缝和注解出现，如图 5-67 所示。

重复上述步骤，将圆角焊缝应用于其余3个角撑板。

（9）添加横挡

在框底上添加两个横挡，首先绘制直线来定位横挡。

1）绘制横挡线。单击"标准视图"工具栏中的"下视" 按钮。若想在操作新草图时隐藏焊接符号，右击 Feature Manager 设计树中的"注解" ，在弹出的快捷菜单中选择"显示注解"。对于草图基准面，在底部结构构件之一上选择一个面。单击"草图"工具栏中的"草图绘制" 按钮，绘制一水平直线并标注尺寸。单击"草图"工具栏中的"中心线" 按钮，在竖直边侧的中点之间绘制一构造性直线。单击"草图"工具栏的"镜像实体" 按钮将直线镜像，如图 5-68 所示。

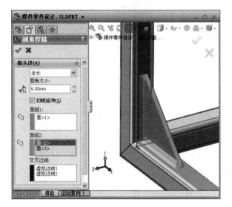

图 5-66　圆角焊缝设置

图 5-67　圆角焊缝模型

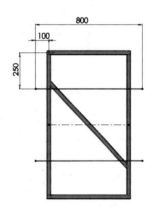

图 5-68　绘制横挡线

2）更改穿透点。单击"上下二等角轴测" 。选择"插入"→"焊件"→"结构构件"命令，在 Property Manager 中的"选择"下，在"标准"中选择 iso，在"类型"中选择"sb 横梁"，在"大小"中选择 80×7。为路径线段选择两个新的草图实体。单击"标准视图"工具栏中的"左视" 按钮，在 Property Manager 中的"设置"下，单击"找出轮廓"，显示放大到结构构件的轮廓，默认穿透点将轮廓置中于草图线段上，选择轮廓顶边线中心处的点，轮廓位置更改，这样轮廓的顶边线位于草图线段上。由于草图位于零件的底面，新结构构件的顶面与零件的底部齐平，单击"确定" 按钮，如图 5-69 所示。

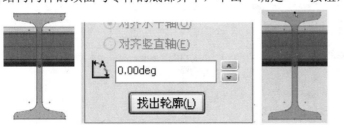

图 5-69　更改穿透点

（10）生成子焊件

在 Feature Manager 设计树中打开"切割清单" 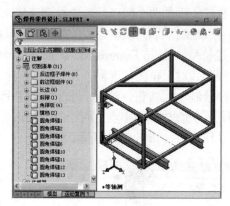，按〈Ctrl〉键并选择"剪裁/延伸 2""剪裁/延伸 3"和"顶端盖 1-4"。如图 5-70 所示，将框背面 4 个结构构件线段和 4 个顶端盖组合在一起生成一子焊件。将该零件保存为 MyWeldment_Box2.sldprt。

（11）生成切割清单项目

在 Feature Manager 设计树中扩展"切割清单" 。右击"切割清单(20)"并在弹出的快捷菜单中选择"更新"，并对各文件夹按图 5-71 所示进行重命名，将模型保存为"桌子焊件.sldprt"。

图 5-70　子焊件

图 5-71　切割清单

（12）焊件工程图

1）新建工程图。单击"标准"工具栏中的"新建" ，生成一新工程图，在 Property Manager 中，执行下列操作：在要插入的零件/装配体下选择 MyWeldment_Box2；单击"下一步" 按钮；在"方向"下的"更多视图"中，选取"上下二等角轴测"；在"尺寸类型"下选择"真实"。单击来放置视图，如图 5-72 所示，然后根据需要调整比例，单击"确定" 按钮关闭 Property Manager。

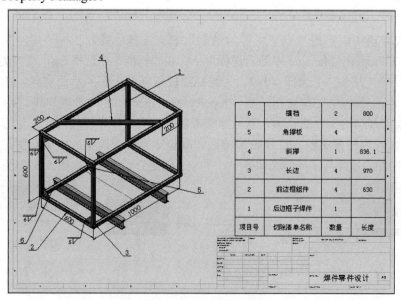

6	横档	2	800
5	角撑板	4	
4	斜撑	1	836.1
3	长边	4	970
2	前边框组件	4	630
1	后边框子焊件	1	
项目号	切除清单名称	数量	长度

图 5-72　焊接结构工程图

2）添加焊接符号和零件序号。单击"注解"工具栏中的"模型项目" ⬛ 和"自动零件序号" ⬛ 添加零件序号和焊接符号。

3）添加切割清单。单击"焊件切割清单" ⬛。在图形区中选择工程视图，单击"确定" ✔ 按钮关闭 Property Manager。在图形区中单击以在工程图的左上角放置切割清单，如图 5-72 所示。

5.3.3　焊件型材定制

SolidWorks 提供了非常丰富的型材库，包括常用的圆管、矩形管、角钢、T 型梁、工字梁和 C 型槽钢等，支持 ANSI 和 ISO 两种标准，除此之外也可以建立企业自己的型材库。

1．定制焊接型材的方法

定制焊接型材的方法包括以下两种。

（1）改造原有型材

步骤如下：复制原有模板文件（将"<安装目录>\SolidWorks\data\weldment profiles"文件夹下相应标准型材文件夹中的一个模板文件，复制到一个文件夹中，并改为易于识别的名称）；修改模板文件（打开改名后的模板文件，把草图尺寸改为国标尺寸后保存文件）。

（2）直接生成焊件型材

步骤如下：打开一个新零件；绘制一轮廓草图（草图的原点成为默认穿透点，可选择草图中的任何顶点或草图点为交替穿透点）；保存草图轮廓（在 Feature Manager 设计树中，选择"草图"，选择"文件"→"另存为"命令，将其以"库特征零件（*.sldlfp）"类型保存到"<安装目录>\data\weldment profiles"中的自定义轮廓的文件位置）。

2．帽形钢的定制与使用

下面以帽形钢的定制过程为例，说明焊接型材的定制与使用方法。

（1）创建型材库文件夹

在"<安装目录>\data\weldment profiles"中创建"QB（企业标准）"文件夹，并在此文件夹下创建"帽形钢"文件夹。

（2）绘制型材轮廓

新建零件，在前视基准面上绘制型材轮廓，如图 5-73 所示。

（3）保存型材模板

选择"文件"→"另存为"命令，保存路径为"<安装目录>\data\weldment profiles\QB（企业标准）\帽形钢"；保存类型为"库特征零件（*.sldlfp）"，文件名为"30×5"。单击"保存"按钮。

（4）绘制焊接框架

新建零件，绘制框架的 3D 草图，如图 5-74 所示。

（5）添加型材

选择"插入"→"焊件"→"结构构件"命令，在 Property Manager 的"标准"中选择"QB（企业标准）"，在"类型"中选择"帽形钢"，在"大小"中选择"30×5"，在"设定"下，选择"应用边角处理"并单击"终端斜接" ⬛ 按钮。在图形区中依次选择框架边线，单击"确定" ✔ 按钮，如图 5-75 所示。

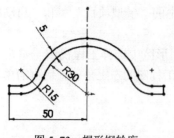

图 5-73 帽形钢轮廓

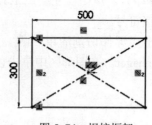

图 5-74 焊接框架

图 5-75 添加型材

5.4 管路与布线设计

为了加速管筒和管道、电力电缆和缆束的设计过程，SolidWorks 公司推出了一套强大的线路系统设计模块 SolidWorks Routing。

5.4.1 管路与布线设计快速入门

下面以如图 5-76 所示的管路装配体为例简要说明其设计过程。

1. 管道与布线引例：管路设计

该管路装配体，在基体的两个法兰之间通过管路连接。包括 7 段管道、3 个弯管、3 个法兰和 1 个三通管。

（1）装入基体装配

新建"装配体"保存为"管路装配引例.sldasm"，并插入"管路基体装配"，如图 5-77 所示。

图 5-76 管路装配体

图 5-77 管路基体装配

（2）开始第一个线路

单击"管道设计"工具栏中的"通过拖/放来开始" 按钮，如图 5-78 所示，"设计库" 文件夹打开到步路库的 piping（管道设计）部分，双击 flanges（法兰）文件夹，将 Slip On Weld Flange.sldprt 从库中拖动到"机体装配"侧面的法兰面上，在法兰捕捉到位时将之施放，在"选择配置"对话框中选择"Slip On Flange 150-NPS0.5"，单击"确定"按钮，弹出"线路属性"Property Manager 对话框，在"线路属性"Property Manager 中单击"确定" 按钮接受默认"线路属性"设置。新线路子装配作为虚拟零部件生成，并在 Feature Manager 设计树中显示为 。

图 5-78　添加起点法兰

（3）添加终端法兰

重复上述步骤，在方形容器法兰面上添加终端法兰。

（4）自动步路

单击"管路"工具栏中的"自动步路" ⊠ 按钮。在图形区分别选中起点法兰和终点法兰的管道端头的端点，自动添加 3D 草图并用默认的管道进行管路连接，如图 5-79 所示。单击右上角的 ⑤ 退出草图，完成步路，在单击右上角的 ⑤ ，退出零件编辑状态。

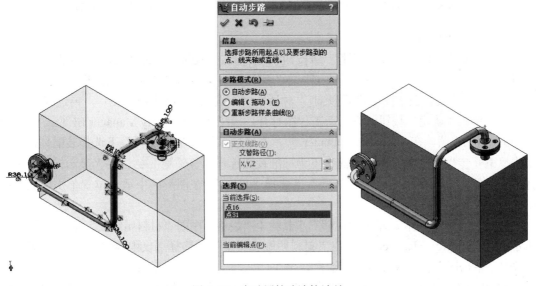

图 5-79　自动用管路连接法兰

（5）添加 T 形配件

1）添加分割点。要想将 T 形配件添加到线路，首先，需要将一个点添加到想放置配件的地方。单击"管道设计"工具栏中的"编辑线路" ⊠ ，3D 线路草图打开。单击"分割线路" ⊠ 按钮，在管道的中心线所需位置单击以添加分割点，按〈Esc〉键关闭分割实体工具。

2）添加 T 形配件。在"设计库" 文件夹中单击 tees（T 形接头），从中拖动 Straight tee inch 到分割点（可按〈Tab〉键旋转 T 形配件），在配件达到所示方位时将之释放，在图 5-80 所示的对话框中，选 Tee Inch0.5 Sch40 然后单击"确定"按钮。T 形配件添加到线路中，有管道的一个端头从开端处延伸。在"线路属性"Property Manager 中单击"确定" ✔按钮接受默认"线路属性"设置。

（6）添加顶端法兰

现在添加一个顶端法兰到 T 形配件上方的线路上。

放大到 T 形配件所在区域。在 "设计库"文件夹中，将 flanges（法兰）文件夹中的 "Socket weld flange.sldprt"拖动到 T 形配件上方的线路上方，在捕捉顶点时将之施放，在"选择配置"对话框中，如图 5-81 所示，选取"Scocket Flange 150-NPS0.5"，单击"确定"按钮，单击右上角的 退出草图，再单击右上角的 ，退出零件编辑状态，完成管路装配设计。

图 5-80　T 型配件管路配置

图 5-81　顶端法兰管路配置

（7）线路工程图

1）新建工程图。单击"新建" 按钮。在"新建 SolidWorks 文档"对话框中，单击"高级"，在"模板"选项卡中单击"工程图" 按钮，最后单击"确定"按钮。

2）图纸格式。在"图纸格式/大小"对话框中，选取"标准图纸大小"，再选择 A3-横向，最后单击"确定"按钮。有一新工程图打开，模型视图 Property Manager 出现。

3）插入视图。在 Property Manager 中，在"插入的零件/装配体"下选择装配体，然后单击"下一步" 按钮；在"方向"下为标准视图选择"等轴测" ，在"显示样式"下选择"带边线上色" ，在"尺寸类型"下选择"真实"。在图形区中适当位置单击以放置视图。单击"确定" 按钮。

4）添加材料明细栏。单击"注解"工具栏上"表格"中的"材料明细表" 。如图 5-82 所示，在 Property Manager 中，在"材料明细表类型"下选择"仅限零件"，单击"确定" ✔按钮。单击图形区以放置材料明细栏。

5）更改材料明细栏。注意材料明细栏中没有有关管道长度的信息，这就需要更改说明列以显示有关管道长度的信息。将指针移到列标题，指针形状将变为 时单击以选取列。列的弹出工具栏出现，单击"列弹出"工具栏中的"列属性" 。如图 5-83 所示，在"列类型"对话框中，为"列类型"选择"ROUTE PROPERTY"（线路属性），将"属性名称"设置为"SW 管道长度"。列标题更改到 SW 管道长度，内容为所有管道长度。

图 5-82 "材料明细表"对话框   图 5-83 "列类型"对话框

6）添加零件序号。选择工程图视图，单击"注解"工具栏中的"自动零件序号" 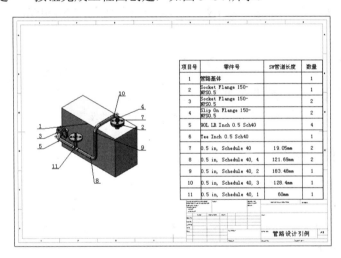 按钮。在 Property Manager 中的"零件序号布局"下选择"方形"；忽略多个实例；零件序号边线，单击"确定" ✔ 按钮完成工程图创建，如图 5-84 所示。

项目号	零件号	SW管道长度	数量
1	管路基体		1
2	Socket Flange 150-NPS0.5		1
3	Socket Flange 150-NPS0.5		2
4	Slip On Flange 150-NPS0.5		2
5	90L LR Inch 0.5 Sch40		4
6	Tee Inch 0.5 Sch40		1
7	0.5 in, Schedule 40	19.05mm	2
8	0.5 in, Schedule 40, 4	121.69mm	2
9	0.5 in, Schedule 40, 2	183.48mm	1
10	0.5 in, Schedule 40, 3	128.4mm	1
11	0.5 in, Schedule 40, 1	60mm	1

图 5-84 管路装配工程图

2. 管路系统设计的一般步骤

由以上引例可见，管路系统设计的基本原理是利用 3D 草图完成管道布局，并添加相应的管路附件，整个管路系统作为主装配体的一个特殊子装配体，其设计步骤如下。

1）打开装配。打开要建立的管路系统，必要时在装配体中建立管道中的起点和管道布线草图。

2）开始布路。从起点开始布路，确定管道设置、管道子装配体的保存名称和位置。

3）编辑布路。通过各种方法完成管路系统的线路图（3D 草图）。

4）添加附件。使用设计库添加必要的管路附件。

5）完成装配。完成管道子装配体，确定保存的管道零件名称和位置。

6）编辑修改。编辑管路系统的属性或线路草图，删除或添加管路附件。

3. SolidWorks Routing 功能

SolidWorks Routing 是 SolidWorks 公司推出的一套强大的线路系统设计软件和备件库。SolidWorks Routing 管路系统插件可以完成如下系统的设计：通过螺纹联接、焊接方法将弯头和钢管连接成的管道（Pipe）系统，由塑性软管组成的管筒"Tube"系统，电子产品中由电缆线组成的电缆和缆束系统，如图 5-85 所示。SolidWorks Routing 具有如下功能。

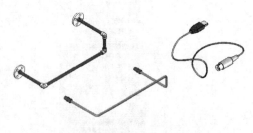

图 5-85 管路系统的分类

1）提供了管筒、管道、电力电缆和缆束零部件库，能直观地创建和修改线路系统。

2）自动创建包含完整信息（包括管道和管筒线路的切割长度）的工程图和材料明细栏。

4. 启动 SolidWorks Routing

SolidWorks Routing 是 SolidWorks Office Premium 商业版本的一部分。如果用户选用了 SolidWorks Office Premium 商业版本，则 SolidWorks Routing 插件默认安装在用户的计算机中。选择"工具"→"插件"命令，在"插件"对话框中选中"SolidWorks Routing"复选框，单击"确定"按钮即可启动"SolidWorks Routing"插件。"SolidWorks Routing"插件如图 5-86 所示。

图 5-86 "SolidWorks Routing"插件启动及其工具栏

5.4.2 三维管路设计实践

下面完成图 5-87 所示的管路系统，操作步骤如下。

1. 选择

打开装配"Piping Assembly.SLDASM"，通过 Configuration Manager，选择装配体的配置"ROUTE2"，如图 5-88 所示。

图 5-87 管路系统

图 5-88 管路系统配置

2．新建线路

在特征管理器中选中零部件"manifold<1>"下的"CPoint1"，单击"命令管理器"中的"管道设计"上的"起始于点"，在"线路属性"中单击"确定" ✔ 按钮接受默认管道和弯管选项。从"Frame"向下生成新的线路，拖动该线路，结果如图 5-89 所示。

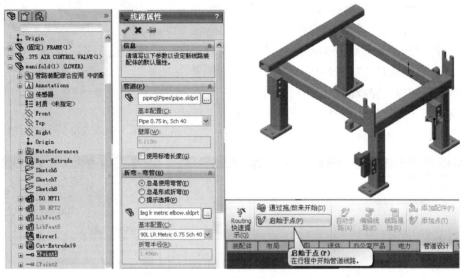

图 5-89 新建线路

3．添加到线路

在特征管理器中右击零部件"manifold<2>"下的"CPoint1"，从快捷菜单中选择"添加到线路"，这样就在当前线路中新建了另一个线路，拖动该线路。

4．绘制 3D 线路

如图 5-90 所示，在"草图"工具栏中单击"直线"按钮，新建线路。单击线路起点，按〈Tab〉键，确定空间控标的方向为 YZ，放开〈Tab〉键，在平面 YZ 内沿 Z 轴方向绘制直线，按〈Tab〉键，在 ZX 平面内绘制成角度的直线。在 ZX 平面内沿 X 轴方向创建最后一段直线。选择绘制的 3D 线路端点和"manifold<2>"下的线路端点，添加"合并"几何关系，完成线路创建。

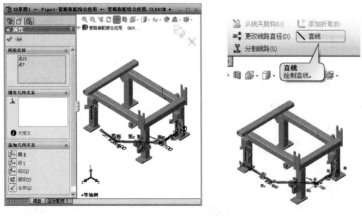

图 5-90 绘制 3D 线路

5．标注尺寸

添加如图 5-91 所示的角度尺寸和线性尺寸。

6．添加弯头

单击 "退出草图" 按钮退出步路，如图 5-92 所示，打开"折弯-弯管"对话框，第一个弯管放大并高亮显示，单击"浏览"按钮，选择文件夹"45 degree"中的零部件"45deg lr metric elbow.sldprt"生成弯管；选择"45L LR METRIC 0.75 Sch40"作为要使用的配置。单击"确定"按钮，完成第一个折弯配置。

重复上述步骤，完成所有弯头的配置，单击"退出零件" 按钮。

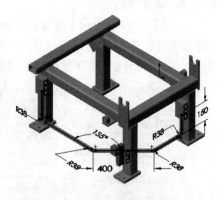

图 5-91　角度尺寸和线性尺寸

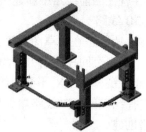

图 5-92　添加弯头

7．添加 T 形管

（1）分割实体

单击"编辑现有管道设计线路"，选择第二段线路。如图 5-93 所示，使用"分割实体"工具来分割线路，标注 150mm 的尺寸来定位分割点。

（2）绘制方向线

按〈Tab〉键在 XZ 平面内绘制一条与管道线方向垂直的直线。当从设计库中拖放 T 形管时，就指定了它的方向。

（3）添加 T 形管

从"tees"中拖放配件"straight tee inch"到该连接点，并选择如图 5-94 所示的配置。

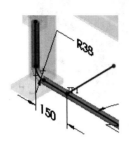

图 5-93 分割线路　　　　　　　　　　　　　图 5-94 添加 T 形管

8．添加到线路 2

在特征管理器中右击零部件"manifold<3>"下的"CPoint1"，从快捷菜单中选择"加到线路"命令。这样就在当前线路中新建另一个线路，拖动该线路。

9．自动步路

使用自动步路创建线路，选择"manifold<3>"下的线路端点和 T 形管路端点创建线路，如图 5-95 所示。

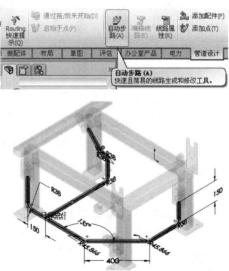

图 5-95 自动步路

10．标注尺寸

添加如图 5-96 所示的尺寸，完全定义该草图。

11．完成管路装配体

单击"退出草图" 退出步路，然后单击 "退出零件" ，完成管路装配体，如图 5-97 所示。

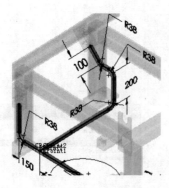

图 5-96　尺寸标注

图 5-97　管路装配体

12．干涉检查

选择"工具"→"干涉检查"命令，弹出"干涉检查"对话框，单击"计算"按钮，干涉区显示在"结果"中，图形区中高亮显示当前干涉区，如图 5-98 所示。

图 5-98　干涉检查

13．创建工程图

（1）新建工程图

单击"新建" 按钮，在"新建 SolidWorks 文档"对话框中，单击"高级"，然后在"模板"选项卡上单击"工程图" 按钮，最后单击"确定"按钮。在"图纸格式/大小"对话框中，选择"标准图纸大小"，选择 A3-横向，单击"确定"按钮。有一新工程图打开，同时弹出模型视图 Property Manager。

（2）插入视图

在 Property Manager 中，在"插入的零件/装配体"下选择"装配体"，单击"下一步"按钮，在"方向"下为"标准视图"选择"等轴测" ；在"显示样式"下选取"带边线上色" ，在"尺寸类型"下选择"真实"。在图形区中适当位置单击以放置视图。单击"确定" 按钮。

（3）添加材料明细表

单击"注解"工具栏上"表格"中的"材料明细表" ，在 Property Manager 中，在

"材料明细表"类型下选择"仅限零件",单击"确定"✔按钮。在图形区中,单击以放置材料明细表。

（4）修改材料明细栏

更改材料明细栏的"说明"列以显示有关管道长度的信息。

将指针移到列标题"说明"上,指针形状将变为⬇,单击以选择列。"列弹出"工具栏出现,单击"列属性"🖼按钮。如图 5-99 所示,在"列类型"对话框中,为"列类型"选择"ROUTE PROPERTY"（线路属性）,"属性名称"选择"SW 管道长度"。列标题更改到 SW 管道长度,内容为所有管道长度。右击"长度列",在弹出的快捷菜单中选择"右列",在"长度列"右侧插入一列,将该列属性设为"SW 弯管角度",格式化表格。

列类型:
ROUTE PROPERTY
属性名称:
SW管道长度

图 5-99 修改列属性

（5）添加零件序号

选择视图,单击"注解"工具栏的"自动零件序号"🖼按钮。在 Property Manager 中的"零件序号布局"下选择"方形"忽略多个实例;零件序号,单击"确定"✔按钮,完成工程图,如图 5-100 所示。

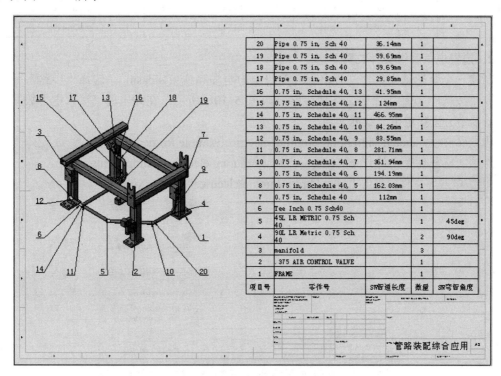

图 5-100 管路系统工程图

5.4.3 计算机数据线建模

电力电缆的设计可以使用标准电缆生成线路。标准电缆的信息存储在 Excel 电子表格中,用户也可以生成自己的标准电缆和管筒库。下面以一个简单的三维布线问题介绍电力电缆的生成和缆束工程图的建立过程。本例中包含 3 个接头零件:db9-plug、5pindin-plug 和 motor 1。motor 1 分别连接 db9-plug 和 5pindin-plug,由 2 条电线连接和 1 条电缆连接。电缆和 2 条电线从 1 个接头开始（motor 1，零件号 db15-plug）。4 条电缆芯线连接到第 2 个接头（con2，零件号 db9-plug）。2 条单个电线连接第 3 个接头（con3，零件号 5pindin-plug）。2 条电线命为 Wl1 和 W6，电缆命名为 C1，电缆带有 4 条芯线，分别命名为 S1W，S2W，S2t 和 W5。这些数据就是电气数据，需要导入到 SolidWorks 中。

1．定义电气属性

在 Excel 中建立一个表格（见表 5-3），保存文件为 sample fromto.xls，用于定义接头之间和电线的属性。

表 5-3　电气属性

Wire	Cable	Core	Spec	From Ref	Pin	Partno	To Ref	Pin	Partno	Colour
S1W	C1	W1	C1	motor1	1	db15-plug	con2	3	db9-plug	
S2W	C1	W2	C1	motor1	2	db15-plug	con2	5	db9-plug	
S2t	C1	W3	C1	motor1	4	db15-plug	con2	2	db9-plug	
W5	C1	W4	C1	motor1	3	db15-plug	con2	4	db9-plug	
W11			9982	motor1	5	db15-plug	con3	1	5pindin-plug	
W7			9982	motor1	6	db15-plug	con3	1	5pindin-plug	

2．定置电气属性文件位置

新建一个装配体文件，文件名保存为"电力电缆和线束.sldasm"，选择"步路"→"电力"→"按从/到开始"命令来生成线路，如图 5-101 所示，在弹出的"输入电力数据"属性管理器中分别指定电力数据文件。

电缆库文件：data\design library\routing\electrical\sample fromco.xls。

选项（零部件库文件）：data\design library\routing\electrical\components.xml。

电缆/电线库文件：data\design library\routing\electrical\cable 1.xml。

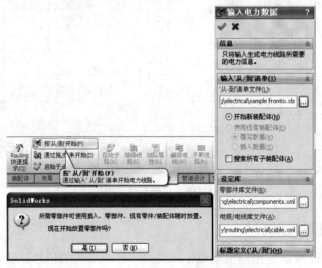

图 5-101　由文件开始建立线路装配体

询问步路装配体的文件名，单击"确定" ✔按钮接受 Routing 自动给出的装配体文件名和文件模版，在弹出的对话框中提示"是否现在就放置零部件"，单击"是"按钮。

3．插入电缆头

在弹出的"放置零部件"对话框中依次单击"插入零部件"属性管理器中的 con2、con3 和 motor 1，根据设计要求将其移动至合适的空间位置。弹出"线路属性"属性管理器，在"电力"的"子类型"中选择"电力/电缆"，输入外径为2.5mm，其余选项按默认值，如图5-102所示。

4．自动步路

单击"电力"工具栏上的"自动步路"按钮，弹出"自动步路"属性管理器，如图 5-103 所示。在"步路模式"选项中，选择"自动步路"，依次单击 motorl 和 con2 的连接点、motorl 和 con3 的连接点，Routing 自动生成3D样条曲线，并出现预览。

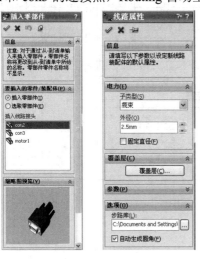

图5-102 插入电缆头   图5-103 自动步路

5．平展线路工程图创建

在装配体环境下，选择"Routing"→"电力"→"平展线路"命令，在弹出的属性管理器中，选择当前生成的线束装配体。然后单击"打开工程图"按钮，如图 5-104 所示。Routing 转入工程图的设计界面，自动以当前的线束装配体生成展开的 2D 工程图，计算并标注出缆束的尺寸，如图5-105所示。

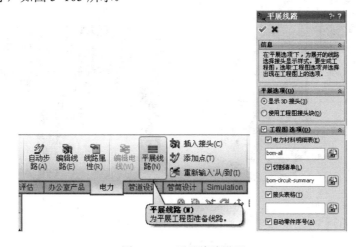

图5-104 平展线路设置

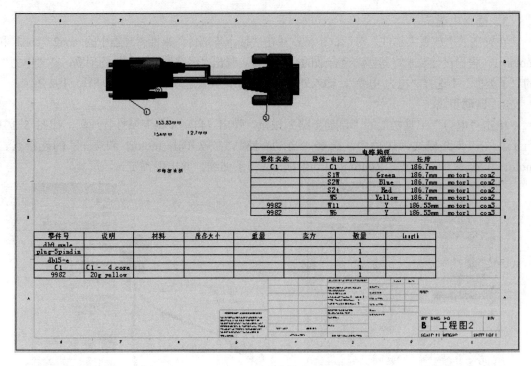

电路轮廓

零件名称	导线-电缆 ID	颜色	长度	从	到
C1	C1		186.7mm		
	S1W	Green	186.7mm	motor1	con2
	S2W	Blue	186.7mm	motor1	con2
	S2t	Red	186.7mm	motor1	con2
	W5	Yellow	186.7mm	motor1	con2
9982	W11	Y	186.55mm	motor1	con5
9982	W6	Y	186.55mm	motor1	con5

零件号	说明	材料	库存大小	重量	卖方	数量	length
db9_male						1	
plug-5pindin						1	
db15-e						1	
C1	C1 - 4 core					1	
9982	20g yellow					1	

图 5-105　平展线路工程图

习题 5

习题 5-1　生成 M16-M32 的普通粗牙螺母的配置。

习题 5-2　分别完成图 5-106 所示钣金零件和焊接件的设计。

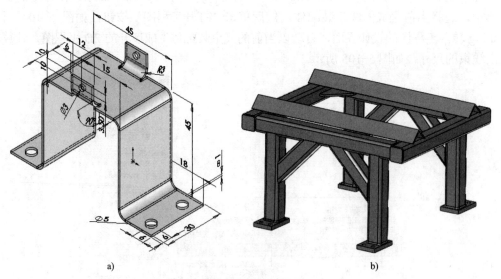

a)　　　　　　　　　　　b)

图 5-106　钣金件与焊接件

a) 钣金件　b) 焊接件

习题 5-3　完成图 5-107 所示管路系统的建模。

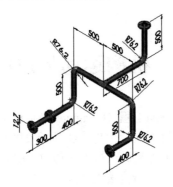

图 5-107　管路系统

第6章 机构运动/动力学仿真

经过几十年的发展，计算机辅助工程（Computer Aided Engineering，CAE）软件分析的对象逐渐由线性系统发展到非线性系统；由单一物理场发展到多场耦合系统，并在航空、航天、机械、建筑、土木工程、爆破等领域获得了成功的应用。CAE 技术的应用使实物模型的实验次数和规模大大下降，既加快了研究速度，又大幅度降低了成本，还极大地提高了产品的可靠性，CAE 在产品开发研制中显示出无与伦比的优越性，使其成为现代企业在日趋激烈的竞争中取胜的一个重要条件，因而越来越受到科技界和工程界的重视。据统计，发达国家的产品研究开发过程要花费产品成本的 80%，同时这一过程要占整个产品从研究到投入市场所需时间的 70%。

6.1 CAE 分析入门

工程和制造业的生命力在于产品的创新，现代产品的创新是基于知识和信息的创新设计，在产品设计过程中不断地获取新的知识和信息，采用先进可靠的设计软件是现代产品设计的主要手段，CAE 技术及其软件是现代设计的重要工具。本节通过四连杆机构的运动分析和连杆强度分析，介绍 CAE 的分析内容及步骤。

6.1.1 引例：四连杆机构分析

本节以图 6-1 所示的四连杆机构的运动仿真及其连杆的有限元分析为例说明 SolidWorks 中的 CAE 分析功能。

1．运动仿真

（1）打开插件

选择"工具"→"插件"命令，如图 6-2 所示，选择 SolidWorks Motion 和 Simulation 插件，单击"确定"按钮。

图 6-1 四连杆机构

图 6-2 打开插件

（2）打开装配体

打开"资源文件"中的四连杆机构"4bar mechanism.sldasm"，并单击设计树右下角的"运动算例1"，打开"Motion 管理器"，如图 6-3 所示，选择分析类型为"Motion 分析"。

（3）设置曲柄驱动力参数

单击"Motion"工具栏中的"马达"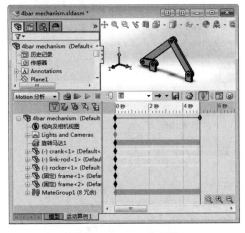按钮，"马达"对话框如图 6-4 所示。在"马达"对话框中选"马达类型"为"旋转马达"；在图形区中选择曲柄端面作为马达"零部件/方向"；设定"运动参数"为"等速，100RPM"，单击"确定"✔按钮。

图 6-3　Motion 管理器

图 6-4　设定驱动力速度

（4）仿真计算

如图 6-5 所示，拖动键码◆，设置仿真时间为5s，单击"计算"按钮，系统自动计算运动。

（5）查看结果

1）绘制曲柄质心位移曲线。单击 Motion Manager 工具栏中的"图解"按钮，如图 6-6 所示，在"结果"中选择类别为"位移/速度/加速度"，子类别为"线性位移"，结果分量为"幅值"，单击按钮，在图形区

图 6-5　仿真参数设置

选择 Part2 侧面，单击"确定"✔按钮，在图形区中出现曲柄质心位移曲线。

2）生成 avi 格式动画。单击 Motion Manager 工具栏中的"保存"按钮，将动画文件保存到指定文件夹。

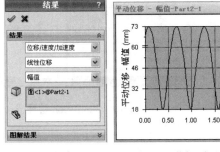

图 6-6　曲柄质心位移曲线

2．强度设计

（1）将运动载荷输入 SolidWorks Simulation

如图 6-7 所示，鼠标移动到窗口左上角的 **SolidWorks**，选择"Simulation"→"输入运动载荷"命令，在弹出"输入运动载荷"对话框，如图 6-8 所示。在"输入运动载荷"对话框的"可用的装配体零部件"中选中零件"Link-rod-1"，单击 ▶ 将其移动到"所选零部件"中。选中"单画面算例"单选按钮，将"画面号数"设为 14（对应的运动仿真时间为0.52s），单击"确定"按钮。

图 6-7　输入运动载荷菜单

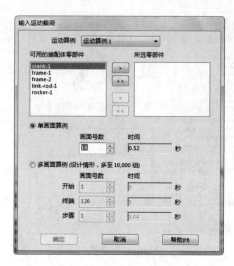

图 6-8　"输入运动载荷"对话框

（2）打开零件并进入 Simulation 界面

如图 6-9 所示，在 Feature Manager 设计树中，右击零件"link-rod"在弹出的快捷菜单中选择"打开零件"命令，打开零件"link-rod"，则在图形窗口左下方的添加了标签 **CM3-ALT-Frame-101**，单击该标签，进入 Simulation 界面。如图 6-10 所示，在"外部载荷"中已添加了 4 个由运动仿真获得的载荷。

图 6-9　打开零件

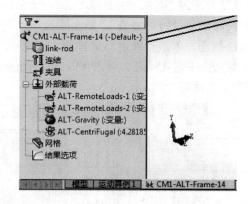

图 6-10　Simulation 管理器

（3）选材料

如图 6-11 所示，在 Simulation 管理器中右击"link-rod"，在弹出的快捷菜单中选择"应用/编辑材料"命令，在弹出的"材料"对话框，选中"自库文件"为"solidworks materials"，并选中"钢"中的"1023 碳钢板"，单击"确定"按钮。

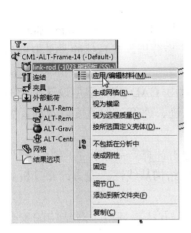

图 6-11　应用材料

（4）分网格

在 Simulation 管理器中右击"网格"，在弹出的快捷菜单中选择"生成网格"命令，在弹出的"网格"对话框中单击"确定" ✔ 按钮，接受默认的"网格密度"，完成网格划分。

（5）求结果

在 Command Manager 的 Simulation 标签中单击"运行" 🔧 按钮，执行分析，在弹出的"线性静态算例"中单击"是"按钮。如图 6-12 所示，完成分析后，在 Simulation 管理器中添加含有应力等 3 个分析结果的结果文件夹，且图形区中显示应力分布。

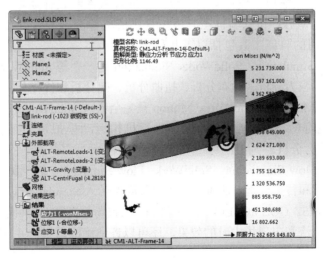

图 6-12　应力分布

6.1.2　CAE 基础

CAE 技术是计算机技术和工程分析技术相结合形成的新兴技术，计算机辅助工程 CAE

是一个很广的概念，从字面上讲它可以包括工程和制造业信息化的所有方面。CAE 是指工程设计中的分析计算与分析仿真，具体包括运动/动力学仿真、工程有限元分析、强度与寿命评估、结构与过程优化设计。

1. CAE 的研究内容

从过程化、实用化技术发展的角度看，CAE 技术的核心为有限元分析（Finite Element Method，FEM）与虚拟样机的运动/动力学仿真。对 CAE 进一步分析，其具体的含义表现为以下几个方面。

1）运动/动力学仿真。运用运动/动力学的理论、方法，对由 CAD 实体造型设计出动的机构、整机进行运动/动力学仿真，给出机构、整机的运动轨迹、速度、加速度以及动反力的大小等。

2）有限元分析。运用工程数值分析中的有限元等技术分析计算产品结构的应力、变形等物理场量，给出整个物理场量在空间与时间上的分布，实现结构从线性、静力计算分析到非线性、动力的计算分析。

3）强度与寿命评估。运用结构强度与寿命评估的理论、方法、规范，对结构的安全性、可靠性以及使用寿命做出评价与估计。

4）结构与过程优化设计。运用过程优化设计的方法在满足工艺、设计的约束条件下，对产品的结构、工艺参数、结构形状参数进行优化设计，使产品结构性能、工艺过程达到最优。

2. SolidWorks 设计验证工具

由上述引例可见，在整个产品设计过程中采用三维设计软件 SolidWorks，运用其基本功能可以完成从方案设计到零件和装配体建模，再到工程图出图的全部 CAD 功能，而在此基础上可以利用其丰富的插件，采用同一个三维实体模型即可完成 CAE 分析，确保了设计的精确性，大大缩短了设计时间，提高了设计效率和设计质量。

通过使用 SolidWorks 设计验证工具模拟真实情况并测试多套方案，可以提高设计质量，降低成本。常用的验证工具包括以下几种。

1）SolidWorks Simulation。SolidWorks Simulation 是一个与 SolidWorks 完全集成的设计分析系统，可以进行应力分析、频率分析、扭曲分析、热分析和优化分析。

2）SolidWorks Motion。SolidWorks Motion 是完全嵌入 SolidWorks 软件内部的运动学仿真软件包，使用现有的 SolidWorks 装配体进行机构运动模拟，还可以将载荷无缝传入 Simulation 以进行应力分析。

3）SolidWorks Flow Simulation。SolidWorks Flow Simulation 是一款 3D 流体动力学仿真器，可进行流体分析和传热分析，还可以将压力和温度传入 Simulation 以进行应力分析。

4）COSMOSEMS。COSMOSEMS 是一款 3D 电磁场仿真器，它可以评估电气和电子产品暴露在低频电磁电流和电磁场中时的效果，还可以评估绝缘效果，并预测带电物体在电场和磁场中的受力情况。

6.2 虚拟样机技术

虚拟样机技术是 20 世纪 80 年逐渐兴起、基于计算机技术的一个新概念。从国内外对虚拟样机技术（Virtual Prototyping，VP）的研究可以看出，虚拟样机技术的概念还处于发展的阶段，在不同应用领域中存在不同定义。

6.2.1　基本概念

通常认为虚拟样机技术利用虚拟环境在可视化方面的优势以及可交互式探索虚拟物体功能，对产品进行几何、功能、制造等许多方面交互的建模与分析。它在 CAD 模型的基础上，把虚拟技术与仿真方法相结合，为产品的研发提供了一个全新的设计方法。该技术涉及多体系统运动学、动力学建模理论及其技术实现，是基于先进的建模技术、多领域仿真技术、信息管理技术、交互式用户界面技术和虚拟现实技术等的综合应用技术，其核心部分是多体系统运动学与动力学建模理论及其技术实现。国外虚拟样机相关软件的开发较为成功，目前影响较大的有美国 MSC 旗下的 ADAMS，CADSI 公司的 DADS，德国航天局的 SMPACK 等。

1．机构组成

从运动学的角度看，机器都是由若干个机构组成的，如内燃机就包含了曲柄滑块机构、控制阀门启闭的凸轮机构和齿轮机构。机构是通过一系列运动副将多个构件联系在一起，使其在运动过程中部件之间存在相对运动的系统。

构件是机构的基本组成单位，是机构中的一个刚性系统，它与机构的其他刚性系统相接触而保持一定的相对运动。机构中的固定构件称为机架；活动构件称为运动件，其中，运动规律给定的构件称为主动件，运动规律没有给定的构件称为从动件。

机构中两构件直接接触而又能产生一定形式的相对运动的连接，称为运动副。机构构件之间通过运动副组成的活动连接来限制各相邻构件使它们能作一定的相对运动。常见的运动副包括移动副、转动副、螺旋副、球面副等。

2．机构分析的目的

机构分析的目的在于掌握机构的组成原理、运动性能和动力性能，以便合理地使用现有机构并充分发挥其效能，为验证和改进设计提供依据。具体内容包括结构分析、运动分析和动力分析。

（1）结构分析

结构分析的目的是了解各种机构的组成及其对运动的影响，其内容包括按照一定的原则将已知机构分解为原动件、机架、杆组，并确定机构的级别。进行运动分析和动力分析之前，首先需要对机构进行结构分析。

（2）运动分析

机构的运动分析，就是根据给定的原动件的运动规律，求出机构中其他构件的运动规律，即求出各构件的位置、速度、加速度等运动参数。以便确定各构件在运动过程中所占据的空间大小，判断各构件之间是否会发生位置干涉，考察从动件及其上某些点能否实现预定的位置或轨迹要求；了解从动件的速度、加速度变化规律能否满足工作要求。运动分析是计算构件惯性力和研究机械动力性能的必要前提。

（3）动力分析

机构动力分析的目的有两个：一个是确定运动副中的反力，以便设计或校核机构中各零件的强度、测算机构中的摩擦力和机械效率等；另一个是确定机构的平衡力或平衡力矩，以便确定机器工作时所需的驱动功率或能承受的最大载荷等。

3．作用于机构中力的分类

1）驱动力。驱使机构产生运动的力，做正功。例如，推动内燃机活塞的燃气压力，加在各种工作机主轴上的原动机提供的外力矩。

2）阻力。阻止机构运动的力，做负功。可分为有效阻力（又称工作阻力，例如，机床的切削阻力、起重机的荷重）和有害阻力（例如，齿轮机构中的摩擦力）。

3）运动副反力。当机构运转时，在运动副中产生的反作用力，不做功。可分解为沿运动副两元素接触处法向和切向的法向反力和切向反力（即运动副中的摩擦力）。

4）重力。因地球吸引产生，作用在构件质心上的力，在一个运动循环中重力所做的功的和为零，重力在很多情况下（尤其在高速机械的计算中）可以忽略不计。

5）惯性力。与运动加速度和构建质量有关的虚拟力，$F_i = -ma$，在一个运动循环中所做功的和为零。

6.2.2 虚拟样机技术的分析原理

本节以曲柄滑块机构虚拟样机分析为例说明虚拟样机技术的原理。

1．问题描述

在图 6-13 所示的曲柄滑块机构中，已知曲柄 1 长度 $l_1 = 0.35m$，连杆 2 长度 $l_2 = 2.35m$。全部零件的材料为普通碳钢，滑块 3 及其附件的质量为 6kg。曲柄 1 转速 n_1 为 300r/min，求曲柄 1 逆时针转动 $\theta_1 = 45°$ 时滑块 3 位移和惯性力。

2．解析法

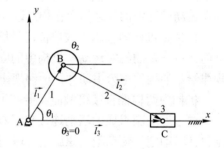

图 6-13　曲柄滑块机构

取坐标系：原动件转动中心置于原点，原点向外取为矢量正向，角位移 θ 方向为绕 x 轴逆时针方向为正。按上述原则，标出 $\vec{l_1}$、$\vec{l_2}$、$\vec{l_3}$ 及 θ_1、θ_2、θ_3，注意 l_1、l_2 为定长，$\theta_3 = 0$。封闭矢量方程：$\vec{l_1} + \vec{l_2} = \vec{l_3}$。

（1）位移

由投影法得

$$l_1 \cos \theta_1 + l_2 \cos \theta_2 = l_3$$
$$l_1 \sin \theta_1 + l_2 \sin \theta_2 = 0 \tag{6-1}$$

由式（6-1）解得

$$\theta_2 = \arcsin \left(\frac{-l_1}{l_2} \sin \theta_1 \right) \tag{6-2}$$

$$l_3 = l_1 \cos \theta_1 + l_2 \cos \theta_2$$

（2）速度

式（6-2）对时间求导得

$$\omega_2 = -l_1 \omega_1 \cos \theta_1 / (l_2 \cos \theta_2)$$
$$v_3 = -l_1 \omega_1 \sin \theta_1 - l_2 \omega_2 \sin \theta_2 \tag{6-3}$$

（3）加速度

式（6-3）对时间求导得

$$\varepsilon_2 = (l_1 \omega_1 \sin\theta_1 + l_2 \omega_2^2 \sin\theta_2)/(l_2 \cos\theta_2)$$

$$\alpha_3 = -l_1 \omega_1^2 \cos\theta_1 - l_2 \omega_2^2 \cos\theta_2 - l_2 \varepsilon_2 \sin\theta_2 \tag{6-4}$$

（4）滑块惯性力

由惯性力的定义知

$$P_3 = -m_3 a_3 \tag{6-5}$$

（5）计算结果

将已知条件：$l_1 = 0.35\text{m}$、$l_2 = 2.35\text{m}$、$\theta_1 = 45$、$n_1 = 300\text{r/min}$，$m_3 = 6\text{kg}$。代入以上各式得滑块的位移、速度、加速度和惯性力。

3．仿真分析

（1）打开曲柄滑块机构装配

打开"资源文件"中"分析原理"下的"曲柄滑块机构.SLDASM"装配体，并单击"运动算例"，打开"Motion 管理器"，选择分析类型为"Motion 分析"，如图 6-14 所示。

（2）设置曲轴驱动力参数

单击"Motion"工具栏中的"马达"按钮。在"马达"对话框中选"马达类型"为"旋转马达"；在图形区中选曲柄端面作为马达"零部件/方向"；设定"运动参数"为"等速，300RPM"，单击"确定"按钮。

（3）仿真计算

如图 6-15 所示，单击"Motion 管理器"中的"放大时间线"，拖动"键码"，设置仿真时间为 0.5s。单击"Motion 管理器"中的"运动算例属性"，设置"每秒帧数"为 60，单击"计算"按钮，系统自动计算。

图 6-14 Motion 管理器

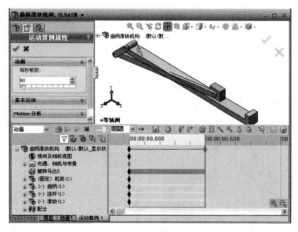

图 6-15 仿真参数设置

（4）查看结果

1）绘制滑块运动特性曲线。单击 Motion Manager 工具栏中的"图解"按钮，如图 6-16 所示，在结果 Property Manager 中选择类别为"位移/速度/加速度"，子类别为"线性位移"，结果分量为"X 分量"，单击，在图形区选择滑块，单击"确定"按钮，在图形区中出现滑块质心位移曲线。重复上述步骤，可画出滑块质心速度和加速度曲线，如图 6-17和图 6-18 所示。

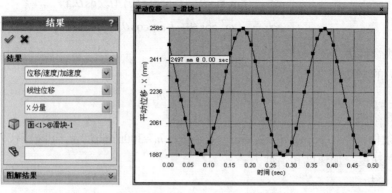

图 6-16　滑块质心 X 坐标曲线

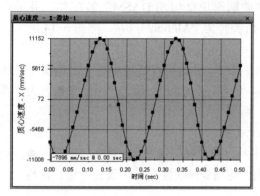

图 6-17　滑块质心速度曲线

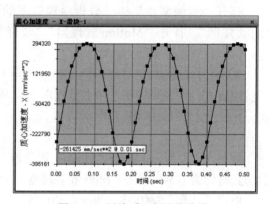

图 6-18　滑块质心加速度曲线

2）绘制滑块动力特性曲线。单击 Motion Manager 工具栏中的"图解"按钮，如图 6-19所示，在结果 Property Manager 中选择类别为"力"，子类别为"反作用力"，结果分量为"X 分量"；单击，在 Feature Manager 特征树的"配合"中选中连杆与滑块的配合"同心3"；单击，在 Feature Manager 特征树中选中"机架"作为参考坐标系，单击"确定"按钮，在图形区中出现滑块惯性力曲线，如图 6-20 所示。

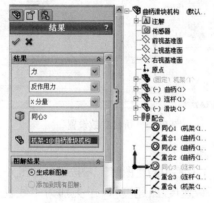

图 6-19　滑块惯性力设置

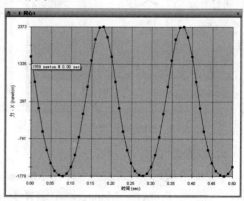

图 6-20　滑块惯性力曲线

3）结果比较。由表 6-1 可见解析法和虚拟样机仿真法所得结果非常接近。但虚拟样机仿真法非常简单，而且可以直接在机构的装配模型中进行分析，效率高、时间短。

表 6-1　滑块运动分析和动力分析结果比较

计算方法	l_3 /m	v_3 /(m/s)	α_3 /(m/s²)	P_3 /N
解析法	2.58	-8.59	-271.29	1627.74
仿真法	2.50	-7.90	-261.43	1559.00

6.2.3　SolidWorks Motion 基础

目前机械工程领域中常说的虚拟样机特指 MDI（Mechanical Dynamics Ins.）公司研制开发的 ADAMS（Automatic Dynamics Analysis of Mechanical System）机械系统动力学仿真分析软件系统。该软件功能强大，可以对虚拟机械系统进行静力学、运动学和动力学分析，缺点是价格昂贵，并且同三维建模软件兼容性较弱。SolidWorks Motion 是 ADAMS 软件的简化版，是 MDI 公司专门针对 SolidWorks 等软件开发的运动仿真模块。它以插件的形式无缝兼容于 SolidWorks，具有体积小，运动速度快和对计算机硬件要求不高等特点。可以对中小装配体进行完整的运动学和动力学仿真，得到系统中各零部件的运动情况，包括位移、速度、加速度和作用力及反作用力等。并以动画、图形、表格等多种形式输出结果，还可将零部件在复杂运动情况下的载荷信息直接输出到主流有限元分析软件中进行强度和结构分析。

1．SolidWorks Motion 启动与用户界面

完全内嵌于 SolidWorks 的 Motion Manager 工作环境中，利用在 SolidWorks 中定义的质量属性进行运动模拟。和其他插件一样，单击"工具"→"插件"，在"插件"对话框中选中 SolidWorks Motion，单击"确定"按钮，或如图 6-21 所示，单击"办公室产品"中的 SolidWorks Motion 按钮，单击左下角的"运动算例"，在"运动类型"列表中选择"Motion 分析"即可打开"Motion 管理器"。

图 6-21　SolidWorks Motion 用户界面

1）设计树。设计树中包含驱动元素（如"旋转马达"）、装配体中的零部件和分析结果等。

2）时间线。时间线位于 Motion Manager 设计树的右方，在 SolidWorks Motion 可用于设定仿真时间。

3）管理工具。管理工具中包含了添加驱动元素等工具按钮。

2．SolidWorks Motion 驱动元素的类型

SolidWorks Motion 可利用"马达" 🔧 改变运动参数（如位移、速度或加速度）以定义各种运动；还可以利用"力" 🔧、"引力" 🔧、"弹簧" 🔧、"阻尼" 🔧、"3D 接触"

和 "配合摩擦" ⬚改变动力参数以影响运动。SolidWorks Motion 驱动元素的类型如表 6-2 所示。

表 6-2 SolidWorks Motion 驱动元素的类型

名称	作　用	添　加　方　法
⬚ 马达	以运动参数——位移、速度、加速度驱动主动件	马达类型："旋转马达" ⬚ 或 "线性马达" ➡ 零部件/方向：选择与马达方向平行或垂直的面 运动类型及相应值：等速、距离、振荡或插值
⬚ 力	以动力参数——力、力矩驱动或阻碍构件运动	力类型：线性力 ➡ 或扭转力 ⬚ 方向：选择作用点和与力方向垂直或平行的面 力函数：⬚
⬚ 引力	以动力参数——弹力驱动或阻碍构件运动	引力参数：设引力的方向和加速度值
⬚ 弹簧	以动力参数——弹力阻碍构件运动	弹簧类型："线性弹簧" ➡ 或 "扭转弹簧" ⬚ 弹簧参数：选取两端点、设刚度和阻尼值 显示：设簧条直径、中径和圈数，仅供三维显示用
⬚ 阻尼	以动力参数——阻尼力阻碍构件运动	阻尼类型：线性阻尼 ➡ 或扭转阻尼 ⬚ 阻尼参数：选取两端点、设阻尼值
⬚ 3D 接触	在两构件之间建立不可穿越的约束，并以动力参数——摩擦力阻碍构件运动	定义：选择要生成三维的两个零部件 摩擦：定义动态/静态摩擦系数 弹性：定义碰撞时的冲击或恢复系数
配合摩擦	以动力参数——摩擦力阻碍构件运动	在 "配合" 的 ⬚ 卡上指定材料或摩擦系数

3．SolidWorks Motion 机构仿真步骤

由以上引例分析可知基于 SolidWorks Motion 的机构仿真的基本步骤如下。

1）装机械。在 SolidWorks 完成机构装配。

2）添驱动。为主动件添加运动参数（如位移）或动力参数（如扭矩）。

3）做仿真。设置仿真时间、仿真间隔等仿真参数后，运行仿真计算。

4）看结果。查看运动件的运动特性（如位移曲线）和运动副的动力特性（如反作用力）。

4．SolidWorks Motion 功能

SolidWorks Motion 具有以下功能。

1）通过将物理运动与来自 SolidWorks 的装配体信息相结合，模拟真实运行条件。

2）提供了多种代表真实运行条件的作用力选项，输入函数、线性和非线性弹簧、力、力矩、二维和三维接触）来捕获零件间的相互作用。

3）使用功能强大且直观的可视化工具来解释结果（其形式为位移、速度、加速度、力向量的图解或数值数据等）。可以创建 AVI 格式的动画文件等共享数据。

4）可以将载荷无缝传入 Simulation 以进行应力分析。

5．曲柄滑块机构虚拟样机设计

如图 6-22 所示，某曲柄滑块机构的尺寸参数：曲柄为 100mm×10mm×5mm；连杆为 200mm×10mm×5mm；滑块为 50mm×30mm×20mm。全部零件的材料为普通碳钢。曲柄以 60rpm 的速度逆时针旋转。在滑块端部连接有一弹簧，弹簧原长 80mm，其弹性模量为 $k=0.1N/mm$。地面摩擦系数 $f=0.15$。求：①绘制滑块的位移、速度、加速度曲线；②绘制弹簧的受力曲线，并确定当曲柄与水平正向成 $\beta=180°$ 时弹簧的受力；③弹簧受力最小时的机构参数值。

（1）运动仿真分析

1）SolidWorks Motion 启动。选择"工具"→"插件"命令，在出现的"插件"对话框中，选择 SolidWorks Motion，并单击"确定"按钮。

2）打开曲柄滑块机构。在 SolidWorks 中打开"资源文件"中的"曲柄滑块机构.SLDASM"装配体，并右击 运动算例 1 ，在弹出的快捷菜单中选择"生成新运动分析算例"，在打开的"Motion 管理器"中选择"分析类型"为"Motion 分析"，如图 6-23 所示。

图 6-22　曲柄滑块机构

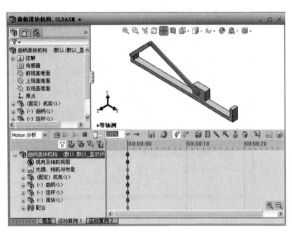

图 6-23　新建运动分析算例

3）驱动参数。在"Motion"工具栏中单击"马达" 按钮。如图 6-24 所示，在"马达"对话框中选"马达类型"为"旋转马达"；在图形区中选中曲柄端面作为马达"零部件/方向"；设定"运动参数"为"等速，573RPM"，单击"确定" 按钮。

4）仿真计算。如图 6-25 所示，拖动"键码" ◆，设置仿真时间为 5s，单击"计算" 按钮，系统自动计算运动。

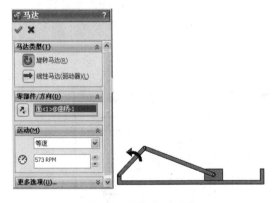

图 6-24　设定驱动参数

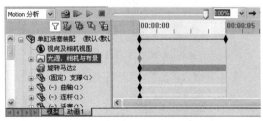

图 6-25　仿真参数设置

5）绘制运动特性曲线。单击 Motion Manager 工具栏中的"图解" 按钮，在结果 Property Manager 中选择类别为"位移/速度/加速度力"，子类别为"线性位移"，结果分量为"幅值"，单击 ，在图形区选择滑块，单击"确定" 按钮，在图形区中出现滑块质心位移曲线，如图 6-26 所示。重复上述步骤，可绘制出滑块质心的速度和加速度曲线。

（2）动力仿真分析

1）添加弹簧。在 Motion Manager 管理工具中，单击"弹簧" 按钮，如图 6-27 所示，单击"添加弹簧"按钮。进入"插入弹簧"对话框，选择"滑块"右侧面作为第一个零件，选择导轨机架右侧面作为第二个零件，设定弹簧刚度 k 为 0.1N/mm，单击"确定" 按钮。

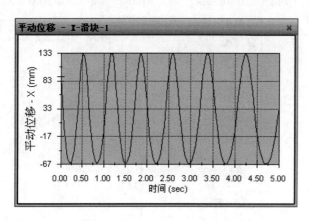

图 6-26　滑块 X 向位移曲线

图 6-27　设定弹簧刚度

2）设置配合摩擦。在"模型"的 Feature Manager 特征树中的"配合"选项卡中，右击滑块与机架的重合配合"重合 4"，在弹出的快捷菜单中选择"编辑特征" ，在"重合 4"属性中单击 "分析" ，选中"摩擦"，并以"指定系数"方式设摩擦系数为 0.15，如图 6-28 所示。单击两次"确定" 按钮完成摩擦设置。

3）绘制弹簧反作用力。在"Motion Manager"管理工具中，单击"计算" 完成动力仿真后，单击工具栏中的"图解" 按钮，在结果 Property Manager 中选择类别为"力"，子类别为"反作用力"，结果分量为"X 分量"，单击 ，在 Motion Manager 设计树中单击"线性弹簧 1"，单击"确定" 按钮，在图形区中出现弹簧反作用力-X 轴分量，如图 6-29 所示。

图 6-28　设置摩擦系数

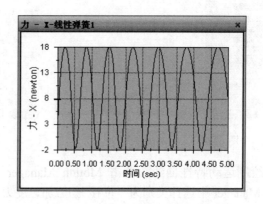

图 6-29　弹簧反作用力-X 轴分量

4）确定弹簧受力最小时的机构参数值。在零件环境中调整曲柄和连杆长度，重复上述步骤可确定弹簧受力最小时的机构参数值。

6.3 典型机构仿真

本节介绍曲柄滑块机构、太空船挂锁夹紧机构、活塞式压气机机构的仿真及其操作步骤。

6.3.1 曲柄滑块机构参数化设计

平面连杆机构设计通常包括选型和运动尺寸设计两个方面。选型是确定连杆机构的结构组成，包括构件数目以及运动副的类型和数目。运动尺寸设计是确定机构运动简图的参数，包括转动副中心之间的距离、移动副位置尺寸以及描绘连杆曲线的点的位置尺寸等。运动尺寸设计一般可归纳为以下 3 类基本问题。

1）刚体导引机构设计。实现构件给定位置，要求所设计的机构能引导一个刚体顺序通过一系列给定的位置（如铸造砂箱翻转机构）。

2）函数生成机构设计。实现已知运动规律，即要求主、从动件满足已知的若干组对应位置关系（如车门开闭机构）。

3）轨迹生成机构设计。实现已知运动轨迹，即要求连杆机构中做平面运动的构件上某一点精确或近似地沿着给定的轨迹运动（如鹤式起重机）。

1．曲柄滑块机构参数化设计原理

曲柄滑块机构在工程实践中应用广泛，对其研究和设计一直是机构学中的一个重要课题。对该问题的求解传统上采用图解法或解析法，传统图解法简单直观，但设计精度较低；解析法虽可利用计算机精确地设计曲柄滑块机构，但其前期机构运动学分析求解和后期编程都十分复杂，不易被设计人员接受。下面介绍利用三维 CAD 的尺寸驱动功能的参数化图解法。

如图 6-30 所示的曲柄滑块机构参数包括：曲柄长度 a、连杆长度 b、偏心距 e、极位夹角 θ、滑块行程 s、行程速比系数 K 和最小传动角 γ_{min}。其中行程速比系数 K 和极位夹角 θ 的关系为

$$\theta = 180° \frac{K-1}{K+1} \tag{6-6}$$

众所周知，通常曲柄滑块机构设计的方法是：首先，给定几个参数；然后，进行其他尺寸参数的设计；最后，对某个运动参数进行验证。由此可得到参数化图解法设计思路为：以曲柄滑块机构参数中的给定设计参数设为驱动尺寸，建立曲柄与连杆拉直共线位置、重叠共线位置和曲柄与滑块导路垂直位置 3 个特定位置组成的参数化模型。在模型中将除设计参数之外的其他参数标注为从动尺寸，该尺寸数值即为设计结果。

2．曲柄滑块机构参数化运动简图绘制

在 SolidWorks 草图环境中绘制曲柄滑块机构的极限位置等 3 个特定位置，运动简图如图 6-31 所示。

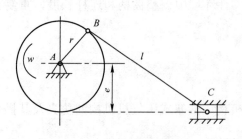

图 6-30 曲柄滑块机构

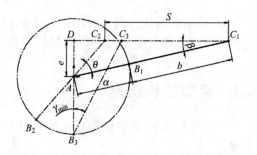

图 6-31 曲柄滑块机构运动简图

参数化图解法具体步骤如下。

1）曲柄与连杆拉直共线位置。过坐标原点绘制出直角三角形 ΔADC_1 的形状，以点 A 为圆心，过点 B_1 绘制曲柄回转辅助圆。此时，AC_1 为曲柄 AB_1 与连杆 B_1C_1 拉直共线状态。

2）曲柄与连杆重叠共线位置。过曲柄回转辅助圆上的点 B_2 绘制直线 AB_2，过滑块导路线 DC_1 上的点 C_2 绘制直线 B_2C_2；添加两者共线关系，再添加直线 B_2C_2 和直线 B_1C_1 相等关系。此时，AC_2 为曲柄 AB_2 与连杆 B_2C_2 重叠共线状态。

3）曲柄与滑块导路垂直位置。过曲柄回转辅助圆上的点 B_3 绘制直线 AB_3，过滑块导路线 DC_1 上的点 C_3 绘制直线 B_3C_3；添加直线 AB_3 与滑块导路线 DC_1 的垂直关系，再添加直线 B_3C_3 和直线 B_1C_1 相等关系。此时，曲柄与滑块导路垂直，为最小传动角发生位置。

3. 参数化设计实例

已知滑块行程 $H=220\text{mm}$，行程速比系数 $K=1.25$（极位夹角 $\theta=20°$），分别给定曲柄长度 $a=100\text{mm}$ 或偏距 $e=90\text{mm}$，试设计一个曲柄滑块机构。

（1）曲柄与连杆拉直共线位置绘制

1）进草图。双击桌面上的快捷方式启动 SolidWorks，在"新建文件"对话框中单击"零件"，然后，单击"确定"按钮，新零件窗口出现。在左侧的设计树中选择"前视基准面"。在 Command Manager 中，单击"草图"工具栏中的"草图绘制"按钮进入草图绘制环境。

2）绘实线。单击"草图绘制"工具上的"直线"按钮，在绘图区捕捉坐标原点，绘制曲柄实线，再绘制连杆实线。再在绘制滑块导路线，在"线条"属性对话框中，添加"水平"关系，并选中"作为构造线"复选框。

3）定位置。按〈Ctrl〉键，单击曲柄实线和连杆实线，添加"共线"关系。单击滑块导路线左端点和坐标原点，添加"竖直"关系。

4）绘辅圆。单击"草图"工具栏中的"圆"按钮，在绘图区捕捉坐标原点，再捕捉曲柄直线另一端点，绘制曲柄回转辅助圆，并在属性框中设为"构造线"。

5）标曲柄。在 Command Manager 的"草图"工具栏中单击"智能尺寸"按钮，标注曲柄长度为 100mm，如图 6-32 所示。

（2）曲柄与连杆拉直共线位置绘制

1）绘虚线。单击"草图"工具栏中的"直线"按钮中的"中心线"，在绘图区捕捉坐标原点，在曲柄回转辅助圆左下角捕捉一点绘制曲柄虚线；再在滑块导路线上捕捉一点，绘制连杆虚线。

2）设共线。按住〈Ctrl〉键，选择曲柄虚线和连杆虚线，添加"共线"关系。

3）设等长。按住〈Ctrl〉键，选择曲柄实线和曲柄虚线，添加"相等"关系；按住〈Ctrl〉键，选择连杆实线和连杆虚线，添加"相等"关系。

4）标行程。在 Command Manager 的"草图"工具栏中单击"智能尺寸" ✏ 按钮，标注行程为 220mm，如图 6-33 所示。

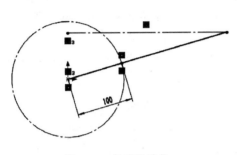

图 6-32　拉直共线位

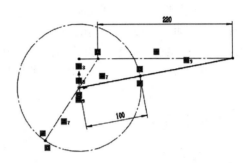

图 6-33　重叠共线位

（3）曲柄与滑块导路垂直位置绘制

1）绘虚线。单击"草图"工具栏中的"直线" ◣ 按钮中的"中心线" ┆ ，在绘图区捕捉坐标原点，再在曲柄回转辅助圆左下角捕捉一点绘制曲柄虚线；再在滑块导路线上捕捉一点，绘制连杆虚线。

2）设垂直。按住〈Ctrl〉键，选择曲柄虚线和滑块导路线，添加"垂直"关系。

3）设等长。按住〈Ctrl〉键，选择曲柄实线和曲柄虚线，添加"相等"关系；按住〈Ctrl〉键，选择连杆实线和连杆虚线，添加"相等"关系。

4）标极角。在 Command Manager 的"草图"工具栏中单击"智能尺寸" ✏ 按钮，标注极位夹角为 20°，如图 6-34 所示。

（4）测量设计结果

完成图 6-34 所示的已知滑块行程、行程速比系数和曲柄长度是的参数化模型后即可从中测量设计结果，步骤为：在 Command Manager 的"草图"工具栏中单击"智能尺寸" ✏ ，如图 6-35 所示，分别标注偏心距、连杆长度和最小传动角为从动尺寸。

由图 6-35 可见，设计结果为：偏心距 e=45.22mm，连杆长度 b=154.54mm，最小传动角 γ_{min}=45.78°。

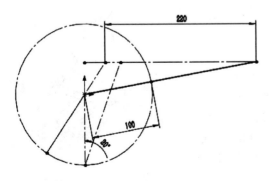

图 6-34　参数化模型

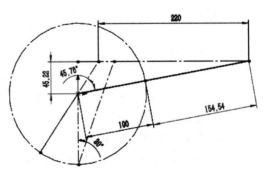

图 6-35　设计结果

（5）改变已知参数

若已知参数由曲柄长度改为偏心距，则只需将两者的尺寸属性由从动和驱动互换即可。具体步骤如下。

1）改从动。单击曲柄驱动尺寸，如图 6-36 所示，在"尺寸"属性对话框中单击"其他"选项卡，选中"从动"复选框，单击"确定" ✔ 按钮。将曲柄长度设为从动尺寸。

2）设已知动。单击偏心距从动尺寸，在"尺寸"属性对话框中单击"其他"选项卡，不选中"从动"复选框，单击"确定" ✔ 按钮，将偏心距设为驱动尺寸。将设偏心距驱动尺寸改为已知值 90mm，获得设计结果，如图 6-37 所示。

由图 6-37 可见，设计结果为：曲柄长度 a=90.13mm，连杆长度 b=191.69mm，最小传动角 γ_{min}=43.77°。

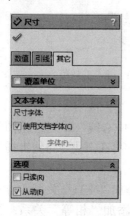

图 6-36　设置从动尺寸

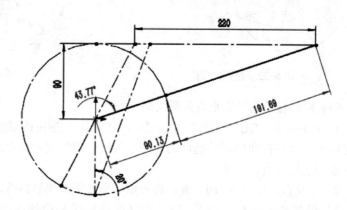

图 6-37　曲柄滑块机构运动简图

6.3.2　太空船挂锁夹紧机构仿真

本部分将介绍如何使用 COSMOS Motion 解决一个实际工程问题，内容包括以下基本步骤。

1）创建一个包括运动件、运动副、柔性连接和作用力等在内的机械系统模型。

2）通过模拟仿真模型在实际操作过程中的动作来测试所建模型。

3）通过将模拟仿真结果与物理样机试验数据对照比较来验证所设计的方案。

4）深化设计，评估系统模型针对不同的设计变量的灵敏度。

5）优化设计方案，找到能够获得最佳性能的最优化设计组合。

1. 问题描述

在人造太空飞船研制过程中，Earl V.Holman 发明了一个挂锁模型，它能够将运输集装箱的两部分夹紧在一起，由此而产生了该弹簧挂锁的设计问题。该挂锁共有 12 个，在 Apollo 登月计划中，它们被用来夹紧登月舱和指挥服务舱。挂锁夹紧机构由手柄、曲柄、钩头、支杆和机架组成，如图 6-38 所示。

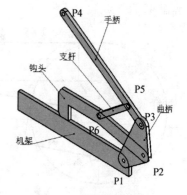

图 6-38　挂锁夹紧机构

（1）工作原理

在 P4 处下压操作手柄，挂锁就能够夹紧。下压时，曲柄绕 P1 顺时针转动，将钩头上的 P2 向后拖动，此时，支杆上的 P5 向下运动。当 P5 处于 P6 和 P3 的连线时，夹紧力达到最大值。P5 应该在 P3 和 P6 连线的下方移动，直到手柄停在钩头上部。这样使得夹紧力接近最大值，但只需一个较小的力就可以打开挂锁。

根据对挂锁操作过程的描述可知，P1 与 P6 的相对位置对于保证挂锁满足设计要求是非常重要的。因此，在建立和测试模型时，可以通过改变这两点之间相对位置来研究它们对设计要求的影响。

（2）设计要求

能产生至少 800N 的夹紧力。手动夹紧，用力不大于 80N，手动松开时做功最少。必须在给定的空间内工作。有振动时，仍能保持可靠夹紧。

2. 建模

在 SolidWorks 零件建模环境中按图 6-39 所示尺寸建立厚度为 5mm 的所有零件的实体模型，设置其材料为"普通碳钢"。

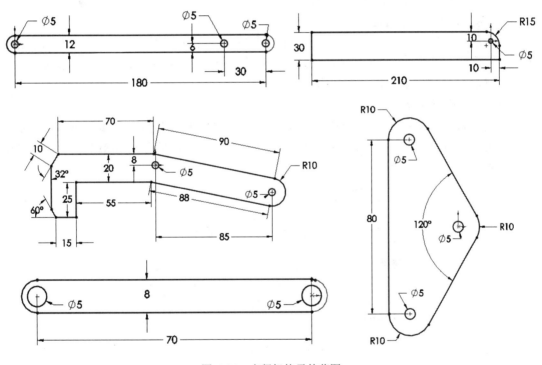

图 6-39 夹紧机构零件草图

3. 装配

在 SolidWorks 装配环境中，先插入机架使其固定，然后插入其他零件；用"重合"配合将各零件配合在同一平面上，用"同轴心"配合将各零件的孔中心连接起来；先用"重合"配合将机架顶面与钩头前端底面配合在同一平面上，然后，将该配合设为"压缩"状态（这样可以使两者处于正确位置，又不约束其运动）。装配关系与装配模型如图 6-40 所示。

图 6-40　夹紧机构装配关系与装配模型

手柄位置的孔处插入施加手柄力时的参考分割线。

4．模型的装配关系验证

在本部分，要设置模拟运动参数，并通过模拟模型的运动，检验是否把各个构件和铰链正确地组合到了一起。要设置模拟结束的时间和输出的步数，在模拟过程中，手柄相对于曲柄做圆周运动，而曲柄相对于机架做圆周运动。

（1）添加模拟成分

在运动管理器中单击"旋转马达" 按钮，单击"手柄"侧面，如图 6-41 所示，在"马达"对话框中选择"旋转马达"，运动参数为"等速""100RPM"，单击"确定" 按钮。

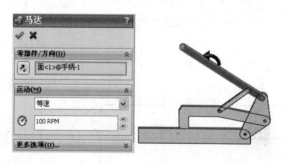

图 6-41　"旋转马达"设置

（2）仿真计算

如图 6-42 所示，单击"Motion 管理器"中的 放大时间线，拖动"键码" ◆，设置仿真时间为 0.2s。单击"Motion 管理器"中的"运动算例属性" ，设置"每秒帧数"为 200。单击"计算" 按钮，系统自动计算运动。模型的装配关系验证合理后，在运动管理器设计树中，右击"旋转马达 1"，在弹出的快捷菜单中选择"压缩"或"删除"。然后，先在装配设计树中右击"重合 5（机架与钩头）"在弹出的快捷菜单中选择"解压缩"使装配复位，再将其改回到"压缩"，以免影响后面的仿真分析。

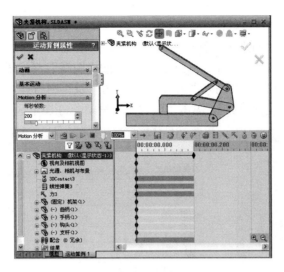

图 6-42　仿真参数设置

5．测试初始模型

首先要为挂锁模型的仿真测试作准备，然后进行测试。在测试阶段要完成以下工作：加一个 3D 接触、一个拉压弹簧和一个手柄力；测试弹簧力和手柄角度。

（1）添加 3D 接触

在本部分要在钩头和机架之间加一个 3D 接触，限制钩头上的一个点，使其只能在机架表面上滑动，钩头可以绕这个点自由转动。

在"Motion"工具栏中单击"3D 接触" 按钮。如图 6-43 所示，在"3D 接触"对话框中设"定义"为在图形区中单击选中机架和钩头；不选中"摩擦"，单击"确定" 按钮。

（2）加一个拉压弹簧

弹簧代表钩头夹住集装箱时的夹紧力。弹簧的刚度是 120N/mm，表示钩头移动 1mm 产生的夹紧力为 120N，阻尼系数是 $0.5N \cdot s/mm$。

在"Motion Manager"管理工具中，单击"弹簧" 按钮，如图 6-44 所示，单击"添加弹簧"按钮，进入"插入弹簧"对话框，选择钩头顶面在机架面上的端线作为第一个对象，选择机架上端线作为第二个对象，设定弹簧刚度 k 为 120，阻尼系数 c 为 0.5，单击"确定" 按钮。

（3）加一个手柄力

在本部分要生成一个合力为 80N 的手柄力，代表手能施加的合理用力，操作步骤如下。

在"Motion"工具栏中单击"力" 按钮。如图 6-45 所示，在"力"对话框中设作用位置"手柄"圆孔面，作用方向为"沿孔的分割线"向下，大小为 80，单击"确定" 按钮，如图 6-46 所示。

（4）仿真计算

单击"Motion 管理器"中的 放大时间线，拖动"键码" ，设置仿真时间为 0.2s。单击"Motion 管理器"中的"运动算例属性" 按钮，设置"每秒帧数"为 200。

单击"计算" 按钮，系统自动计算运动。

（5）测试弹簧力

对于挂锁模型，需要对夹紧力进行测试并与设计要求进行比较。弹簧力的值代表夹紧力的大小。操作步骤：单击 MotionManager 工具栏中的"图解" 按钮，如图 6-47 所示，在结果 PropertyManager 中选择类别为"力"，子类别为"反作用力"，结果分量为"幅值"，单击 ，在图形区选择"线性弹簧"，单击"确定"按钮 ，在图形区中出现弹簧力曲线。

图 6-43 "3D 接触"对话框

图 6-44 "弹簧"对话框

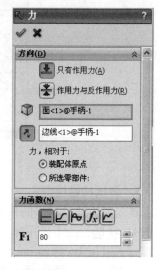

图 6-45 "力"对话框

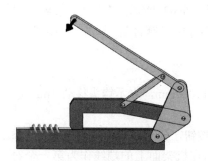

图 6-46 夹紧机构仿真模型

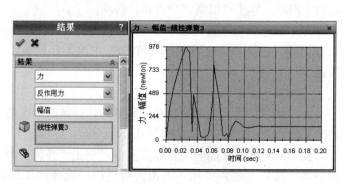

图 6-47 弹簧力曲线

（6）测试手柄角度

进行一次角度的测试来反映手柄压下的行程。挂锁锁紧时，手柄处于过锁紧点位置，从而保证挂锁处于安全状态。这和用虎钳夹紧相似，虎钳夹在材料上的那一点就是自锁点。单击 Motion Manager 工具栏中的"图解" 按钮，在结果 Property Manager 中选择类别为"位移/速度/加速度"，子类别为"角位移"，结果分量为"幅度"，单击 ，在图形区选择"手柄"，单击"确定" 按钮，在图形区中出现手柄角位移，如图 6-48 所示。

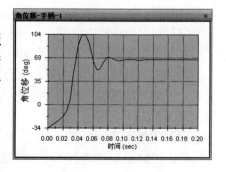

图 6-48 角位移曲线

（7）结果分析

由以上分析结果可见，弹簧力（即夹紧力）为 978N，大于规定值（800N），且手柄转角超过锁紧点位置（104°），即手柄处于过锁紧点位置，可保证挂锁处于安全状态。所以，该方案满足设计要求。

6．验证测试结果

本部分要把仿真模拟数据同物理样机试验数据比较。通过比较，可以知道所建的模型与实际物理模型的差别之处，也就可以通过修改模型以消除这些不足。

（1）输出仿真数据

在特征树中，右击"图解 1<反作用力>"曲线，在弹出的快捷菜单中选择"输出到电子表格"，仿真测试数据将输入到一个电子表格中，并绘制图形。

（2）输入物理样机试验数据

将在物理模型上测试所得物理样机试验数据——夹紧力输入到仿真数据所在的电子表格中。将物理样机试验数据与模拟测试数据绘制在同一张图形上进行比较，如图 6-49 所示，可见两者接近，说明所建仿真模型正确，所得仿真结果可信。

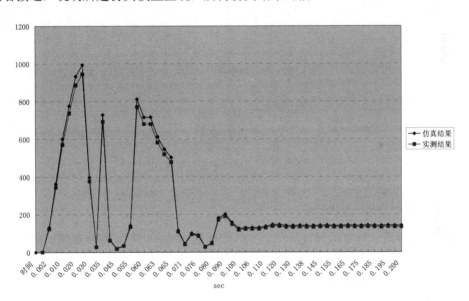

图 6-49　结果验证

7．优化设计参数

本部分要对所设计变量变化对夹紧力大小的影响进行研究，主要完成灵敏度分析和优化方案选择两项任务。

（1）建立设计变量

选择图 6-39 除机架之外的零件的长度方向尺寸作为设计变量。

（2）灵敏度分析

为了研究上述 6 个变量的影响，按照将其中 1 个变量增大 20%，其他变量不变的原则，完成增加变量值的研究。同理，按照其中 1 个变量减小 20%，其他变量不变的原则，完成减小变量值的研究。由此可得到 12 种方案，对每种方案进行仿真，根据弹簧力与原方案的变化率的大小可以得出各变量对结果的影响程度，即灵敏度。

（3）优化方案选择

根据步骤（2）的研究结果，确定各变量的增减方式后，组成新的方案进行研究，得出优化方案。下面研究改变曲柄垂直尺寸的方案。

首先打开曲柄零件，将在其草图中修改曲柄垂直尺寸和夹角，如图 6-50 所示。然后，回到装配图，此时钩头和机架的接触面不再重合，在装配设计树中右击该配合，在弹出的快捷菜单中选择"解压缩"使其恢复后，再重复上述步骤将其改回到"压缩"状态。最后，重新仿真，并观察在该方案下的夹紧力和手柄角位移，如图 6-51 所示。

由图可见，此方案下的夹紧力为 964N，满足设计要求。

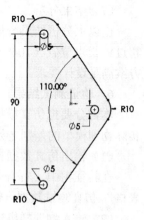

图 6-50 曲柄修改方案

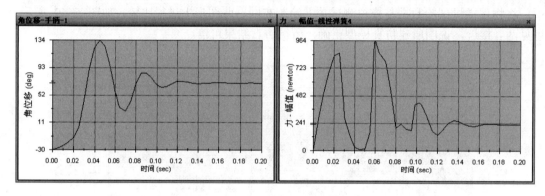

图 6-51 反力曲线及角位移曲线

6.3.3 活塞式压气机机构仿真

活塞式压气机是一种将机械能转化为气体势能的机械。电机通过皮带带动曲柄转动，由连杆推动活塞移动，压缩汽缸内的空气达到需要的压力。曲柄旋转一周，活塞往复移动一次，压气机的工作过程可分为吸气、压缩、排气三步。本节对如图 6-52 所示的活塞式压气机进行机构仿真分析。

1. 结构分析

对活塞式压气机进行结构分析可知：曲柄为原动件、机体和气缸为机架、活塞和连杆为杆组。运动副包括曲柄和机体之间的转动副、曲柄与连杆之间的转动副、活塞与连杆之间的转动副及活塞与气缸之间的移动副。

2. 运动仿真分析

（1）打开活塞压气机装配

打开"资源文件"中的"活塞压气机.sldasm"，并单击"运动算例 1"，打开"Motion 管理器"，选择分析类型为"Motion 分析"，如图 6-52 所示。

（2）初始位置的确定

为了使压气机的初始位置在 0°，要把曲柄转动中心和连杆安置在同一竖直线上。添加位置配合，然后将其设为"压缩"状态。

（3）设置曲轴驱动力参数

在"Motion"工具栏中单击"马达" 按钮。如图 6-53 所示，在"马达"对话框中选"马达类型"为"旋转马达"；在图形区中选中曲轴端面作为马达"零部件/方向"；设定"运动参数"为："等速""100RPM"，单击"确定" ✔ 按钮。

图 6-52　曲柄连杆机构装配

图 6-53　设定曲柄驱动力速度参数

（4）仿真计算

如图 6-54 所示，拖动"键码"◆，设置仿真时间为 0.6s，单击"计算" 按钮，系统自动计算运动。

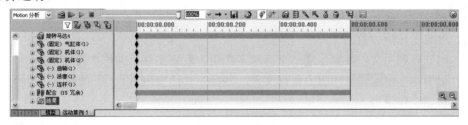

图 6-54　仿真参数设置

（5）查看结果

1）绘制活塞质心位移曲线。单击 Motion Manager 工具栏中的"图解" 按钮，如图 6-55 所示，在结果中选择类别为"位移/速度/加速度"，子类别为"线性位移"，结果分量为"幅值"，单击 ，在图形区选择活塞侧面，单击"确定" ✔ 按钮，在图形区中出现活塞质心位移曲线。

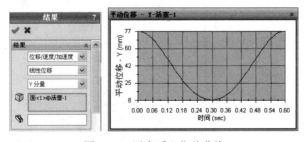

图 6-55　活塞质心位移曲线

2）生成 avi 格式动画。单击 Motion Manager 工具栏中的"保存"🖫按钮，将动画文件保存到指定文件夹。

3）输出仿真数据。在特征树的"结果"中，右击"图解 1<线性位移 1>"在弹出的快捷菜单中选择"输出 CSV"，仿真测试数据将输出到一个电子表格中，并绘制图形。

3．动力仿真分析

（1）确定工作阻力

活塞上的工作阻力是汽缸内压力与活塞端面面积的乘积。由运动分析得到活塞位移后，即可确定气缸的容积变化，结合进排气门打开时曲柄的位置和空气性能参数，可得到压气机的工作过程中曲柄位置与活塞受力的关系数据，见表 6-3。

表 6-3 活塞运转数据

时间/s	曲柄位置/(°)	活塞阻力/N	工作过程
0.00	0	0.0	吸气
0.25	150	0.0	
0.30	180	1534.6	压缩
0.35	210	1616.9	
0.40	240	1921.5	
0.45	270	2715.5	
0.50	300	3348.3	
0.55	330	3348.3	排气
0.60	360	0.0	

（2）生成工作阻力数据文件

在本部分要利用文件数据生成一个活塞工作阻力数据文件，操作步骤如下。

在"记事本"中编辑工作阻力数据文件，并存为"活塞阻力.txt"，如图 6-56 所示。

（3）添加工作阻力

在"Motion"工具栏中单击"力"🔦按钮。如图 6-57 所示，在"力"对话框中设作用位置和作用方向为"活塞顶面"压力，在"力函数"中单击最右侧的"插值"📈按钮和"从文件装载"按钮，选择前面保存的"活塞阻力.txt"，单击"确定"✔按钮。

图 6-56 活塞阻力数据文件

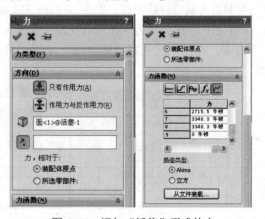

图 6-57 添加"插值"形式的力

（4）仿真计算

单击"计算" 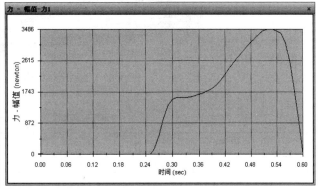按钮，系统自动计算运动。

（5）查看工作阻力

单击 Motion Manager 工具栏中的"图解" 按钮，如图 6-58 所示，在结果中选择类别为"力""反作用力"和"幅值"，在运动管理器中单击"力"将其选入 栏区，单击"确定" 按钮，绘制活塞上的阻力。

图 6-58　绘制工作阻力曲线

（6）查看平衡力矩

单击 Motion Manager 工具栏中的"图解" 按钮，如图 6-59 所示，在结果中选择类别为"力""反力矩"和"幅值"，在运动管理器中单击"旋转马达"，单击 ，然后单击"确定"按钮 ，绘制平衡力矩。

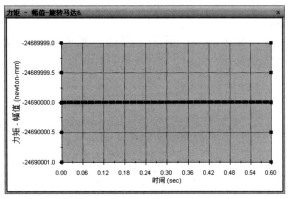

图 6-59　绘制平衡力矩曲线

习题 6

习题 6-1　简答题。

1）何谓虚拟样机技术？举例说明计算及仿真的意义。

2）利用 SolidWorks Motion 程序进行虚拟样机仿真分析的步骤包括哪些？

3）虚拟样机存在哪些主要约束类型？各类约束各减少几个自由度？

习题 6-2　曲柄滑块机构如图 6-60 所示，由曲柄 1、连杆 2、滑块 3 和机架 4 共 4 个构件组成，各构件的尺寸如表 6-4 所示。曲柄、连杆和滑块的材料均为钢材。在 A、B、C 处为铰接副连接，滑块 3 通过移动副同地面框架连接。

图 6-60　曲柄滑块机构

表 6-4　曲柄滑块机构尺寸　　　　　　　　　　　（单位：mm）

构 件 名 称	长度	宽度	厚度
曲柄	2400	400	200
连杆	3700	200	100
滑块	400	300	300

1）曲柄以 2rad/s 的角速度逆时针旋转，进行 5s 的仿真分析。完成仿真分析后，再利用回放功能从不同的角度观察曲柄滑块机构的运行状况。

2）设置滑块位移、速度和加速度的测量。如果曲柄以 4rad/s 的角速度逆时针旋转，试观察曲柄滑块机构的运行状况。

3）连杆长度分别为 2500mm、2200mm、2100mm，角速度为 2rad/s 时，观察曲柄滑块机构的运行状况。

习题 6-3　如图 6-61 所示，已知行程速比系数 $K=1.2$（极位夹角 $\theta =16.4°$），摆角 $\psi=45°$，要求最佳传动角 $[\gamma_{min}] \geqslant 40°$。取摇杆长度 L_3，试设计一个曲柄摇杆机构。

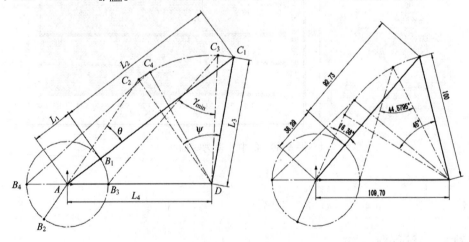

图 6-61　曲柄摇杆机构参数化图解法设计

第7章　机械零件结构设计

当机械零件结构或工作载荷比较复杂时，可以用有限元分析获得其应力、应变（受力、变形）分布情况，从而有助于优化机械设计，保证设计的可靠性。

7.1　有限元分析原理

许多工程分析问题，如固体力学中的位移场和应力场分析、磁场分析、振动特性分析、传热学中的温度场分析、流体力学中的流场分析等，都可归结为在给定边界条件下求解其控制方程（常微分方程或偏微分方程）的问题，但能用解析方法求出精确解的只是方程性质比较简单，且几何形状相当规则的少数问题。对于大多数的工程技术问题，由于物体的几何形状较复杂或者问题具有某些非线性特征，很少能得到解析解。目前，这类问题的解决途径是利用有限元法，借助计算机来获得满足工程要求的数值解，这就是数值模拟技术。

7.1.1　有限元入门

随着计算机技术的快速发展和普及，有限元方法迅速从结构工程强度分析计算扩展到几乎所有的科学技术领域，成为一种丰富多彩、应用广泛并且实用高效的数值分析方法。

1．引例：变截面直杆有限元分析

下面通过分析载荷作用下的变截面直杆来说明有限元法的分析步骤。

（1）问题描述

如图 7-1 所示，受静载荷作用的变截面直杆，杆长 L=100mm，顶端截面积 A_1=25mm×5mm，底端截面积 A_2=5mm×5mm。弹性模量 E=2.06×10^{5}MPa，杆端载荷 P=1000N，试求杆端位移。

（2）理论分析

1）结构离散。如图 7-2 所示，将直杆划分成有限的 n 段，当 n 足够多时，第 i 段可近似为等截面直杆进行求解。在此为简化分析，分成两段。各段之间通过一个铰接点连接，两段之间的连接点称为节点，每段称为单元，如图 7-3 所示。

2）单元分析。由于第 i 单元近似为等截面直杆，由材料力学知

$$\Delta l = \frac{FL_e}{EA_e} = u_i - u_j \Rightarrow F = \frac{EA_e}{L_e}(u_i - u_j) = k_e(u_i - u_j) \tag{7-1}$$

则有

$$\Rightarrow \begin{cases} F_i = k_e(u_i - u_j) \\ F_j = k_e(-u_i + u_j) \end{cases} \Rightarrow \begin{Bmatrix} F_i \\ F_j \end{Bmatrix} = \begin{bmatrix} k_e & -k_e \\ -k_e & k_e \end{bmatrix} \begin{Bmatrix} u_i \\ u_j \end{Bmatrix} \Rightarrow \{F\}^e = [K]^e \{u\}^e \tag{7-2}$$

3）整体分析。利用 3 个节点处的静力平衡条件 $\sum \{\tilde{F}\}^e = \{P\}$ 和变形谐调条件 $\{\tilde{\delta}\}^e = \{\delta\}$ 可得：

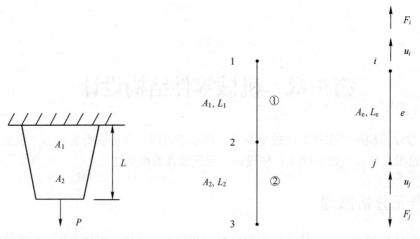

图 7-1　受载变截面直杆　　　　图 7-2　离散后的直杆　　　　图 7-3　单元

$$\begin{cases} F_1^1 = P_1 \\ F_2^1 + F_2^2 = P_2 \\ F_3^2 = P_3 \end{cases} \Rightarrow \begin{cases} k_1(u_1^1 - u_2^1) = P_1 \\ k_1(-u_1^1 + u_2^1) + k_2(u_2^2 - u_3^2) = P_2 \\ k_2(-u_2^2 + u_3^2) = P_3 \end{cases} \Rightarrow \begin{cases} k_1(u_1 - u_2) = P_1 \\ k_1(-u_1 + u_2) + k_2(u_2 - u_3) = P_2 \\ k_2(-u_2 + u_3) = P_3 \end{cases}$$

$$\Rightarrow \begin{cases} k_1 u_1 - k_1 u_2 = P_1 \\ -k_1 u_1 + (k_1 + k_2)u_2 - k_2 u_3 = P_2 \\ -k_2 u_2 + k_2 u_3 = P_3 \end{cases} \Rightarrow \begin{bmatrix} k_1 & -k_1 & 0 \\ -k_1 & k_1 + k_2 & -k_2 \\ 0 & -k_2 & k_2 \end{bmatrix} \begin{Bmatrix} u_1 \\ u_2 \\ u_3 \end{Bmatrix} = \begin{Bmatrix} P_1 \\ P_2 \\ P_3 \end{Bmatrix}$$

$$\Rightarrow [k]\{u\} = \{P\} \tag{7-3}$$

4）约束处理。由实际结构的分析可知：节点 1 的位移为零，节点 2 的载荷为零，节点 3 的载荷为 P。即 $u_1=0$、$P_2=0$、$P_3=P$。将其代入式（7-3）可得：

$$\begin{aligned} k_1(0 - u_2) &= P_1 \\ k_1(0 + u_2) + k_2(u_2 - u_3) &= 0 \\ k_2(-u_2 + u_3) &= P \end{aligned} \tag{7-4}$$

5）求解。由式（7-4）解得 $u_3 = \left(\dfrac{1}{k_1} + \dfrac{1}{k_2}\right)P = \left(\dfrac{1}{0.412\mathrm{e}5} + \dfrac{1}{0.206\mathrm{e}5}\right) \times 1000\mathrm{mm} = 0.00728\mathrm{mm}$

（3）Simulation 计算结果

1）建立几何模型。在 SolidWorks 中以前视基准面为草图平面建立变截面直杆。

2）建立新算例。在 Command Manager 中的 Simulation 下选择"算例" 🔍 中的"新建算例"。如图 7-4 所示，在"算例"对话框的"名称"下面输入"快速入门"，在"类型"下单击"静态"，单击"确定" ✔ 按钮。

3）指定材料。在 Command Manager 中的 Simulation 下选择"应用材料" 📋，如图 7-5 所示，在"材料"对话框中选中"自库文件"单选按钮，选"钢（32）"中的"1023 碳钢板"材料，单击"确定"按钮。

4）划分网格。在 Command Manager 中的 Simulation 下选择"运行" 📷 中的"生成网格" 📷，如图 7-6 所示，在"网格"对话框中单击"确定" ✔ 按钮接受默认网格密度，完成网格划分，如图 7-7 所示。

图 7-4 算例设置

图 7-5 材料设置

图 7-6 网格设置

图 7-7 离散模型

5）添加约束。在 Command Manager 中的 Simulation 下单击"夹具" 中的"固定几何体"。如图 7-8 所示，选择模型顶面，单击"确定" 按钮。

6）施加载荷。在 Command Manager 中的 Simulation 下单击"外部载荷" 中的"力"。如图 7-9 所示，选择模型底，设置力值为 1 000N，单击"确定" 按钮。

7）执行分析。在 Command Manager 中的 Simulation 下单击"运行" 按钮。

8）结果显示

双击"Simulation"设计树中的"位移"文件夹，则在图形区中显示模型中的位移分布，如图 7-10 所示。最大位移产生在模型底面，大小为 0.007 923mm，该值与理论分析结果接近。

2. 有限元法的解题思路与解题步骤

由以上算例的理论分析可见：有限元分析的基本思路是用较简单的问题代替复杂问题后再求解，可以归结为："化整为零，积零为整"八个字。

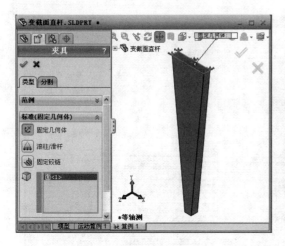

图 7-8 约束设置 　　　　　　　　　　　　　　图 7-9 载荷设置

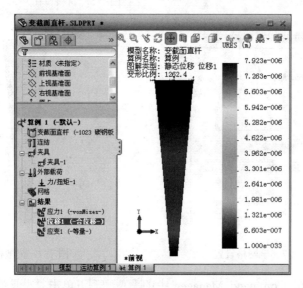

图 7-10 位移分布

不同物理性质和数学模型的问题，有限元求解法的基本步骤是相同的，包括以下步骤。

1）结构离散。将连续的求解域离散为由有限个不同大小和形状且彼此相连的单元组成的离散域，习惯上称为有限元网络划分。显然网络越细离散域的近似程度越好，计算结果也越精确，但计算量及误差都将增大。

2）单元分析。对组成离散模型的通用单元进行分析，通过选择合理的单元坐标系，以特定的基本未知数（如位移）建立单元函数，从而形成单元矩阵。

3）整体分析。利用节点处的连续条件（如变形协调条件）和平衡条件（如静力平衡条件），建立基本未知数与外载荷之间的整体刚度方程组。

4）约束处理。将已知的边界条件（约束）代入整体刚度方程组，用直接法、迭代法和随机法等方法进行求解，得到基本未知数的近似值。

5）后处理。由基本未知数派生出其他量（如应力、应变等）。

简言之，有限元分析可分成 3 个阶段：前处理、求解和后处理。前处理是建立有限元模型，完成单元网格划分；求解是计算基本未知量；后处理则是结果分析和应用。

3．有限元软件的分析步骤

有限元技术发展至今，国内外已开发出一批成熟的分析软件。常用的分析软件有 ADINA、ANSYS 和 COSMOS。这些软件应用范围广泛，可处理连续体分析、流体分析、热传导分析、电磁场分析，线性与非线性分析、弹塑性分析等。从算例使用过程讲，大型通用有限元软件分析概括为三大步。

1）前处理。定类型、画模型、设属性、分网格。

2）求解。添约束、加载荷、查错误、求结果。

3）后处理。列结果、绘图形、显动画、下结论。

4．SolidWorks Simulation 基本操作

SolidWorks Simulation 是一个与 SolidWorks 完全集成的设计分析系统，提供了应力分析、频率分析、扭曲分析、热分析和优化分析。SolidWorks Simulation 凭借着快速解算器的强有力支持，能够使用个人计算机快速解决大型问题。

（1）SolidWorks Simulation 界面

选择"工具"→"插件"命令，在图 7-11 所示的"插件"对话框中选择"SolidWorks Simulation"。然后单击"确定"按钮，则 SolidWorks 菜单中出现"SolidWorks Simulation"，在 Command Manager 中单击  进入 SolidWorks Simulation 界面，如图 7-12 所示。

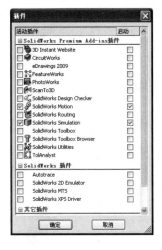

图 7-11 "插件"对话框

图 7-12 SolidWorks Simulation 界面与工具栏

SolidWorks Simulation 界面分为两栏，在左边的 SolidWorks Simulation 设计树中以树结构的方式显示组织中与分析有关的内容；每个"算例"生成一个若干子文件夹的文件夹，子文件夹的内容取决于研究类型，例如，每个结构算例都有"零部件"或"外壳""载荷/约束""网格""结果"以及"报告"文件夹。在右边的图形显示区中，进行针对各文档的操作。

下拉菜单包括选项等所有设置命令。工具栏提供常用工具的快捷方式，包括主工具栏、负载工具栏和结果工具栏等。

（2）Simulation 分析类型

Simulation 可以创建下列类型的专题。

1）Static（静态）。计算压力、拉力和变形。

2）Frequency（频率）。计算共振频率。

3）Buckling（屈曲）。计算临界的屈曲负荷。

4）Thermal（热流）。计算温度和热流动。

5）Optimization（优化）。对设计进行优化，以满足功能、尺寸变化和约束的要求。

（3）Simulation 常用约束

载荷和约束作为定义模型的工作条件。常用载荷包括：施加在物体外表面的力称为面力，如压力；在物体内部的力称为体力，如重力、离心力、温度应力。常用约束类型及说明如表 7-1 所示。

表 7-1　常用约束类型及说明

约束类型	约束对象	约束自由度	图例
固定几何体	顶点、边线和面	约束全部自由度。将实体和桁架接榫所有平移自由度设定为零。将壳体和横梁平移和旋转自由度设定为零	
不可移动	顶点、边线和面	将所有平移自由度设定为零	
固定铰链	圆柱面	所有的移动都被约束，仅允许一个转动自由度	
滚柱/滑杆	面	指定平面能够在其基准面方向自由移动，但不能在垂直于其基准面的方向移动	
在平面上	平面	设定沿平面的 3 个主方向中所选方向的边界约束条件	
在圆柱面上	圆柱面	设定沿圆柱面的 3 个主方向所选方向的边界约束条件	
在球面上	球面	与平面情况和圆柱面情况类似；其边界约束的 3 个主方向是在球坐标系统下定义的	
对称	实体面和外壳边线	约束部分模型的对称面	
参考几何体	顶点、边线和面	约束一个面、一条边或一个顶点沿某些方向的移动，而其他方向仍保持自由。也可以为所选的平面或轴线指定沿某个方向的位移约束	

7.1.2 静态应力分析

静态应力分析用来确定结构在静态载荷下的应力分布和变形情况。下面通过一个弹性力学问题说明静应力分析的原理。

1. 静态应力分析原理

（1）问题描述

为说明解平面应力问题的有限元方法，给出一个问题详细的解。图 7-13 所示薄板受表面 $T=1000\text{MPa}$ 的拉力作用，确定节点位移和单元应力。板厚为 1mm，$E=30\times10^6\text{MPa}$，$\mu=0.30$。

（2）理论分析

1）结构离散。此例属于弹性力学的平面应力问题。一般粗网格得出的结果精度不如细网格高，特别是在固定边附近。为了说明时的方便，只取两个单元，如图 7-14 所示。

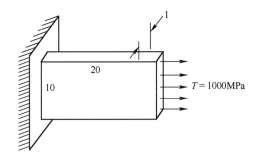
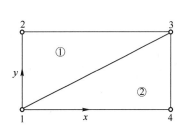

图 7-13　受拉薄板　　　　　　　图 7-14　受拉薄板单元划分

2）单元分析。单元分析的主要内容包括：首先，用单元节点位移表示单元内部任意一点的位移、应变和应力等力学特性。然后，利用虚功原理建立单元刚度方程，即求出单元节点位移和节点力之间的转换关系。此例中取图 7-15 所示的三节点三角形单元。

● 位移函数。

在有限单元位移法中，假设节点上的位移是基本未知量。位移函数就是根据单元的节点位移去构造单元内部任一点位移的插值函数。

在实际结构中，位移是连续分布的，所以，位移函数应该是连续函数。而任意连续可导的函数都可以表示为泰勒展开式或麦克劳林展开式。因此，通常用多项式形式来构造位移插值函数，多项式的待定系数个数等于单元节点自由度数之和。节点数越多，则多项式的阶次越高，精度则越好。在三节点三角形单元中，x 方向的位移 u 和 y 方向的位移 v 均采用一次多项式的形式，即单元的位移模式为

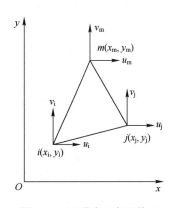

图 7-15　三节点三角形单元

$$u = a_1 + a_2 x + a_3 y$$
$$v = a_4 + a_5 x + a_6 y$$

（7-5）

式中，$a_1 \sim a_6$ 为待定系数。

单元分析时，假定节点位移 (u_i, v_i)，$i=i$，j，m 已知，由于单元的位移模式亦应满足单

元节点的位移条件。因此，在单元节点 i、j、m 处应满足

$$u_i = a_1 + a_2 x_i + a_3 y_i \qquad v_i = a_4 + a_5 x_i + a_6 y_i$$
$$u_j = a_1 + a_2 x_j + a_3 y_j \qquad v_j = a_4 + a_5 x_j + a_6 y_j$$
$$u_m = a_1 + a_2 x_m + a_3 y_m \qquad v_m = a_4 + a_5 x_m + a_6 y_m$$

由上述联立方程可求解位移模式中包含 6 个待定系数 $a_1 \sim a_6$

$$a_1 = \frac{1}{2A}(a_i u_i + a_j u_j + a_m u_m) \qquad a_4 = \frac{1}{2A}(a_i v_i + a_j v_j + a_m v_m)$$
$$a_2 = \frac{1}{2A}(b_i u_i + b_j u_j + b_m u_m) \qquad a_5 = \frac{1}{2A}(b_i v_i + b_j v_j + b_m v_m)$$
$$a_3 = \frac{1}{2A}(c_i u_i + c_j u_j + c_m u_m) \qquad a_6 = \frac{1}{2A}(c_i v_i + c_j v_j + c_m v_m)$$

其中，$a_i = x_j y_m - x_m y_j$，$b_i = y_j - y_m$，$c_i = -x_j + x_m$ $\qquad (i, j, m)$

将 $a_1 \sim a_6$ 代如式（7-5）整理可得

$$u = N_i u_i + N_j u_j + N_m u_m$$
$$v = N_i v_i + N_j v_j + N_m v_m$$

$$(7-6)$$

其中，$N_i = \dfrac{1}{2A}(a_i + b_i x + c_i y)$ (i, j, m)

写为矩阵模式：
$$\begin{Bmatrix} u \\ v \end{Bmatrix} = \begin{pmatrix} N_i & 0 & N_j & 0 & N_m & 0 \\ 0 & N_i & 0 & N_j & 0 & N_m \end{pmatrix} \begin{Bmatrix} u_i \\ v_i \\ u_j \\ v_j \\ u_m \\ v_m \end{Bmatrix}^e \Rightarrow \{f\} = [N]\{\delta\}$$

$$(7-7)$$

式中，$\{f\}$ 为单元位移模式，$[N]$ 为单元形函数矩阵，$\{\delta\}^e$ 为单元节点位移矩阵。

● 单元中的应变。

由弹性力学平面问题的几何方程可知

$$\begin{Bmatrix} \varepsilon_x \\ \varepsilon_y \\ \tau_{xy} \end{Bmatrix} = \begin{Bmatrix} \dfrac{\partial u}{\partial x} \\ \dfrac{\partial v}{\partial y} \\ \dfrac{\partial u}{\partial y} + \dfrac{\partial v}{\partial x} \end{Bmatrix} = \begin{pmatrix} \dfrac{\partial}{\partial x} & 0 \\ 0 & \dfrac{\partial}{\partial y} \\ \dfrac{\partial}{\partial y} & \dfrac{\partial}{\partial x} \end{pmatrix} \begin{Bmatrix} u \\ v \end{Bmatrix} = \begin{pmatrix} \dfrac{\partial}{\partial x} & 0 \\ 0 & \dfrac{\partial}{\partial y} \\ \dfrac{\partial}{\partial y} & \dfrac{\partial}{\partial x} \end{pmatrix} \begin{pmatrix} N_i & 0 & N_j & 0 & N_m & 0 \\ 0 & N_i & 0 & N_j & 0 & N_m \end{pmatrix} \begin{Bmatrix} u_i \\ v_i \\ u_j \\ v_j \\ u_m \\ v_m \end{Bmatrix}$$

$$\{\varepsilon\} = [\partial][N]\{\delta\}^e = [\text{B}]\{\delta\}^e$$

$$(7-8)$$

式中，$\{\varepsilon\}$ 为单元应变，$[B]$ 为几何矩阵。

● 单元中的应力。

由弹性力学平面问题的物理方程可得

$$\{\sigma\} = (\sigma_x \quad \sigma_y \quad \tau_{xy})^{\text{T}} = [D]\{\varepsilon\} = [D][B]\{\delta\}^e$$

$$(7-9)$$

式中，$[D]$ 为弹性矩阵。

● 节点位移与节点力的关系。

假设在单元节点处产生虚位移 $\{\delta^*\} = [\delta_i^* \quad \delta_j^* \quad \delta_m^*]^T$，则节点力产生的外力虚功为

$$W^* = Fi \cdot \delta_i^* + Fj \cdot \delta_j^* + Fm \cdot \delta_m^* = \{\delta_i^* \quad \delta_j^* \quad \delta_m^*\} \begin{Bmatrix} Fi \\ Fj \\ Fm \end{Bmatrix} = \{\delta^*\}^T \{F\}$$

单元内力产生的虚功为

$$U^* = \int dU^* = \iint \sigma_x t dy \cdot \varepsilon_x^* dx + \sigma_y t dx \cdot \varepsilon_y^* dy + \tau_{xy} t dy \cdot \gamma_{xy}^* dx$$

$$= \iint (\sigma_x \cdot \varepsilon_x^* + \sigma_y \cdot \varepsilon_y^* + \tau_{xy} \cdot \gamma_x^*) t dx dy = \iint [\varepsilon_x^* \quad \varepsilon_y^* \quad \gamma_x^*] \begin{Bmatrix} \sigma_x \\ \sigma_y \\ \tau_{xy} \end{Bmatrix} t dx dy$$

$$= \iint \{\varepsilon^*\}^T \{\sigma\} t dx dy = \iint \{\delta^*\}^T [B]^T [D][B]\{\delta\}^e t dx dy$$

由弹性体的虚位移原理知：外力作用下处于平衡状态的弹性体，外力在任意虚位移上所做的虚功等于弹性体整个体积内的应力在虚应变上所做的功，即 $W^* = U^*$。则 $\{\delta^*\}^T \{F\}^e = \iint \{\delta^*\}^T [B]^T [D][B]\{\delta\}^e t dx dy$，由于虚位移为任意值，而实位移是节点位移，与坐标无关，故可整理成

$$\{F\}^e = \left(\iint [B]^T [D][B] t dx dy \right) \{\delta\}^e = [K]^e \{\delta\}^e \tag{7-10}$$

式中，$\{F\}^e$ 为单元节点力矩阵，$[K]^e$ 为单元刚度矩阵，$[K]^e = \iint [B]^T [D][B] t dx dy$。

3）整体分析。整体分析是利用整个结构在各节点处的静力平衡条件和变形谐调条件将各个单元再拼合成离散的结构物，以代替原来的连续弹性体。

$$\begin{array}{l} \text{变形协调条件：} \quad \{\tilde{\delta}\}^e = \{\delta\} \\ \text{静力平衡条件：} \quad \sum \{\tilde{F}\}^e = \{P\} \end{array} \Rightarrow \left(\sum [\tilde{K}]^e \right)\{\delta\} = \{P\} \Rightarrow [K]\{\delta\} = \{P\} \tag{7-11}$$

由单元 1 和单元 2 的相关参数可得其贡献矩阵

$$[\tilde{K}]^1 = \frac{375\,000}{0.91} \begin{pmatrix} 28 & 0 & -28 & 14 & 0 & -14 & 0 & 0 \\ 0 & 80 & 12 & -80 & -12 & 0 & 0 & 0 \\ -28 & 12 & 48 & -26 & -20 & 14 & 0 & 0 \\ 14 & -80 & -26 & 87 & 12 & -7 & 0 & 0 \\ 0 & -12 & -20 & 12 & 20 & 0 & 0 & 0 \\ -14 & 0 & 14 & -7 & 0 & 7 & 0 & 0 \\ 0 & 0 & 0 & 0 & 0 & 0 & 0 & 0 \\ 0 & 0 & 0 & 0 & 0 & 0 & 0 & 0 \end{pmatrix}$$

$$[\tilde{K}]^2 = \frac{375\,000}{0.91}\begin{pmatrix} 20 & 0 & 0 & 0 & 0 & -12 & -20 & 12 \\ 0 & 7 & 0 & 0 & -14 & 0 & 14 & -7 \\ 0 & 0 & 0 & 0 & 00 & 0 & 0 & 0 \\ 0 & 0 & 0 & 0 & 0 & 0 & 0 & 0 \\ 0 & -14 & 0 & 0 & 28 & 0 & -28 & 14 \\ -12 & 0 & 0 & 0 & 0 & 80 & 12 & -80 \\ -20 & 14 & 0 & 0 & -28 & 12 & 48 & -26 \\ 12 & -7 & 0 & 0 & 14 & -80 & -26 & 87 \end{pmatrix}$$

4）载荷处理和引入支承条件。整体分析时的结构刚度方程组是根据外载荷作用在节点上得出的。如果在单元跨间作用有集中力或分布力，则必须用虚功等效原则（即等效前后载荷在任何虚位移方向上的虚功相等）将此跨间载荷移置到节点上，这一移置工作称为载荷处理。本例进行载荷处理和引入支承条件后的载荷受力和支承情况，如图 7-16 所示。

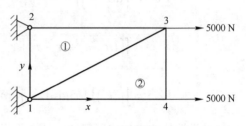

图 7-16　受拉薄板支承和载荷

则载荷矩阵和整个结构的节点位移矩阵为

$$\{P\} = \begin{pmatrix} R_{x1} & R_{y1} & R_{x2} & R_{y2} & R_{x3} & R_{y3} & R_{x4} & R_{y4} \end{pmatrix}^{\mathrm{T}}$$
$$= \begin{pmatrix} R_{x1} & R_{y1} & R_{x2} & R_{y2} & 5000 & 0 & 5000 & 0 \end{pmatrix}^{\mathrm{T}}(\mathrm{N})$$

$$\{\delta\} = \begin{pmatrix} u_1 & v_1 & u_2 & v_2 & u_3 & v_3 & u_4 & v_4 \end{pmatrix}^{\mathrm{T}} = \begin{pmatrix} 0 & 0 & 0 & 0 & u_3 & v_3 & u_4 & v_4 \end{pmatrix}^{\mathrm{T}}(\mathrm{mm})$$

故整体刚度方程组为

$$\frac{375\,000}{0.91}\begin{pmatrix} 48 & 0 & -28 & 14 & 0 & -26 & -20 & 12 \\ 0 & 87 & 12 & -80 & -26 & 0 & 14 & -7 \\ -28 & 12 & 48 & -26 & -20 & 14 & 0 & 0 \\ 14 & -80 & -26 & 87 & 12 & -7 & 0 & 0 \\ 0 & -26 & -20 & 12 & 48 & 0 & -28 & 14 \\ -26 & 0 & 14 & -7 & 0 & 87 & 12 & -80 \\ -20 & 14 & 0 & 0 & -28 & 12 & 48 & -26 \\ 0 & -7 & 0 & 0 & 14 & -80 & -26 & 87 \end{pmatrix}\begin{Bmatrix} 0 \\ 0 \\ 0 \\ 0 \\ u_3 \\ v_3 \\ u_4 \\ v_4 \end{Bmatrix} = \begin{Bmatrix} R_{x1} \\ R_{y1} \\ R_{x1} \\ R_{y2} \\ 5000 \\ 0 \\ 5000 \\ 0 \end{Bmatrix}$$

5）约束处理。由于在整体分析时，没有考虑结构的具体支承情况，因此，结构刚度方程组中的整体刚度矩阵[K]在数学上具有奇异性，即其逆矩阵不存在，也就是说，由此方程不能求得唯一解。这一现象在力学意义上解释，是由于在引入支承条件之前，结构还是一个没有支承的悬空结构引起的。

所谓约束处理正是用结构的实际支承情况对结构刚度方程组进行处理，在数学意义上消除整体刚度矩阵[K]的奇异性；在力学意义上，消除结构的悬空性。使结构刚度方程组有唯一解的处理过程。常用的处理方法有：消行消列法、置大数法和置一法。置一法原理：[K]

中与已知位移对应行主对角元素置 1，其他元素置 0。{P} 中与已知位移对应元素置已知的位移值。{δ} 中与已知位移对应元素仍按未知量处理。

$$\frac{375\,000}{0.91}\begin{pmatrix} 1 & 0 & 0 & 0 & 0 & 0 & 0 & 0 \\ 0 & 1 & 0 & 0 & 0 & 0 & 0 & 0 \\ 0 & 0 & 1 & 0 & 0 & 0 & 0 & 0 \\ 0 & 0 & 0 & 1 & 0 & 0 & 0 & 0 \\ 0 & -26 & -20 & 12 & 48 & 0 & -28 & 14 \\ -26 & 0 & 14 & -7 & 0 & 87 & 12 & -80 \\ -20 & 14 & 0 & 0 & -28 & 12 & 48 & -26 \\ 0 & -7 & 0 & 0 & 14 & -80 & -26 & 87 \end{pmatrix}\begin{Bmatrix} u_1 \\ v_1 \\ u_2 \\ v_2 \\ u_3 \\ v_3 \\ u_4 \\ v_4 \end{Bmatrix}=\begin{Bmatrix} 0 \\ 0 \\ 0 \\ 0 \\ 5000 \\ 0 \\ 5000 \\ 0 \end{Bmatrix} \qquad (7\text{-}12)$$

6）求解。用高斯消去法求解线性方程组，得节点位移。$\{\delta\}=[\,u_1\quad v_1\quad u_2\quad v_2$ $u_3\quad v_3\quad u_4\quad v_4\,]^{\mathrm{T}}=[\,0\quad 0\quad 0\quad 0\quad 609.6\quad 4.2\quad 663.7\quad 104.1\,]^{\mathrm{T}}\times10^{-6}\mathrm{mm}$。比较有限元解与解析解，作为一级近似，用一维杆受拉力作用的下列公式计算轴向位移

$$\delta=\frac{PL}{AE}=\frac{(1000\times10\times1)\times20}{(10\times1)\times30\times10^6}\mathrm{mm}=667\times10^{-6}\mathrm{mm}$$

因此，考虑到网格的粗糙性和模型的直接刚度偏差，有限元解看起来是合理和正确的。

7）后处理。后处理包括计算单元应力、节点支反力和作出节点位移图及界面面应力图等。

● 单元应力。

节点位移求出后，即可利用单元分析中的式（7-9）求出应力。

$$\{\sigma\}^1=[\,\sigma_x\quad \sigma_y\quad \tau_{xy}\,]^{\mathrm{T}}=[\,1005\quad 301\quad 2.4\,]^{\mathrm{T}}\mathrm{MPa}$$

$$\{\sigma\}^2=[\,\sigma_x\quad \sigma_y\quad \tau_{xy}\,]^{\mathrm{T}}=[\,995\quad -1.2\quad -2.4\,]^{\mathrm{T}}\mathrm{MPa}$$

● 强度评价。

进行强度评价时，一般由试验获得材料的许用应力，然后利用第四强度理论得出等效应力，并用下式进行评价。

$$\sigma_{\mathrm{e}}=\sqrt{\frac{1}{2}[(\sigma_1-\sigma_2)^2+\sigma_1^2+\sigma_2^2]}\leqslant[\sigma] \qquad (7\text{-}13)$$

$$\sigma_{1,2}=\frac{\sigma_x+\sigma_y}{2}\pm\sqrt{\left(\frac{\sigma_x-\sigma_y}{2}\right)^2+\tau_{xy}^2} \qquad (7\text{-}14)$$

将分析结果带入式（7-13）可得：单元 1 的等效应力 $\sigma_{\mathrm{e}}=889\mathrm{MPa}$，单元 2 的等效应力 $\sigma_{\varepsilon}=993\mathrm{MPa}$。

2．Simulation 有限元分析

上面通过手工计算，说明了有限元的理论分析步骤，上述步骤一般是由计算机软件来实现的，下面通过在 Simulation 分析上述受拉薄板，说明 Simulation 静态分析的步骤。

1）建立模型。按图 7-13 所示薄板的尺寸在 SolidWorks 中建立其实体模型。

2）生成静态算例。在 Command Manager 中的 Simulation 下选择"算例" 🔍 → "新算

例"。如图 7-17 所示，设名称为"静态分析"，在类型下，单击"静态"，单击"确定" ✔ 按钮。

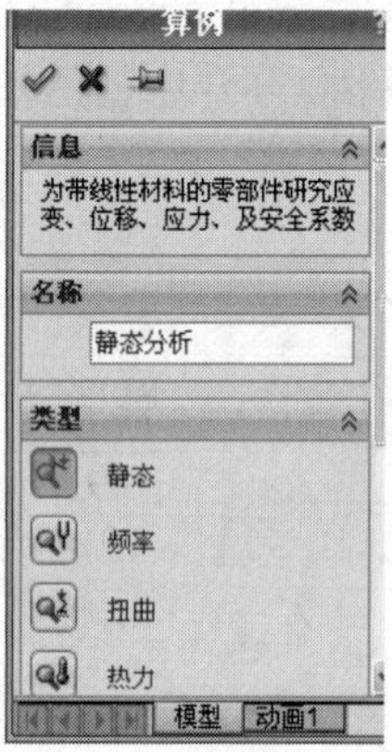

3）定义材料属性。在 Simulation 下选择"应用材料" ▤，如图 7-18 所示，在材料对话框中选中"自库文件"中的"solidworks materials"，选"钢（30）"中的"1023 碳钢板"材料，单击"确定"按钮。

4）生成网格。在 Command Manager 中的 Simulation 下选择"运行" ▨ "生成网格" ▨，在"网格"对话框单击"确定" ✔ 按钮，完成网格划分。

5）添加约束。在 Simulation 中单击"夹具" ▨ → "滚柱/滑杆"，选择模型左面，单击"确定" ✔ 按钮。

图 7-17 生成静态算例

6）施加压力。在 Command Manager 中的 Simulation 下单击"外部载荷" ▨ → "压力"。如图 7-19 所示，选择模型底，设置值为 $-1000 \times 10^6 \mathrm{N/m}^2$，单击"确定" ✔ 按钮。

图 7-18 "材料"对话框

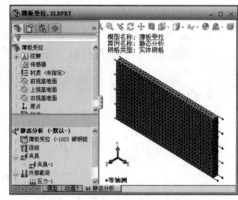

图 7-19 添加约束和施加压力

7）运行分析。在 Command Manager 中的 Simulation 下单击"运行" ▨，开始计算，并显示算例的节点、单元和自由度数。计算结束后，在设计树中添加"结果"文件夹，其中包括应力等 3 个默认图解，且自动显示应力图解，如图 7-20 所示。

8）观察方向位移。双击"Simulation"设计树中的"位移"文件夹，则在图形区显示模型中的合位移分布。右击"Simulation"设计树中的"位移"文件夹，在弹出的快捷菜单中选择"编辑定义"，在"位移图解"对话框的"显示"中设 ▨ 为"UX：X 位移"，单击"确定" ✔ 按钮显示模型中的 X 向位移分布，如图 7-21 所示。最大位移产生在模型右面，最大值为 $666.7722 \times 10^{-6} \mathrm{mm}$，该值与理论计算结果（$667 \times 10^{-6} \mathrm{mm}$）接近。

7.1.3 有限元的建模策略

对于任何一个工程结构的有限元分析，关键的问题是有限元建模，即如何把一个实际结构抽象为一个力学模型，进而将其正确地转化为有限元模型。

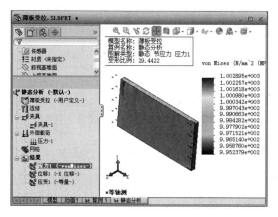

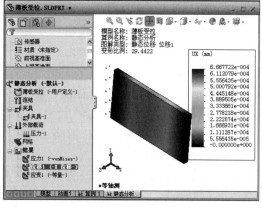

图 7-20　Von Mises 应力图解　　　　　图 7-21　X 方向位移图解

1. 建模原则

建模的基本原则是"保证计算精度的前提下尽量降低计算规模"。根据实践，建模时下列几个策略往往是行之有效的。

（1）降维处理

任何结构及其构件都占有三度空间，作用在其上的外力，一般为空间力，因此，分析其应力状态时，都必须同时考虑沿不同坐标轴的所有应力、应变分量和位移分量。但考虑到工程结构及其受力往往都具有某种特殊的情况，如物体空间的 3 个方向尺寸中的一个尺寸远小于或远大于其他两个尺寸，并且承受特殊的外力，则可把这类空间问题简化为近似的平面问题、轴对称问题或薄板弯曲问题，即进行降维处理。计算模型的选择，取决于分析目标的需要。同一个工程结构，分析目标不同（强度分析、刚度分析、动力分析），计算模型可以不一样。例如，图 7-22 所示的 T 形管在几何、载荷及支承条件给定的情况下，即使是静力分析，也可能有多种计算模型满足分析目标的需要。如果要分析它的刚度，可以用相连的 3 个梁单元来模拟；如果是求接头处的详细应力分布，可用壳单元。

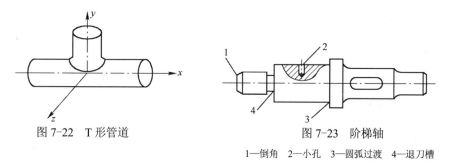

图 7-22　T 形管道　　　　　　　图 7-23　阶梯轴

1—倒角　2—小孔　3—圆弧过渡　4—退刀槽

（2）等效结构

在实际结构中常常会遇到一些复杂的细节或结构复杂的构件，但分析的目标又不是这些细节或构件的应力与变形，而是整个结构的特性，这时可利用等效结构来处理，这种等效结构可以是比较简单的构件或其组合。例如，某一客车车厢的地板是一波纹薄板，在对车厢进行整体结构分析研究其整体特性时，若波纹不高，波纹地板的计算模型就可等效为板。

（3）删除细节

实际结构往往是复杂的，在建立力学模型时常常将构件或零件上一些细节加以忽略并删去，例如图 7-23 所示构件的小孔、浅槽，微小的凸台、轴端倒角、退刀槽、键槽、过渡圆弧等。

删除细节的基本思想是"着眼于整体特征而不及其余"，因为这些细节对问题求解的影响很小，因而可以忽略。从几何上看，细节的某些尺寸与分析对象的总体尺寸相比是很小的，而且对问题求解的影响可以忽略。

（4）对称性的利用

结构对称性是指结构中的一部分相对于结构的某一平面、轴线或点进行一次或几次反射转换或旋转转换后，与结构的其余部分在形状、物理性质和支承条件等方面具有完全一致的特性。具有对称性的结构计算时，可以取其 1/2 进行计算。利用工程结构的对称性可以大大减小结构有限元模型的规模，节省计算时间，所以应给予充分重视。

（5）"先整体后局部、先粗后细"的分析方法

对于非常复杂的结构，如果采用较精确的计算模型，则节点数和单元数都十分庞大，会发生计算困难。如果结构有许多相同的部分，则可采用子结构法来分析；如果结构并没有相同的部分，可采用聚焦法，即"先整体后局部、先粗后细"的方法。

（6）约束处理

约束处理问题即边界条件的确定问题。如果不给结构以一定数量的已知条件（约束），各节点位移就无法确定，问题的解就不唯一。约束分真约束和假约束两类：结构实际受到的约束称为真约束；给运动构件加的约束称为假约束。应该强调的是，假约束的刚度值不要取得过大，只要能起到消除结构运动的作用即可。

（7）网格划分

单元类型的选择直接影响有限元分析的准确性，网格的类型取决于构件的结构特点和受力情况，常见的单元类型有杆、梁、板、壳、平面、实体等，所选单元应使计算精度高、收敛速度快、计算量小，具体可参照前述降维问题所讨论的情况。网格的几何尺寸也有一定要求，即各边的长度比例不能太悬殊。例如，三角形单元网格各边长之比应尽可能取为 1:1，四边形元素网格中最长边和最短边之比不超过 3:1，否则将会影响计算精度，导致不可靠的结果。

有限元分析的精度还取决于网格划分的密度。原则上讲，网格划分得越密、每个单元越小，则分析精度越高。但划分过细则使计算量太大，占用过多的计算机容量和机时，经济性差，故实际应用中应综合考虑。为了兼顾精度要求和时间、内存的要求，可在同一结构上采用大小不同的单元。如在应力变化梯度大的区域，网格密一些，尺寸小一些；在应力变化梯度小的区域，网格疏一些，尺寸大一些。

2. 范例：带孔矩形板的静力分析

本部分内容包括：全面了解 Simulation 界面应用、通过粗网格、精细网格、位移加载、对称性的利用等算例研究建模方法及其影响。

（1）问题描述

图 7-24 为一个承受单向拉伸 200mm×100mm×10mm 的带孔矩形板，其中孔为 ϕ40mm，沿两侧短边施加大小为 300kN 的均布载荷。

（2）"默认网格"分析

1）创建零件。在 SolidWorks 创建一个 200mm×100mm×10mm 的矩形板，其中孔为 ϕ40mm，并保存为"带孔矩形板.sldprt"。

2）创建"默认网格"算例。在 Command Manager 中的 Simulation 下选择"算例" 🔍 → "新算例"。在"算例"对话框的"名称"中输入"默认网格"，在"类型"下，单击"静态"，单击"确定" ✔按钮。

3）分配材料属性。在 Command Manager 中的 Simulation 下选择"应用材料" 📋，在"材料"对话框中选中"自库文件"中的"solid works materials"，选"钢（30）"中的"1023"材料，单击"确定"按钮。

4）创建网格。在 Command Manager 中的 Simulation 下选择"运行" 📝 → "生成网格" 📊，单击"确定" ✔按钮使用默认网格划分。右击"网格"，在弹出的快捷菜单中选择"隐藏网格"或选择"显示网格"，控制网格可见或不可见。

5）消除刚体运动。拉力已内部平衡，无需应用约束，但须消除实体刚性运动。要激活惯性卸除选项：在 Simulation 设计树中，右击"默认网格"按钮，在弹出的快捷菜单中选择"属性"。在"静态"对话框中"选项"选项卡上，选中"使用惯性卸除"复选框，单击"确定"按钮，如图 7-25 所示。

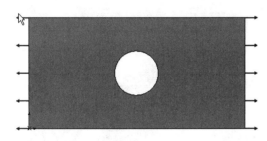

图 7-24　带孔矩形板　　　　　　　　图 7-25　消除刚体运动

6）定义作用力。在 Command Manager 中的 Simulation 下单击"外部载荷" ⬇ → "力"。如图 7-26 所示，类型为"法向"，选择模型左面和右面，设置力值为-120 000N，单击"确定" ✔按钮。在设计树中"外部载荷"下生成成名称为"力-1"的图标。

7）运行分析。在 Command Manager 中的 Simulation 下单击"运行" 📝，开始计算，并显示算例的节点、单元和自由度数。计算结束后，在设计树中添加"结果"文件夹，其中包括应力等 3 个默认图解，且自动显示应力图解，如图 7-27 所示。可见 Von Mises 应力最大值为 451.884MPa。

8）观察结果。

● 定义位移分布图。

在 Simulation 设计树中，单击"结果"文件夹 📁结果旁边的加号 ⊞，双击"位移 1"，显示合位移图解，如图 7-28 所示，最大位移为 0.079 533 64mm。

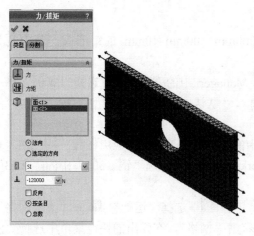

图 7-26 定义作用力　　　　　　　　　图 7-27 应力分布图解

● 位移动画。

位移图解显示的情况下，在 Command Manager 中的 [Simulation] 下单击 [图解工具 ▾]→"动画"。

● 编辑应变分布图。

应力默认显示的为平均值（节点值），而应变默认显示的是非平均值（单元值）。在结果文件夹下双击应变 1 显示应变分布图，右击位于结果文件夹下的应变 1，从弹出的快捷菜单中选择"编辑定义"，然后选择"节点值"，则可以观察平均应变分布图，如图 7-29 所示。

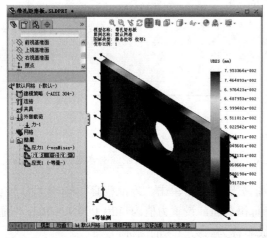

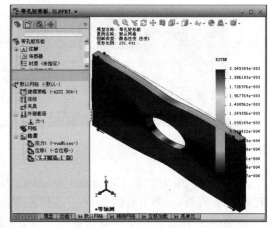

图 7-28 位移分布图　　　　　　　　　图 7-29 应变的节点解

● 安全系数图。

安全系数向导可用三个步骤评估设计的安全性。第一步，设定安全标准，决定使用何种应力度量以作为对所选应力极限值的比较。第二步，选择应力极限值，根据应力结果与所分配的材料破坏强度值来决定安全系数。第三步，指定观察安全系数区域，查看模型的安全系数分布，则在 Command Manager 中的 [Simulation] 下，选择"结果"→"新图解"→"安全系数"命令，显示"安全系数"对话框，在"强度判据"中选第四强度理论"最大 Von Mises 应力"，单击"下一步" ➡ 按钮，在"设定应力极限到"中选许用应力为"屈服力"，单击

"下一步"  按钮。选中查看方式为"安全系数以下的区域"单选按钮，并输入 1，显示安全系数低于1的分布图解。单击"确定" ✔ 按钮，如图 7-30 所示为安全系数图解。

图 7-30　安全系数检查向导与安全系数分布图解

（3）"精细网格"分析

为了了解网格密度对结果的影响，使用精细网格重新进行有限元分析。

1）创建"精细网格"算例。为了用更精细的网格重复进行分析，创建一个新的"精细网格"算例。新算例的创建步骤为：在 Simulation 设计树底部，右击"默认网格"算例，在弹出的快捷菜单中选择"复制"，在"算例名称"中输入"精细网格"来复制一个算例，如图 7-31 所示。

2）划分精细网格并运行分析。右击 Simulation 设计树中的"网格"，在弹出的快捷菜单中选择"生成网格"，单击"确定"以打开"网格"对话框。将滑动条拖动到最右端（良好），选中"运行（求解）分析"，单击"确定" ✔ 按钮。系统自动创建非常精细的网格，如图 7-32 所示。

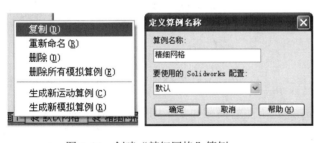

图 7-31　创建"精细网格"算例

图 7-32　创建"精细网格"

3）绘制位移和应力结果。"精细网格"算例的结果所显示的最大位移值为 0.079 726 49mm，最大 Von Mises 应力值为 450.8256MPa。

4）检查收敛与精度。从两个算例中收集信息，包括每次网格划分中的单元和节点的个数、每个模型的自由度数等。同时，比较在不同网格下位移和最大 Von Mises 应力值。

● 察看求解信息。

在 Simulation 设计树中，右击"结果"并在弹出的快捷菜单中选择"解算器信息"，在"解算器信息"对话框中显示节点的个数、单元的个数、自由度数和求解时间，如图 7-33 所示，单击"确定"按钮关闭对话框。

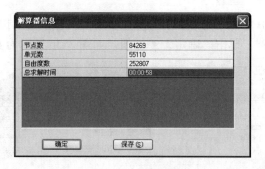

图 7-33　求解信息

● 结果总结。

两个算例的结果见表 7-2。注意所有的结果从属于一个问题，仅有的区别在于网格密度不同。可见，最大位移值随着网格的精细度提高而增加。

表 7-2　分析结果

网格密度	最大位移值/mm	最大应力/MPa	自由度数	单元数	节点数
默认算例	0.079 537 68	451.884	36 852	7084	12 284
精细算例	0.079 726 49	450.8256	252 807	55 110	84 269

有限元分析中，位移是基本未知量，应力是通过位移计算出来的。因此随着网格的精细化，应力的精度也提高了。如果持续提高网格的精细程度，将看到位移和应力都将趋向于一个有限值，即为模型的解。有限元解和数学模型的解的差异来自于离散化误差，离散化误差随着网格的精细程度提高而减少。持续的网格精细化过程称之为收敛过程。目的是确定离散化的参数选择（单元大小）对最大位移和最大 Von Mises 应力的影响。

5）结果验证。可以一个无限长带孔矩形板受拉问题的解析解与有限元解作比较。解析解可由下式计算

$$\sigma_{\max} = K_n \cdot \sigma_n \qquad (7-15)$$

式中，$\sigma_n = \dfrac{P}{(W-D) \cdot T}$，$K_n = 2 + \left(1 - \dfrac{D}{W}\right)^3$；$W$、$D$ 和 T 分别表示板的宽度、孔的直径以及板的厚度；P 是板所承受的拉力；σ_n 是孔所在的横截面上平均应力；K_n 是应力集中系数；$\sigma_{\max}$ 是最大主应力。

将 W=100mm，D=40mm，T=10mm 和 P=120 000N 代入式（7-15）得 $\sigma_{\max}$=443.2MPa。

Simulation 精细网格算出的最大主应力是 450.825 6MPa。因此误差为

$$\Delta = \left| \frac{450.825\ 6 - 443.2}{450.825\ 6} \right| = 1.7\%$$

SolidWorks Simulation 结果和解析解的误差为 1.7%，但这并不一定表示 SolidWorks Simulation 的结果更差，或其与真值存在着 1.7%的误差。在进行结果比较时必须谨慎对待。注意解析解只有在平面应力假设下，板的厚度非常薄时才有效。

6）探测结果图。只有在节点对应的位置才能探测到结果。在结果中显示网格层理的具体操作为：在"结果"文件夹中双击"应力 1"显示应力图解后，右击"应力 1"按钮，在

弹出的快捷菜单中选择"设定"。如图 7-34 所示，在"设定"对话框的"边界选项"中选择"网格"，单击"确定"✔按钮。放大孔边区域，右击"应力 1"按钮并在弹出的快捷菜单中选择"探测"以打开"探测"对话框。在图中单击指定位置探测并显示应力，如图 7-35 所示。

7）创建 Iso 裁剪图。右击"应力 1"按钮并在弹出的快捷菜单中选择"Iso 裁剪"。打开"Iso 裁剪"对话框，在"等 1"一栏输入 200，显示 Von Mises 应力值大于 200MPa 的部分区域，如图 7-36 所示。

（4）"位移加载"分析

在以上两个算例中，使用均布拉力作为载荷施加给模型，加载面上的位移为 0.0795mm。现在，反过来，给先前的加载面施加大小为 0.0795mm 的位移。

图 7-34　显示带网格的图形设置

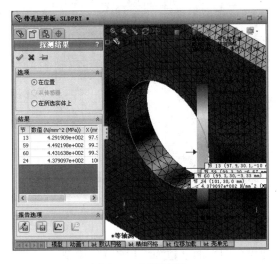

图 7-35　探测结果

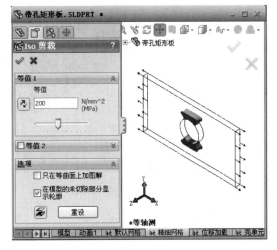

图 7-36　Iso 裁剪图

1）创建"位移加载"算例。为了用更精细的网格重复进行分析，创建一个新的"精细网格"算例。步骤为：在 Simulation 设计树底部，右击"默认网格"算例在弹出的快捷菜单中"复制"，在算例名称中输入"位移加载"来复制一个算例。

2）删除载荷。在 Simulation 设计树中右击"力-1"并从弹出快捷菜单中选择"删除"。

3）施加规定的位移。在 Simulation 设计树中右击"夹具"在弹出的快捷菜单中选择"高级夹具"。在"夹具"对话框中的"类型"下选择"在平面上"，在"平移"下选择"垂直于平面"　，并输入位移值 0.0795mm。单击"确定"✔按钮。沿之前算例中的拉力方向施加规定的位移，如图 7-37 所示。

4）运行分析。在 Command Manager 中的 Simulation 下单击"运行"　，开始计算。

5）绘制位移和应力结果。"位移加载"算例的结果所显示的最大位移值为 0.079 878 08mm，最大 Von Mises 应力值为 461.435 8MPa。可见，施加作用力与施加位移约束的结果是非常接近的，但并非完全一样。造成差异的原因在于加载作用力时，加载面是允许变形的。而在规定边界位移时，加载面作为一个整体发生位移，该面仍保持为平面。而且，位移边界条件可以对整个面施加规定的位移，而施加作用力仅在模型的加载面的个别点上产生最大位移。

6）列出反作用力。为了了解多大的作用力才能产生 0.0795mm 的位移，需要考察反作用力的情况。操作步骤为：右击"结果"文件夹并在弹出的快捷菜单中选择"列举合力"。选择矩形板一侧短边的面，在"合力"对话框中单击"更新"，可见沿规定的位移方向的反作用力大小为 122 890N，如图 7-38 所示。

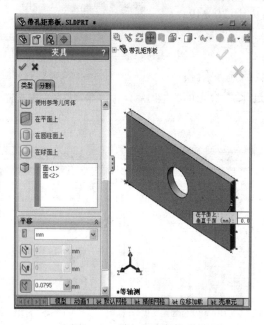 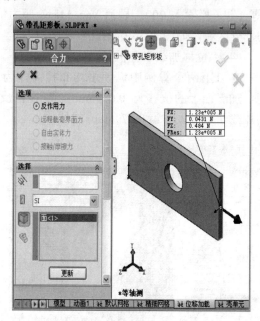

图 7-37　施加规定的位移　　　　　　　　图 7-38　列出反作用力

（5）"对称结构"分析

1）创建 1/4 模型。在 SolidWorks 中以前视面为草图平面创建矩形板的 1/4 模型。

2）建立"对称结构"算例。在 Command Manager 中的 Simulation 下选择"算例" —→"新算例"。在"算例"对话框的"名称"下面输入"对称结构"，在"类型"下单击"静态"，单击"确定" 按钮。

3）指定材料。在 Command Manager 中的 Simulation 下选择"应用材料" ，在"材料"对话框中选中"自库文件"中的"solidworks materials"，选"钢（30）"中的"1023"材料，单击"确定"按钮。位于实体文件夹下的带孔矩形板图标下出现了复选标记和所选的材料名，这说明已经完成材料分配。

4）添加对称约束。在 Simulation 设计树中右击"夹具"在弹出的快捷菜单中选择"高级夹具"。在"夹具"对话框中的"类型"下选择"对称"，在"平移"下选择"垂直于平面" ，并输入位移值 0.0795mm。单击"确定" 按钮。沿之前算例中的拉力方向施加规定的位移，如图 7-39a 所示。

5）添加消除垂直板面移动的约束。在 Simulation 设计树中右击"夹具"在弹出的快捷菜单中选择"高级夹具"。在"夹具"对话框中的"类型"下选择"在平面上"，在"平移"

下选择"垂直于平面"∏，单击"确定"✔按钮。

6）施加载荷。在 Command Manager 中的 Simulation 下单击"外部载荷" ↓↓→"力"。在"力"对话框中选中"法向"，在图形区中选择右端面，并在力值一栏中输入-60 000（总载荷的一半），单位是 N，负号用来表示拉力，单击"确定"✔按钮。完成有限元模型，如图 7-39b 所示。

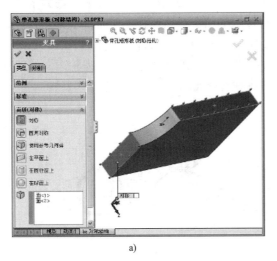
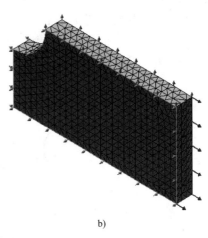

a)   b)

图 7-39 有限元模型

a) 添加"对称"约束 b) 施加"法向"载荷

7）绘制位移和应力结果。在 Command Manager 中的 Simulation 下单击"运行" 📈，开始计算。由图 7-40 所示的"对称结构"算例的结果可见：最大位移值为 0.079 499 86mm，最大 Von Mises 应力值为 442.0MPa。可见，取 1/4 结构分析与整体结构分析的结果是比较接近，但模型规模小得多。

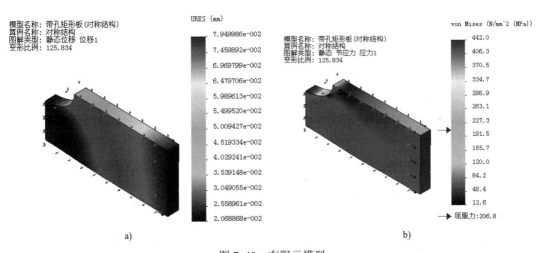

a)   b)

图 7-40 有限元模型

a) 位移分布 b) 应力分布

7.1.4 接触应力分析

在工程结构中，经常会遇到大量的接触问题，车轮与钢轨之间、啮合的齿轮是典型的接触问题。

1. 接触类型与接触应力

除了共形面（即两相互接触面的几何形态完全相同，处处贴合）相接触（例如平面与平面相接触）的情况外，大量存在着异形曲面相接触的情况。这些异形曲面在未受外力时的初始接触情况有线接触（图 7-41a 和 b）和点接触（图 7-41c 和 d）两种。图 7-41a，c 又称为外接触，图 7-41b，d 称为内接触。在通用机械零件中，渐开线直齿圆柱齿轮齿面间的接触为线接触，外啮合时为外接触，内啮合时为内接触，球面间的接触为点接触。

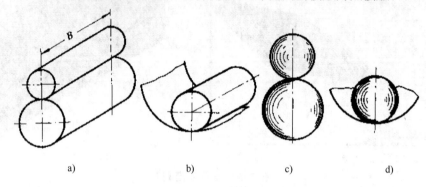

a)   b)   c)   d)

图 7-41 接触类型

接触应力是两个接触物体相互挤压时在接触区及其附近产生的应力，接触应力也叫赫兹应力。它的计算是一个弹性力学问题。对于线接触，弹性力学给出的接触应力计算公式为

$$\sigma_H = \sqrt{\dfrac{\dfrac{F}{B}\left(\dfrac{1}{\rho_1} \pm \dfrac{1}{\rho_2}\right)}{\pi\left(\dfrac{1-\mu_1^2}{E_1} + \dfrac{1-\mu_2^2}{E_2}\right)}} \tag{7-16}$$

式中，F 为作用于接触面上的总压力；B 为初始接触线长度；ρ_1 和 ρ_2 分别为两零件初始接触线处的曲率半径；μ_1 和 μ_2 分别为零件 1 和零件 2 材料的泊松比；E_1 和 E_2 分别为零件 1 和零件 2 材料的弹性模量。其中，正号用于外接触，负号用于内接触。

2. SolidWorks Simulation 接触关系简介

SolidWorks Simulation 接触功能可在组合件与多本体零件中使用，甚至也支持零件本身自体接触。

（1）接触设置方法

SolidWorks Simulation 提供两种接触选项：零部件相触和相触面组。

1）零部件相触。如图 7-42 所示，"零部件相触"在组合件中，不同零件或多本体中不同本体接触面间设置接触条件。可以选择"全局接触"自动为装配体中的所有零件的接触面设置指定的接触关系，也可以手动选择多个零件后为其所有接触面设置指定的接触关系，即设置体-体接触。在分析装配体时，设置全局接触变量时一定要注意，如果能够认为接合的，最好设置成接合（分析速度快）；如果现实中是相互影响的，可以设置全局"允许贯

通"后再单独设置相触面组，以节省分析时间。

2）相触面组。如图 7-43 所示，"相触面组"可以为不同零件或组合体手动选择接触面组或自动寻找接触组，并按选择的接触类型定义两者之间的接触，即设置面-面接触。

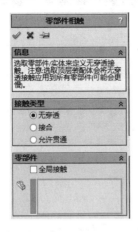

图 7-42 零部件接触设置

图 7-43 面-面接触设置

（2）接触关系类型

SolidWorks Simulation 中的接触关系有 5 种，分别是无穿透、接合、允许贯通（相互贯穿）、虚拟墙壁和冷缩配合。

1）无穿透。零部件之间会互相作用影响，但不会有互相穿透现象。

2）接合。接触面在分析前后均是结合在一起，不会有分离的状况，类似于粘接或焊接。

3）允许贯通。允许两者之间有交叉。

4）虚拟墙壁。当零件接触一弹性或一刚性平面时使用。

5）冷缩配合。允许相互有干涉配合作用，如过盈配合。

3. 零部件全局接触实例

下面以一个小的实例简单介绍最常用的 3 种接触关系：接合、无穿透及允许贯通。两块板材，中间交叠，两端固定，在上面的板材中间部位施加 100N 的力。试分析当设置以下 3 种不同的全接触关系时的应力：① 接合（可以认为交叠部分为焊接在一起）；② 无穿透（可以认为是接触在一起，受力时可分离或相互施加力）；③ 允许贯通（相接触的零部件认为双方无相互关系）。

1）打开装配体文件。选择"文件"→"打开"命令，浏览到"资源文件"中的"悬臂板接触分析.sldasm"装配体文件，并将其打开。

2）生成静态算例。在 Command Manager 中的 Simulation 下选择"算例" → "新算例"。如图 7-44 所示，在"算例"对话框"名称"中输入"悬臂板接触分析"，在"类型"下单击"静应力分析"，单击"确定" 按钮。

3）自定义材料属性。在 Simulation 设计树中，右击"实体"按钮，在弹出的快捷菜单中选择"应用材料到所有"。如图 7-45 所示，在"材料"对话框中，选择"自定义"，"英制"单位，为两个环添加

图 7-44 静态算例

263

以下自定义属性。弹性模量为 30e6psi；泊松比为 0.3，质量密度为 0.28lb/in^3，屈服强度为 1000psi，单击"确定"按钮。

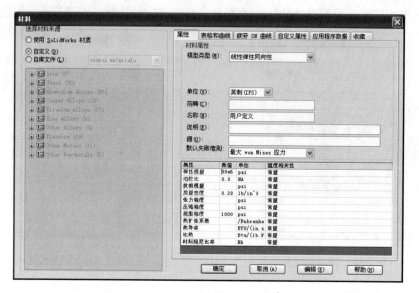

图 7-45　自定义材料属性

4）添加约束和载荷。在两悬臂板外端面上施加"固定几何体"约束，在上板内端面上施加面内竖直载荷 100N，如图 7-46 所示。

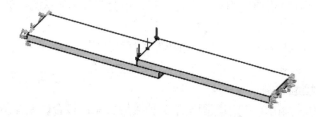

图 7-46　添加约束和载荷

5）定义接触类型并运行分析。
- 接合：如图 7-47a 所示，接受默认的"全局接触（-接合-）"设置，单击"运行"按钮。
- 无穿透：在设计树中右击"连接"→"零部件接触"→"全局接触（-接合-）"，在弹出的快捷菜单中选择"编辑定义"。如图 7-47b 所示选中"无穿透"单选按钮，单击"确定"✔按钮，再单击"运行"按钮。
- 允许贯通：在设计树中右击"连接"→"零部件接触"→"全局接触（-接合-）"，在弹出的快捷菜单中选择"编辑定义"，如图 7-47c 所示选中"允许贯通"单选按钮，单击"确定"✔按钮，再单击"运行"按钮。

4. 范例：双环冷缩配合应力

下面以过盈配合为例说明 SolidWorks Simulation 冷缩接触分析过程，内容包括：自定义材料属性、使用惯性卸除选项、定义紧缩套合接触、观察相对于参考轴的结果、列举所选实体上的 Von Mises 应力、Hoop 应力和接触应力。如图 7-48 所示，双环紧缩套合中，内环的内径和外径分别为 20 英寸[⊖]和 22 英寸。外环的内径和外径分别为 21.25 英寸和 24.25 英寸。内外环之间存在 0.75 英寸的过盈量，计算界面处的应力和位移。

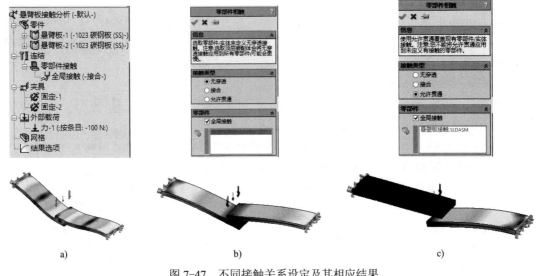

图 7-47　不同接触关系设定及其相应结果

a) 接合　b) 无穿透　c) 允许贯通

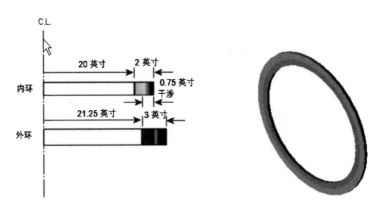

图 7-48　双环紧缩套合

（1）打开装配体文件

选择"文件"→"打开"命令，浏览并打开"资源文件"中的 Ring Shrink Fit.sldasm。

（2）生成静态算例

在 Command Manager 下选择"算例" 🔍 →"新算例"命令。"算例名称"中输入"接触分析"，"类型"下单击"静态"，单击"确定" ✔ 按钮。

（3）消除刚性实体运动

接触力已内部平衡，激活惯性卸除功能来消除刚性实体运动，而无需应用约束。要激活"使用惯性卸除"选项。在 SolidWorks Simulation 设计树中，右击"接触分析"按钮，在弹

<hr />

⊖　1 英寸=2.54 厘米

出的快捷菜单中选择"属性"。在"静态"对话框的"选项"选项卡中，将"解算器"设置为 Direct sparse，并选择使用惯性卸除，单击"确定"按钮。

（4）自定义材料属性

在 Simulation 设计树中，右击"实体"按钮，在弹出的快捷菜单中选择"应用材料到所有"，在"材料"对话框中，选择"自定义""英制"单位，弹性模量为 30e6psi；泊松比为 0.3，质量密度为 0.28lb/in³，屈服强度为 1000psi，单击"确定"按钮。

（5）定义冷缩配合接触

生成爆炸视图以展现出重叠面。在 Command Manager 中的 Simulation 下的"连接"中选择"相触面组"，然后单击"定义接触面组"。如图 7-49 所示，在接触面组 Property Manager 中设定"类型"为"冷缩配合"。在接触源面框 内单击，然后选择内环外表面；在接触源面框 内单击，然后选择外环内表面，在"选项"下选择"节到曲面"，单击"确定"按钮。Simulation 在两个面上应用紧缩套合接触。

图 7-49　定义冷缩配合接触

（6）网格化模型和运行研究

在 Simulation 设计树中，右击"网格"，在弹出的快捷菜单中选择"生成网格"，弹出"网格"Property Manager 对话框，选择英寸作为单位，输入 1 作为整体大小（环的厚度为 1 英寸，通过将要素大小设定为 1 英寸，可以强制网格包含宽度内的单个要素）。选中"网格化后运行分析"，单击"确定"按钮，如图 7-50 所示。

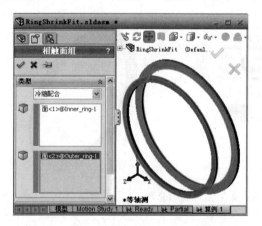 

图 7-50　网格化后运行分析

（7）观察结果

对于具有轴对称特性的模型，最好在圆柱坐标系中观察结果。首先需要在两个环的中心生成基准轴。

1）生成基准轴。选择"插入"→"参考几何体"→"基准轴"命令，弹出"基准轴 Property Manager"对话框。单击"圆柱/圆锥面"按钮，在图形区中选择两环的任意圆柱面，单击"确定"按钮，如图 7-51 所示。

2）观察径向应力。在 Simulation 设计树中，双击"应力 1"文件夹后，右击该文件夹，在弹出的快捷菜单中选择"编辑定义",弹出"应力图解"对话框。在对话框中，执行以下操作：在"显示"下，在"分量"  中选择"SX：X 法向应力"（在由参考轴定义的圆柱坐标系中，SX 应力分量代表径向应力），将"单位"  设为 psi；在"高级"选项下，在弹出的 Feature Manager 设计树中选择"基准轴 1"作为坐标系。取消变形形状"复选框"的选择，单击"确定" ✔ 按钮，如图 7-52 所示。

图 7-51　生成基准轴

图 7-52　观察径向应力

3）列举径向应力。在 SolidWorks Simulation 设计树中，右击"结果"文件夹中的"应力（-X 正交-）"，在弹出的快捷菜单中选择"探测"。在 Property Manager 中的"选项"下，选择"在所选实体上"。在  中选择"内环的外面"，单击"更新"按钮。在"结果"选项卡下查看与选定面相关联的所有节点的径向应力；在"摘要"选项卡下，查看选定面的平均应力、最大应力和最小应力。

7.1.5　热应力分析

由于相互接触的不同结构体或同一结构体的不同部分之间的热膨胀系数不匹配，在加热或冷却时彼此的膨胀或者收缩程度不一致，从而导致热应力的产生。 热应力问题实际上就是热和应力两个物理场之间的相互作用，故属于耦合场分析问题。

1．热应力分析原理

与其他耦合场的分析方法类似，一般先进行热分析，然后将求得节点温度作为载荷施加到结构应力分析中，求得热应力。

2．热分析原理

热分析用于确定结构中温度分布、温度梯度、热流等。下面以双层壁导热问题说明有限元热分析原理。

如图 7-53 所示为双层壁导热问题。平壁炉的炉壁由两种材料组成，壁面面积为 300mm× 300mm，内层厚度 L_1=100mm，材料为耐火砖，其热导率 λ_1=1.07W/（m²·℃）；外层厚度 L_2=6mm，材料为钢，其热导率 λ_2=45W/（m²·℃）。若耐火砖层内表面的温度 t_n=1150℃，钢板外表面温度 t_w=30℃，试用有限元法分析其温度分布并计算导热的热通量。

（1）结构离散

将实际结构离散成图 7-54 所示的 2 个单元和 3 个节点组成的模型。

（2）单元分析

取图 7-55 所示的通用单元，进行以下分析。

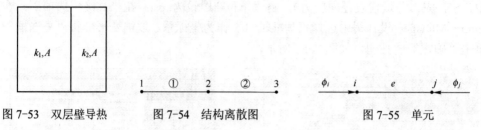

图 7-53　双层壁导热　　　图 7-54　结构离散图　　　图 7-55　单元

1）选择温度插值函数。温度插值函数是以节点温度表示单元内任意一点处温度的插值函数，一般用多项式形式。由拉格朗日插值多项式可得温度插值函数为

$$T = \frac{x_j - x}{x_j - x_i}T_i + \frac{x - x_i}{x_j - x_i}T_j = \frac{x_j - x}{L_e}T_i + \frac{x - x_i}{L_e}T_j \tag{7-17}$$

2）建立热流率与节点温度之间的关系。由傅里叶定律可知

$$Q = -\lambda A \frac{\partial T}{\partial x} \tag{7-18}$$

$$Q_i = \frac{\lambda_e A}{L_e}T_i - \frac{\lambda_e A}{L_e}T_j = k_e T_i - k_e T_j$$

$$Q_j = -\frac{\lambda_e A}{L_e}T_i + \frac{\lambda_e A}{L_e}T_j = -k_e T_i + k_e T_j$$

$$\begin{Bmatrix} Q_i \\ Q_j \end{Bmatrix} = \begin{pmatrix} k_e & -k_e \\ -k_e & k_e \end{pmatrix} \begin{Bmatrix} T_i \\ T_j \end{Bmatrix} \Rightarrow \{Q\}^e = [K]^e\{T\}^e \tag{7-19}$$

（3）整体分析

对于本例中的双层壁导热问题，在节点处，由能量守恒定律：流入节点的热流率与流出节点的热流率之和等于零。可知

$$\begin{Bmatrix} Q_1^1 + Q_1^w \\ Q_2^1 + Q_2^2 \\ Q_3^2 + Q_3^w \end{Bmatrix} = \begin{Bmatrix} Q_1^1 \\ Q_2^1 \\ Q_3^1 \end{Bmatrix} + \begin{Bmatrix} Q_1^2 \\ Q_2^2 \\ Q_3^2 \end{Bmatrix} + \begin{Bmatrix} Q_1^w \\ Q_2^w \\ Q_3^w \end{Bmatrix} = \begin{Bmatrix} 0 \\ 0 \\ 0 \end{Bmatrix}$$

$$\begin{pmatrix} k_1 & -k_1 & 0 \\ -k_1 & k_1 & 0 \\ 0 & 0 & 0 \end{pmatrix} \begin{Bmatrix} T_1 \\ T_2 \\ T_3 \end{Bmatrix} + \begin{pmatrix} 0 & 0 & 0 \\ 0 & k_2 & -k_2 \\ 0 & -k_2 & k_2 \end{pmatrix} \begin{Bmatrix} T_1 \\ T_2 \\ T_3 \end{Bmatrix} = -\begin{Bmatrix} Q_1^w \\ Q_2^w \\ Q_3^w \end{Bmatrix}$$

$$\Rightarrow \begin{pmatrix} k_1 & -k_1 & 0 \\ -k_1 & k_1 + k_2 & -k_2 \\ 0 & -k_2 & k_2 \end{pmatrix} \begin{Bmatrix} T_1 \\ T_2 \\ T_3 \end{Bmatrix} = -\begin{Bmatrix} Q_1^w \\ Q_2^w \\ Q_3^w \end{Bmatrix}$$

$$\Rightarrow ([\tilde{K}]^1 + [\tilde{K}]^2)\{T\} = \{Q_w\} \Rightarrow [K]\{T\} = \{Q_w\} \tag{7-20}$$

（4）边界条件处理与求解

实际结构的特点可知：节点 1 和节点 3 处的节点温度已知，但外界流入的热流率未知；

节点 2 处的节点温度未知，但外界流入的热流率为零。

整体分析得到的方程组左右两边均有未知数。因此，还不能求解。通常，按照处理前后所得节点温度相等的原则，用置 1 法对整体方程组进行如下处理并求解。对本例的处理如下。

$$\begin{pmatrix} 1 & 0 & 0 \\ -k_1 & k_1 + k_2 & -k_2 \\ 0 & 0 & 1 \end{pmatrix} \begin{Bmatrix} T_1 \\ T_2 \\ T_3 \end{Bmatrix} = \begin{Bmatrix} t_n \\ 0 \\ t_w \end{Bmatrix}$$

解得：
$$\begin{Bmatrix} T_1 \\ T_2 \\ T_3 \end{Bmatrix} = \begin{Bmatrix} t_n \\ \dfrac{k_1 t_n + k_2 t_w}{k_1 + k_2} \\ t_w \end{Bmatrix} \tag{7-21}$$

（5）结果后处理

由于壁面损失的热量等于各单元传递的热量，则

$$Q = k_1(T_1 - T_2) = k_2(T_2 - T_3) = \frac{k_1 k_2}{k_1 + k_2}(T_n - T_w) \tag{7-22}$$

将已知参数代入式（7-21）和式（7-22）可得：T_2=31.6℃，q=Q/A=11 966.9W/m^2。

3．Simulation 热分析解

（1）新建装配体

按照问题描述中所给尺寸，在 SolidWorks 环境中创建平壁炉装配体，并保存为"平壁炉.sldasm"。

（2）生成热分析算例

在 Command Manager 中的 Simulation 下选择"算例" 🔍 →"新算例"。在"算例"对话框的"名称"中输入"热分析"，在"类型"下单击"热力" 🔲，单击"确定" ✔ 按钮。在 Simulation 设计树中生成"热分析"算例，如图 7-56 所示。

（3）指派材料

Simulation 给零部件材料指派后，一个复选符号出现在零部件图标上。

1）指定耐火砖属性　在 Simulation 设计树中的零件中，右击"耐火砖"，在弹出的快捷菜单中选择"应用/编辑材料"。如图 7-57 所示，在"材料"对话框的"材料来源"下，单击"自定义"。在"属性"中设"质量密度"为 5800kg/m^3，设"热导率"为 1.07W/(m·K)，单击"确定"按钮。

2）指定钢板属性　在 Simulation 设计树中的零件中，右击"钢板"，在弹出的快捷菜单中选择"应用/编辑材料"。在"材料"对话框的"材料来源"下，单击"自定义"。在"属性"中设"质量密度"为 7800kg/m^3，设"热导率"为 45W/(m·K)，单击"确定"按钮。

（4）划分网格

在 Command Manager 中的 Simulation 下选择"运行" 📋 →"生成网格" 📋，在"网格"对话框中拖动"网格参数"滑杆，设置的元素尺寸及公差值，单击"确定" ✔ 按钮，完成网格划分。

（5）施加热载荷和边界条件

在 Command Manager 中的 Simulation 下选择"热载荷" 🌡 →"温度" 🌡。如图 7-58 所

示，在图形区中选择耐火砖内表面将其选入"温度"对话框中 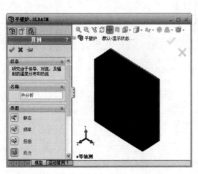 ，设"温度" 为 1 150℃。单击"确定" 按钮。

图 7-56　生成热分析算例　　　　　　　　　　　图 7-57　耐火砖材料属性

重复上述步骤，在钢板表面施加 30℃的温度。

（6）运行分析

在 Command Manager 中的 Simulation 下单击"运行" ，完成分析后显示温度图解。

（7）观察热力结果

1）查看温度分布。在 Simulation 设计树中的"结果"文件夹下右击"温度"，在弹出的快捷菜单中选择"编辑定义"。在"热力"对话框中将"温度单位"设为"Celsius"（摄氏度），单击"确定" 按钮，显示温度图解，如图 7-59 所示。

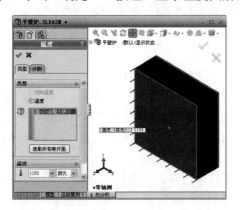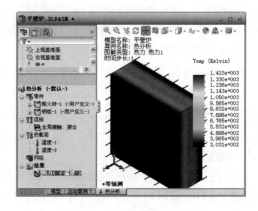

图 7-58　应用热量　　　　　　　　　　　　　　图 7-59　温度分布

2）使用探测工具。只有在节点对应的位置才能探测到结果。因此，在结果中显示网格层理有助于探测。具体操作为，在"结果"文件夹中右击"温度"按钮，在弹出的快捷菜单中选择"设定"，在"设定"对话框的"边界选项"中选择"网格"，单击"确定" 按钮，显示带网格的图形。放大边界区域，右击"温度"图标在弹出的快捷菜单中选择"探测" 以打开"探测"对话框。使用指针，单击图中耐火砖与钢板接触面，将探测并显示应力，如

图 7-60 所示。可见，此处温度为 31.6℃。

3）绘制热流量图解。在 Command Manager 中的 Simulation 下选择"结果"→"新图解"→"热力" 命令。在"热力图解"对话框中，设 为 HFLUXNZ：Z 热流量，将"单位" 设为"W/m^2"，单击"确定" 按钮，显示合力热流量图解。同时在设计树中的热力文件夹中生成新图标。如图 7-61 所示。可见，热流量为 11 970W/m²。

图 7-60　温度探测结果

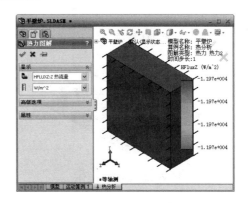

图 7-61　热流量图解

4．热分析类型

热分析根据热的产生、传导、对流及辐射条件计算温度、温度梯度和热流。热分析可尽量避免发生不合需要的热力条件，如过热和熔化。热分析在许多工程应用中扮演重要角色，如内燃机、涡轮机、换热器、管路系统、电子元器件等。根据温度场与时间的关系，热分析分为以下两种类型。

1）稳态传热。系统的温度场不随时间变化。如达到热平衡时传热问题。

2）瞬态传热。系统的温度场随时间明显变化。如铸造中金属从熔融状态变为固态的冷却过程。

5．范例：芯片瞬态热分析

芯片装配体由尺寸为 40mm×40mm×1mm 的矩形衬底（陶瓷），以及 16 个尺寸为 6mm×6mm×0.5mm 的矩形硅片构成。每个硅片产生最大为 0.2W 热量。在 $t=0$ 时热量从零值开始，并在 60s 后达到最大值 0.2W。硅片的热导率为随温度变化。热量通过对流从衬底释放。表面传热系数为（薄膜系数）为 25W（m²·k），环境温度为 300K。由于双面对称特性，因此只分析模型的 1/4 部分，模型如图 7-62 所示。

下面以芯片散热问题说明 Simulation 瞬态热分析过程，求解达到稳固状态所需的时间。内容包括：生成瞬态热力研究、定义材料属性和热载荷、通过插入预定义的时间曲线来定义温度相关的热载荷、定义反应图表。

（1）打开装配体

浏览并打开"资源文件"中的装配体"Computer_chip.sldasm"。

（2）生成瞬态分析算例

在 Command Manager 中的 Simulation 下选择"算例" →"新算例"。在"算例"对话框的"名称"中输入"瞬态分析"，在"类型"下单击"热力" ，单击"确定" 按钮。在 Simulation 设计树中生成"瞬态分析"算例，如图 7-63 所示。

（3）定义瞬态属性

在 Simulation 设计树中，右击"瞬态分析"图标，在弹出的快捷菜单中选择"属性"。弹出"热力"对话框，在"求解类型"下单击"瞬态"，设定总时间为 900s，设定时间增量为 30s。单击"确定"按钮。

图 7-62　芯片装配体

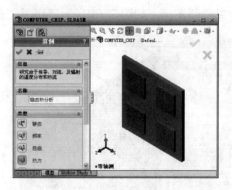

图 7-63　生成稳态热力研究

（4）指派材料

给零部件材料指派后，一个复选符号出现在 Simulation 零部件图标上。

1）指定衬底材料属性。在 Simulation 设计树中，右击"零件"→"Substrate-1"并在弹出的快捷菜单中选择"应用/编辑材料"。在"材料"对话框中"选择材料来源"下单击"自库文件"，选择"solidworks metarail"，选择"其他非金属"→"陶器"，单击"确定"按钮。

2）指定薄片材料属性。在 Simulation 设计树中，按〈Ctrl〉并单击选择 4 个薄片 Chip1～Chip4。4 个薄片图标高亮显示。在 Command Manager 中单击"应用材料" 。在"材料"对话框中"选择材料来源"下，单击"自定义"。在"材料属性"下，执行以下操作：确认"模型类型"被设定为"线性弹性同向性"，将"单位"设为 SI，为"名称"键入"薄片材料"，在"材料属性表"中，输入表 7-3 中的材料属性相应数据。单击 KX 的"温度相关性"栏下的"常量"，然后选择"温度相关"。表格与曲线标签打开，设定类型为"KXvsTemp"，在表格数据框内，分别设定单位为 Kelvin 和 W/(m·K)，输入温度-热导率数据。要插入一个新数据行，双击列中的单元格。注意：预览区域在输入数据时显示曲线。单击"视图"可观察实际曲线，单击"确定"按钮。

表 7-3　材料属性与热导率数据

属 性 名 称	属 性 值	温度/K	KX/[W/(m·K)]
		100	390
		150	260
弹性模量/（N/m²）	$4.1×10^{11}$	200	195
泊松比	0.3	250	156
质量密度/（kg/m³）	1250	300	130
热导率	1（温度相关）	350	110
热扩张系数/（K⁻¹）	$1×10^{-6}$	400	98
比热容/[J/(kg·K)]	670	450	87

（5）指定初始温度

在 Simulation 设计树中，右击"瞬态分析"中的"热载荷" ⚙ 按钮，在弹出的快捷菜单中选择"温度"，弹出"温度"对话框。在"类型"中选择"初始温度"，在弹出的 FeatureManager 设计树中单击"热分析"。选定的装配体出现在温度的面、边线、顶点、零部件框内。"温度"选择 K（开尔文），然后在数值框内输入 300（初始温度）。单击"确定" ✔ 按钮。该程序将指定初始温度，并在载荷/约束文件夹中生成一个图标。

（6）应用热量到薄片

单击 Commander Mannanger 上"热载荷" ⚙ 中的热量 ♨，弹出"热量"对话框，在 SolidWorks 设计树中，单击选择 4 个薄片 Chip-1～chip-4，4 个薄片图标高亮显示。薄片 Chip-1～chip-4 出现在热量的面、边线、顶点、零部件框内。在"热量"（每个实体）下，执行如下操作：将"单位" 📃 设为 SI，设定"热量" ♨ 为 0.2，单击"确定" ✔ 按钮。Simulation 对 4 个薄片应用热量，并在载荷/约束文件夹中生成一个图标。

（7）应用对流到衬底面

单击 Commander Mannanger 上"热载荷" ⚙ 中的"对流" ♨，弹出"对流"对话框，在图形区中，选择衬底背面、侧面 1 和侧面 2，将"单位" 📃 设为 SI，设定"对流系数⊖" ♨ 为 25。设定"总温度" ♨ 为 300，单击"确定" ✔ 按钮。Simulation 对 3 个选定面应用对流，并在"载荷/约束"文件夹中生成一个图标。对流符号出现在所选的 3 个面上。注意：没有添加边界条件的面（如对称面）均为热绝缘。

（8）定义时间相关的热量条件

在 t=0 时热量从零值开始，并在 60s 后达到最大值 0.2W。定义时间相关热量条件的步骤如下。在 Simulation 设计树中，右击"热载荷" ⚙ 文件夹中的"热量-1"图标并在弹出的快捷菜单中选择"编辑定义"，弹出"热量"对话框。在"热量"（每个实体）下，执行如下操作：单击"使用时间曲线" 📈，然后单击"编辑"，打开"时间曲线"对话框，单击"获取曲线"，再右击"时间曲线"，在弹出的快捷菜单中选择"生成曲线"，如图 7-64 所示。录入时间热量关系数据。单击"确定"按钮，返回到"时间曲线"对话框，单击"确定"按钮。再次单击"确定" ✔ 按钮完成时间相关的热量条件定义。

（9）网格化模型和运行研究

右击 Simulation 设计树中的"网格" 🔲，在弹出的快捷菜单中选择"生成网格" 🔲，在"选项"下面选择"运行（求解）分析"，单击"确定" ✔ 按钮，接受默认整体大小和公差。

（10）运行瞬态研究

在 Command Manager 中的 Simulation 下单击"运行" 🔲，完成分析后显示 900s（最后的时间阶梯）时的温度概貌。如图 7-65 所示，900s 时的温度非常接近于稳态结果。

（11）观察 30s 时的温度分布

双击 Simulation 设计树中"结果"文件夹里的"热力（-温度-）"显示图解。在热力图解 P 显示框中，将"单位" 📃 设为"开尔文"，设定"图解步骤" 🔲 为 1，单击"确定" ✔ 按钮。热力文件夹中出现图解 2 的图表，同时显示 30s 时的温度概貌，如图 7-66 所示。

（12）观察顶点温度随时间的变化

⊖ 对流系数，按 GB 3102.4—1993 规定，应称为表面传热系数，过去曾称为对流换热系数。——编者注

图 7-64 定义时间相关的热量条件

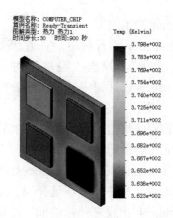

图 7-65 900s 时的温度分布

可以使用探针工具来绘制模型中所需位置的温度—时间曲线。

在 Simulation 设计树中，通过双击来激活瞬态研究中的热力 2。单击 Command Manager 中的"图解"  按钮，并选择"探测" ✐，弹出"探测"列表框，然后单击薄片右下角的顶点。单击"响应" ☝，弹出"响应图表"对话框，如图 7-67 所示。该图表显示所选顶点的温度（y 轴）随时间（x 轴）的变化曲线。该图表显示，在大约 600s 之后达到稳定状态。

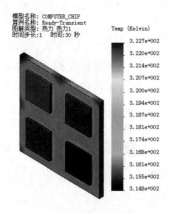

图 7-66 30s 时的温度分布

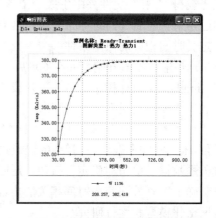

图 7-67 顶点温度随时间的变化

6. 范例：芯片热应力分析

完成瞬态热分析后，可以计算瞬态热分析某个时刻下的温度分布引起的热应力。本例分析第 15 级时间步长处的温度引起的热应力。包括以下内容：使用热算例的结果在静态算例包括热力效应，应用结构对称边界条件。

（1）生成稳态分析算例

在 Command Manager 中的 Simulation 下选择"算例" 🔍 →"新算例"。在"算例"对话框的"名称"中输入"热应力分析"，在"类型"下单击"静态" 🕮，单击"确定" ✔按钮。

（2）设定热力效应

在静态算例中包含以下热力效应：在 Simulation 设计树中，右击 Thermal Stress ⏛，在弹出的快捷菜单中选择"属性"。如图 7-68 所示，在"属性"对话框中的"流动/热力效应"选项卡中，在"热力选项"下选择"热算例的温度"。在"热算例"中选择"瞬态热分析"，设定

"时间步长"为15。并设"应变为零时的参考温度"为300K，单击"确定"按钮。

（3）指派材料

展开"瞬态"算例，将瞬态算例的零件文件夹拖动到热应力算例。热应力算例的"零件" 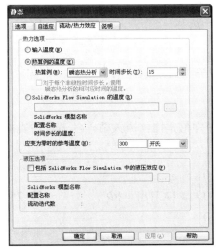 图标将出现选中标记，表明所有实体指派了材料。

（4）施加约束条件

1）固定衬底的背面。在 Simulation 设计树中，右击热应力分析算例中的"夹具"，然后选择"高级夹具"。在 Property Manager 中的"类型"选项卡上，单击"高级"下面的"使用参考几何体"。单击，然后选择衬底的背面。单击，在弹出的 Feature Manager 设计树中选择前视基准面。在"平移"下单击"垂直于基准面"并将其值设为 0，单击"确定"按钮。

2）应用对称约束。对装配体的对称面应用夹具，在 Simulation 设计树中，右击热应力分析算例中的"夹具"，然后选择"高级夹具"。在"类型"选项卡"高级"下，单击"对称"。在图形区中，选择模型的两个对称面，单击"确定"按钮。

（5）网格化模型和运行研究

在 Command Manager 中的 Simulation 下单击"运行"。完成分析后，显示瞬态热分析的第 15 个载荷步时的热应力，如图 7-69 所示。

图 7-68　应用热效应

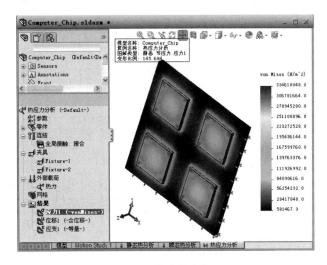

图 7-69　热应力分布

7.1.6　流动效应分析

汽车车身等零件由于受到空气等流体的压力而产生应力。此问题实际上就是流体和应力两个物理场之间的相互作用，故属于耦合场分析问题。

1．流动效应分析原理

与其他耦合场的分析方法类似，流动效应分析一般先进行流体分析，然后将求得的节点压力和温度作为载荷施加到结构应力分析中，求得流动效应引起的应力。

2．CFD 分析原理

下面以一维定常层流问题为例说明流体问题的有限元分析原理。

图 7-70 所示变截面管路管内定常层流流动，已知进、出口处的压力分别为 p_j 和 p_c，断面面积为 A_j 和 A_c，两管的长度分别为 L_1 和 L_2，流体的黏度为 μ。试用有限元法分析其压力分布。进口段长度为 2.0m，直径为 1.0m，进口压力为 300Pa；出口段长度为 3.0m，直径为 2.5m，出口压力 0Pa；流体密度为 1.0kg/m³，流体黏性为 0.1kg/(m·s)。

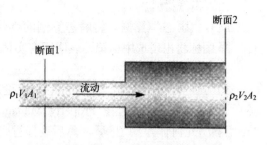

图 7-70　变断面管路管内定常层流流动

（1）结构离散

将实际结构离散成如图 7-71 所示的 2 个单元和 3 个节点组成的模型。

（2）单元分析

取一个如图 7-72 所示的通用单元，进行以下分析，建立流量与节点压力之间的关系。

图 7-71　结构离散图　　　　图 7-72　单元示意图

由 Hagen-Poiseuile 定律可知，典型的定常层流流动满足

$$\Phi = \frac{\pi D^4}{128\mu L}(p_1 - p_2) = k(p_1 - p_2) \tag{7-23}$$

$$
\begin{aligned}
\Phi_i &= k_e p_i - k_e p_j \\
\Phi_j &= -k_e p_i + k_e p_j
\end{aligned}
\quad
\begin{Bmatrix} \Phi_i \\ \Phi_j \end{Bmatrix} = \begin{pmatrix} k_e & -k_e \\ -k_e & k_e \end{pmatrix} \begin{Bmatrix} p_i \\ p_j \end{Bmatrix} \Rightarrow \{\Phi\}^e = [K]^e \{p\}^e
\tag{7-24}
$$

（3）整体分析

对于本例中的定常层流流动问题，在节点处，由质量守恒定律：流入节点的流量与流出节点的流量之和等于零。可知

$$
\begin{Bmatrix} \Phi_1^1 + \Phi_1^w \\ \Phi_2^1 + \Phi_2^2 \\ \Phi_3^2 + \Phi_3^w \end{Bmatrix} = \begin{Bmatrix} \Phi_1^1 \\ \Phi_2^1 \\ \Phi_3^1 \end{Bmatrix} + \begin{Bmatrix} \Phi_1^2 \\ \Phi_2^2 \\ \Phi_3^2 \end{Bmatrix} + \begin{Bmatrix} \Phi_1^w \\ \Phi_2^w \\ \Phi_3^w \end{Bmatrix} = \begin{Bmatrix} 0 \\ 0 \\ 0 \end{Bmatrix} \Rightarrow [K]\{p\} = \{\Phi_w\}
\tag{7-25}
$$

（4）边界条件处理与求解

1）边界条件。由实际问题的特点可知：节点 1 和节点 3 处的节点压力已知，但外界流入的流量未知；节点 2 处的节点压力未知，但外界流入的流量为零。

2）边界条件处理与求解。由问题实际的边界条件可见：整体分析得到的方程组左右两边均有未知数。因此，还不能求解。通常，按照处理前后所得节点压力相等的原则，用置 1 法对整体方程组进行如下处理并求解：将[K]中与已知压力对应的主对角线元素置 1，对应行的其他元素置 0；将{Φ}中与已知压力对应的元素置已知压力值，对本例的处理如下：

$$
\begin{bmatrix} 1 & 0 & 0 \\ -k_1 & k_1 + k_2 & -k_2 \\ 0 & 0 & 1 \end{bmatrix} \begin{Bmatrix} p_1 \\ p_2 \\ p_3 \end{Bmatrix} = \begin{Bmatrix} p_j \\ 0 \\ p_c \end{Bmatrix}
$$

解得：

$$\begin{Bmatrix} p_1 \\ p_2 \\ p_3 \end{Bmatrix} = \begin{Bmatrix} p_j \\ \dfrac{k_1 p_j + k_2 p_c}{k_1 + k_2} \\ p_c \end{Bmatrix} \tag{7-26}$$

（5）结果后处理

对于本问题，总流量等于各单元流量。则

$$\Phi = k_1(p_1 - p_2) = k_2(p_2 - p_3) = \frac{k_1 k_2}{k_1 + k_2}(p_j - p_c) \tag{7-27}$$

流速等于流量除以过流面积。则进口流速

$$V_j = \frac{\Phi}{A_j} = \frac{k_1 k_2}{k_1 + k_2}(p_j - p_c) / A_j \tag{7-28}$$

将已知参数代入式（7-28）可得进口流速 V_j=45.14m/s。

3．Flow Simulation 求解过程

上面通过手工计算，说明了流体有限元的理论分析步骤，且上述步骤一般是由计算机软件来实现的，下面通过在 Flow Simulation 分析上述问题，说明 Flow Simulation 分析步骤。

（1）建立模型

按变截面管的尺寸在 SolidWorks 中建模型，保存为"变截面管.sldprt"。

（2）启动 Flow Simulation 插件

选择"工具"→"插件"命令，选择"SolidWorks Flow Simulation" 启动该插件。

（3）创建流动模拟

切换到"流动模拟"选项卡，单击 Flow Simulation 工具栏中的"新建"按钮，在项目名称中输入"变截面管"，单击"确定" ✔ 按钮，创建"变截面管"流动模拟，并自动生成计算域。

（4）定义流体子域

在设计树中右击"流体子域"，在弹出的快捷菜单中选择"插入流体子域"，如图 7-73 所示，在绘图区中选择内部的流体区域，选择流体类型为"液体和水"，单击"确定" ✔ 按钮，创建"流体子域"。

（5）添加进出口边界条件

在设计树中右击"边界条件"，在弹出的快捷菜单中选择"插入边界条件"。如图 7-74 所示，在绘图区中选择进口截面，选择类型为"压力开口"和"静压"，设定进口压力 p=300Pa，单击"确定" ✔ 按钮，创建进口压力条件。重复以上步骤，创建出口压力条件 p=0.001Pa。

（6）设置迭代控制目标

在设计树中右击"目标"，在弹出的快捷菜单中选择"插入全局目标"，设"平均速度"为控制目标，单击"确定" ✔ 按钮。

（7）求解

单击 Flow Simulation 工具栏中的"运行"按钮，在"运行"对话框中单击"运行"按钮。

（8）显示速度流线图解

右击设计树中的"流动迹线"，在弹出的快捷菜单中选择"插入"，在弹出的"插入流动迹线"对话框中选择"前视基准面"和"速度"，单击"确定" ✔ 按钮。

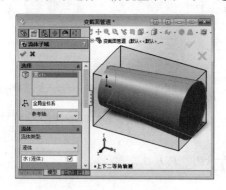

图 7-73　定义流体子域

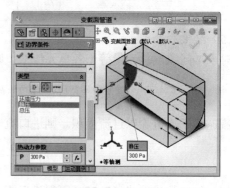

图 7-74　添加进口压力

4. 范例：管道壁面应力分析

通过上述步骤完成 Flow Simulation 分析可以求得流体对管道壁面的作用力。将计算所得结果输出到 SolidWorks Simulation 即可寻求模型的最大应力。

该类流固耦合问题的求解步骤为：首先建立并运算一次流体仿真，然后将其结果导出到模拟结果。最后，作为 SolidWorks Simulation 加载条件进行分析获得流固耦合应力。

（1）完成流体分析

打开"资源文件"中的"变截面管.sldprt"，如图 7-75 所示，在"流动模拟"工具栏中单击"运行"按钮完成事先建立的流体分析。

（2）导出结果到模拟

选择"流动模拟"→"工具"→"将结果导出到模拟"命令，如图 7-76 所示。

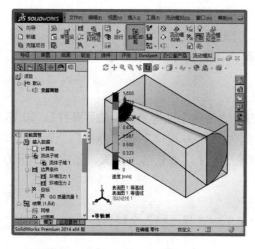

图 7-75　定义流体子域

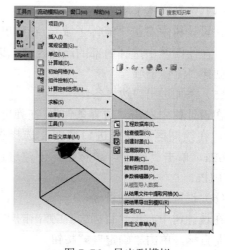

图 7-76　导出到模拟

（3）建立应力分析算例

单击"Simulation"工具栏中的"新算例"，设名称为"流动效应应力"，选择"静应力分析",单击"确定"✅按钮,建立应力分析算例。如图 7-77 所示,为变截面管道添加材料为"1023 碳钢板"和为管道出口边线添加"固定"几何体约束条件。

(4) 施加流动效应载荷

如图 7-78 所示,右击"外部载荷",在弹出的快捷菜单中选择"流动效应",在图 7-79 所示的"静力分析"对话框的"流动/热力效应"选项卡中选中"液压选项"栏中的"包括 SolidWorks Flow Simulation 中的液压效应",浏览到流体分析结果文件如"1.fld",单击"打开"按钮,再单击"确定"按钮。

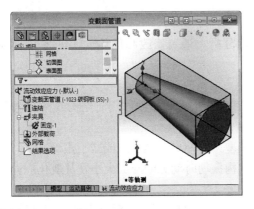

图 7-77　建立静应力分析算例

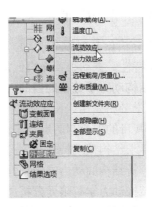

图 7-78　施加流动效应

(5) 运行分析并查看结果

单击"Simulation"工具栏中的"运行"按钮,执行流固耦合应力分析,所得应力分布如图 7-80 所示。

图 7-79　选择流动分析结果

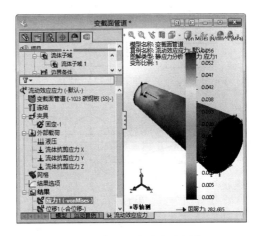

图 7-80　流固耦合应力分析结果

7.2 结构动态分析

机械产品逐渐向着高速、高效、精密、轻量化和自动化方向发展，产品结构日趋复杂，对其工作性能的要求越来越高。为了安全可靠地工作，其结构系统必须具有良好的静、动态特性。机械在工作时还会产生振动和噪声，振动会影响设备的工作精度，缩短设备的寿命。噪声则会损害操作者的身心健康，造成环境污染。因此，要开展动态分析设计。

7.2.1 动态分析原理

动态分析就是对设备的动力学特性进行分析，通过修改和优化设计最终得到具有良好动、静态特性，振动小，噪声低的产品。

1．结构动力学分析的目的

动力学分析是用来确定惯性（质量效应）和阻尼起着重要作用时结构或构件动力学特性的技术，其目的主要有两点。

1）寻求结构振动特性（固有频率和主振型）以便更好地利用或减小振动。

2）分析结构的动力响应特性，以计算结构振动时动力响应的大小及其变化规律。

2．结构动力学有限元分析原理

为快速了解结构动力分析原理，下面以二系悬挂的轨道车辆浮沉振动为例进行分析。

由于车体、构架等零部件的弹性变形与一、二系悬挂装置的挠度相比小得多，故可忽略不计，即将车体和构架等看成刚体，则二系悬挂的轨道车辆浮沉振动可看成如图 7-81 所示的在线路激励 Z_k 作用下两自由度弹簧质量系统。

（1）结构离散

如图 7-82 所示，将两自由度弹簧质量系统划分成 2 个单元 3 个节点。

（2）单元分析

如图 7-83 所示，由于第 i 单元为弹簧，由弹簧变形与载荷满足胡克定律，则

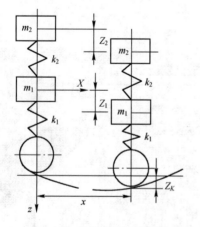

图 7-81　车辆浮沉振动模型　　　图 7-82　结构离散结果　　　图 7-83　单元示意图

$$\Delta l = Z_i(t) - Z_j(t) = \frac{F_i(t)}{k_e} \Rightarrow F_i(t) = k_e(Z_i(t) - Z_j(t)) \tag{7-29}$$

则有

$$\begin{cases} F_i(t) = k_e(Z_i(t) - Z_j(t)) \\ F_j(t) = k_e(-Z_i(t) + Z_j(t)) \end{cases} \Rightarrow \begin{Bmatrix} F_i(t) \\ F_j(t) \end{Bmatrix} = \begin{pmatrix} k_e & -k_e \\ -k_e & k_e \end{pmatrix} \begin{Bmatrix} Z_i(t) \\ Z_j(t) \end{Bmatrix} \Rightarrow \{F(t)\}^e = [K]^e \{\delta(t)\}^e \quad (7\text{-}30)$$

（3）整体分析

利用 3 个节点处的牛顿第二定律（或达朗贝尔原理）$\sum \{\tilde{F}\}^e = [m]\{a\}$ 和变形协调条件 $\{\tilde{\delta}(t)\}^e = \{\delta(t)\}$ 可得

$$\begin{aligned} &P_1(t) - k_1 Z_1(t) + k_1 Z_2(t) = m_1 \ddot{Z}_1(t) \\ &P_2(t) + k_1 Z_1(t) - (k_1 + k_2)Z_2(t) + k_2 Z_3(t) = m_2 \ddot{Z}_2(t) \Rightarrow [m]\{\ddot{Z}(t)\} + [K]\{Z(t)\} = \{P(t)\} \\ &P_3(t) + k_2 Z_2(t) - k_2 Z_3(t) = m_3 \ddot{Z}_3(t) \end{aligned} \quad (7\text{-}31)$$

由以上算例的分析过程可见：动力学有限元分析与静力学分析相似，进行动力学分析时，首先将连续的弹性体离散成有限多个单元后，进行单元分析，建立节点位移与节点速度、加速度和节点力之间的关系，最后，利用各节点处的变形协调条件和动力学达朗贝尔原理，建立整体刚度方程并进行求解。考虑阻尼影响时可按上述步骤建立动力学通用方程。

$$[M]\{\ddot{\delta}(t)\} + [C]\{\dot{\delta}(t)\} + [K]\{\delta(t)\} = \{P(t)\} \quad (7\text{-}32)$$

式中，$[K]$ 为总体刚度矩阵，它与静力分析的总体刚度矩阵完全相同，也是由单元刚度矩阵组集合而成的；$[M]$ 为总体质量矩阵，它与总体刚度矩阵类似，是由单元质量矩阵组集合而成的；$[C]$ 为总体阻尼矩阵，它与总体刚度矩阵类似，是由单元阻尼矩阵组集合而成的。

7.2.2 模态分析

众所周知，当激振频率等于固有频率时会发生过度振动反应，这种现象就称为共振。例如，汽车在一定速度下，由于共振现象会发生剧烈摇摆，而以其他速度行驶时，这种摇摆现象就会减轻或消失。频率分析，也称为模态分析，可帮助用户避免由于共振造成的过度应力而导致失效。

1. 模态分析原理

由于固有频率是系统自身的固有特性，一般按无阻尼自由振动进行分析。此时，动力学基本方程中的阻尼力项和外加激励项为零。由式（7-31），其动力学通用方程为

$$[M]\{\ddot{\delta}(t)\} + [K]\{\delta(t)\} = 0 \quad (7\text{-}33)$$

任何弹性体的自由振动都可分解为一系列简谐振动的叠加。设上述方程的简谐振动解为

$$\{\delta(t)\} = \{\delta_0\}\sin\omega t \quad (7\text{-}34)$$

将式（7-34）代入自由振动基本方程可得

$$([K] - \omega^2[M])\{\delta_0\} = 0 \quad (7\text{-}35)$$

由于自由振动时，结构中各节点的振幅 $\{\delta_0\}$ 不全为零，故括号内矩阵对应的行列式的值必须为零。即

$$|[K] - \omega^2[M]| = 0 \quad (7\text{-}36)$$

由于结构刚度矩阵 $[K]$ 和质量矩阵 $[M]$ 均为（节点自由度数目）n 阶方阵，所以式（7-36）是关于 ω^2 的 n 次方程，由此可求得 n 个 ω^2。ω^2 称为广义特征值可由下式求解。

$$\omega^2 = \frac{\{\delta_0\}^T [K] \{\delta_0\}}{\{\delta_0\}^T [M] \{\delta_0\}} \qquad\qquad (7-37)$$

对应每一个特征值 ω^2，由式（7-37）可确定一组特征向量 $\{\delta_0\}$。目前常用的求解方法有广义雅可比法、逆迭代法和子空间迭代法。其中，子空间迭代法是通过选择 m 个 n 维向量 $\{\delta_i\}$，线性叠加为猜想振型 $\{\delta_0\}$，从而将计算 n 维空间的特征值问题，转化为计算其 m 维子空间上的特征值问题，具体求解时采用迭代法，求解步骤可参考有关文献。

动力学问题中，特征值 ω 是结构固有的振动频率，简称为固有频率；而特征向量 $\{\delta_0\}$ 是特定固有频率下各节点的振幅，反映了结构的共振频率被激活时的振动形态，称之为振动模态，简称为模态，也叫主振型。

2. 机翼 Simulation 模态分析

本部分通过机翼的模态分析，说明 Simulation 频率分析的过程，内容包括：生成频率分析研究、运行频率分析、查看频率分析结果、列举质量参与因子、评估结果的准确性。

一模型飞机机翼，机翼长为 1000mm，断面如图 7-84 所示，沿着长度方向轮廓一致。机翼由低密度聚乙烯制成，有关性质参数：弹性模量为 2.0×10^5MPa，泊松比为 0.3，密度为 910kg/m³。机翼的一端固定在机体上，另一端为悬空的自由端，试对其进行模态分析。

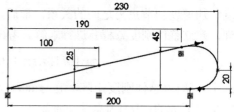

图 7-84　模型飞机机翼断面

（1）建立模型

参照图 7-85 建立模型飞机机翼实体模型，并保存为"机翼模态分析.sldprt"。

图 7-85　设置分析类型和分析属性

（2）生成频率分析算例并设置分析属性

在 Command Manager 中的 [Simulation] 下选择"算例" → "新算例"。在"算例"对话框的"名称"中输入"频率分析"，在"类型"下单击"频率"，单击"确定" 按钮。

在 Simulation 设计树中，右击"频率分析"按钮，在弹出的快捷菜单中选择"属性"。在"频率"对话框设"频率数"为 5，即计算前 5 阶固有频率，单击"确定"按钮。

（3）指派材料

在 Command Manager 中的 Simulation 下选择"应用材料" ≣，如图 7-86 所示，在"材料"对话框中选中"自定义"，设"弹性模量"为 2E+011N/m² （2.0×10¹¹N/m²），"泊松比"为 0.3，"密度"为 910kg/m³，单击"确定"按钮。一个复选符号 出现在零件文件夹中。

（4）应用约束

在 Command Manager 中的 Simulation 单击"夹具" → "固定几何体"。如图 7-87 所示，选择机翼后端面，单击"确定" ✔ 按钮。

（5）网格化模型和运行

在 Command Manager 中的 Simulation 下单击"运行" 。按默认方式划分网格并运行。

图 7-86 自定义材料属性

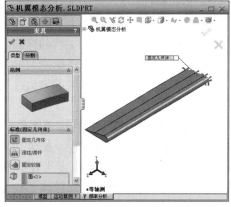

图 7-87 应用约束

（6）列举共振频率

在 Simulation 设计树中，右击"结果"文件夹，在弹出的快捷菜单中选择"列举共振频率"。"列举模式"对话框将列举模式编号、共振频率（弧度/秒或赫兹）以及对应的周期秒数。如图 7-88 所示，模式 1 的频率为 84.594Hz。

（7）查看模态形状

在 Simulation 设计树中，右击"载荷/约束"文件夹，在弹出的快捷菜单中选择"隐藏所有"以隐藏所有约束符号 。单击 Simulation 设计树中结果文件夹，双击位移 1。列出模式形式图，如图 7-89 所示，图中包括：模式号和固有频率大小。

图 7-88 列举共振频率

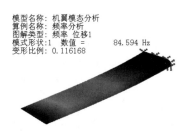

图 7-89 第 1 阶模态

（8）动画演示

单击 Simulation 设计树中结果文件夹，双击对应的位移文件夹，打开模态图解。然后，右击对应项，并在弹出的快捷菜单中选择"动画"，以便对各阶模态进行深入的认识。

7.2.3 跌落分析

碰撞问题是实际生活中经常遇到的问题。如当今盛行的手机、便携式电脑、电子字典等电子元器件，从投产开始，直到产品完全报废，与外界的物品发生碰撞是不可避免的。所以，许多产品在设计过程中都会考虑产品在未来发生碰撞后会发生什么样的后果，还能不能继续使用？如果不能使用时，那么它的损伤程度到底有多大？即有一个可靠性的问题。

按照国家电工电子产品的环境试验有关标准规定，其中两项重要的试验项目是施压和自由跌落。生产厂家一般情况下都要对产品进行实物试验，但实物试验的缺点是：修改设计花费的时间和费用较高，不利于产品快速推向市场。采用以有限元技术为核心的 CAE 方法对实验进行仿真则可以克服上述缺点。利用 CAE 工具，对产品的施压试验和自由跌落试验工况进行仿真。通过对仿真结果的分析，能够为产品的设计开发及改型提供一定的依据。采用试验仿真可达到以下效果。

1）事先预测。在制作样机前即可预知设计是否存在设计缺陷和薄弱环节，因此可及时修改设计，缩短开发循环过程，加速产品开发过程。

2）详细实验报告。提供量化分析报告，指明缺陷的部位及产生的原因，为设计人员提供修改依据，逐步完善设计，提高了设计质量，费用低，试验时间短，建模时间相对于制造样机大大缩短。

1. Simulation 跌落分析范例

跌落测试研究评估零件在规定跌落高度掉落在硬地板上的效应，国家标准规定跌落高度的优先选择值为 25mm，100mm，500mm，1000mm 等。除引力外，还可以指定掉落距离或撞击时的速度。程序通过显性积分方法解出动态问题为时间的函数，显性方法速度快，但要求使用小的时间增量。由于分析过程中可能产生大量的信息，程序将以一定的时间间隔在指定的位置保存结果，然后运行分析。完成分析之后，可以绘制有关位移、速度、加速度、应变和应力的图表。以 478m/s 的速度沿轴向运动的铝圆柱杆，碰撞固定边界为例，计算杆件的反应时间函数，并求出杆件最小长度。杆件采用铝合金制作，满足具有硬化同向性的 Von Mises 塑性模型。

（1）打开零件

浏览并打开"资源文件"中的零件"AluminumBar.sldprt"。

（2）生成跌落测试算例

在 Command Manager 中的 Simulation 下选择"算例" → "新算例"。在"算例"对话框的"名称"中输入"跌落"，在"类型"下单击 "跌落测试"，单击"确定" 按钮。

（3）指定材料属性

在设计树中，右击"跌落分析"文件夹并在弹出的快捷菜单中选择"应用/编辑材料"。在"材料"对话框的"选择材料来源"下，单击"自定义"。在"材料模型"下选择"塑性-Von Mises"并设定单位为"公制"，输入铝-塑性作为名称。在"属性"选项卡中，执行以下操作：设定 EX（弹性模量）为 7e+010（7×10^{10}）；设定 NUXY（泊松比）为 0.3；设定

SIGYLD（屈服应力）为 4.2×10^8；设定 ETAN（相切模量）为 1.0×10^8；设定 DENS（质量密度）为 2700，单击"确定"，如图 7-90 所示。

图 7-90　指定材料属性

（4）定义跌落测试参数

在 Simulation 设计树中，右击"设置" ，在弹出的快捷菜单中选择"定义/编辑"。在"跌落测试设置"对话框中设定"指定"为"冲击时速度"，在"冲击时速度"下单击方向的面、边线、基准面、基准轴框内，然后在 Feature Manager 设计树中单击"Front Plane"，将"速度"设为 478m/s。在"引力"下的"方向的面、线"选择框内单击，然后选择如图 7-91显示的边线。接受默认引力加速度的大小。在图形区中出现向量，显示引力的方向。在目标方向下单击"垂直于引力"，单击"确定" 按钮。

（5）设定结果选项

需要设定冲击之后的求解时间，以及时间历史记录反映图表的位置。

单击 Simulation 主工具栏中的"结果选项" 。在"结果选项"对话框中，设冲击后的求解时间框内，输入 45（微秒）。在"保存结果"下，执行如下操作：将"从此开始"保存结果设为 0，将"图解步长数"设为 30，在圆柱的圆形面中心选择两个顶点，选定的顶点出现在为时间历史图表选择顶点、参考点框内。将每个图解的图表步骤数设为 300，这将指示程序保存算例运行时整个模型在指定数目的均匀分布时刻的结果。程序可根据需要采用线性插值方法来计算指定时间瞬间的反应。程序保存 30 个均匀分布时间瞬间的所有结果，单击"确定" 按钮，如图 7-92 所示。

（6）网格化模型和运行分析

在 Command Manager 中的 Simulation 下单击"运行" ，网格化后运行分析。

（7）查看结果

跌落测试结果包括位移、应力和应变。

1）查看 45μs 时的应力。在 Simulation 设计树中，右击"结果"文件夹中的"应力 1"，在弹出的快捷菜单中选择"编辑定义"，如图 7-93 所示，在图解步长中输入"30"，单击"确定" 按钮，则显示第 30 步（对应时刻第 45μs）时的应力分布。

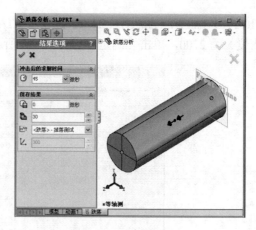

图 7-91　定义掉落测试参数　　　　　　　　图 7-92　设定结果选项

2）绘制位移图表。在 Simulation 设计树中，右击"结果"文件夹，然后在弹出的快捷菜单中选择"时间历史图表"。在"时间历史图表"对话框中，选"预定义的位置"，在"Y轴"中设"位移"，"UZ：Z 位移"，单击"确定" ✔ 按钮，如图 7-94 所示。

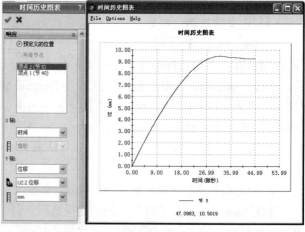

图 7-93　45μs 时的应力分布　　　　　　　图 7-94　Z 方向位移变化

讨论：由于整体 Z 朝上而杆件缩短，因此 UZ 为负。UZ 的最大值为 0.933，出现在 32μs 时。注意，在该时刻之后，该位置开始向上运动，此时杆件长度为（2.347-0.933=1.414cm），试验结果显示为 1.319cm。

7.3　疲劳分析

根据国外的统计，机械零件的破坏 50%～90%为疲劳破坏，如轴、连杆、齿轮、弹簧、螺栓、汽轮机叶片和焊接结构等，很多机械零部件和结构件的主要破坏形式都是疲劳。特别是近年来，随着机械向高温、高速和大型方向发展，机械的应力越来越高，使用条件越来越恶劣，疲劳破坏事故更是层出不穷。因此，许多发达国家越来越重视疲劳强度工作。

7.3.1 疲劳分析原理

疲劳是指结构在低于静态强度极限的载荷重复作用下出现疲劳断裂的现象。如一根能够承受 300kN 拉力的杆，在 100kN 的循环载荷下，经历 1 000 000 次循环后可能出现破坏。

1. 疲劳破坏的特点

尽管疲劳载荷有各种类型，但它们都有一些共同的特点。

1）断裂时并无明显的宏观塑性变形，断裂前没有明显的预兆，而是突然地破坏。

2）引起疲劳断裂的应力很低，常常低于静载时的屈服强度。

3）疲劳破坏能清楚地显示出裂纹的萌生、扩展和最后断裂 3 个组成部分。

2. 疲劳破坏的主要因素

疲劳破坏的主要因素包括载荷循环次数、每个循环应力幅值和平均应力、局部应力集中。

3. 疲劳寿命估算理论基础

使用较早寿命估算方法是名义应力法，使用经验比较丰富。其设计思想是从材料的 $S\text{-}N$ 曲线出发，再考虑各种因素的影响，得出零件的 $S\text{-}N$ 曲线，并根据零件的 $S\text{-}N$ 曲线在已知应力水平时可以估计寿命，若给定了设计寿命则可估计可以使用的应力水平。

（1）材料的 $S\text{-}N$ 曲线

材料的疲劳性能通常用外加应力水平 S 和标准试样疲劳寿命 N 之间关系的曲线，即材料的 $S\text{-}N$ 曲线描述。用一组标准试件（通常为 7～10 件）在给定的应力比下（通常取 $R=-1$）进行疲劳试验方法即可测得材料的 $S\text{-}N$ 曲线（见图 7-95）。描述材料 $S\text{-}N$ 曲线的最常用形式是幂函数形式。即

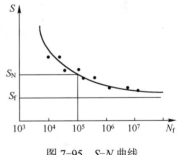

图 7-95　$S\text{-}N$ 曲线

$$S^m N = C \tag{7-38}$$

式中，m 与 C 是与材料、应力比、加载方式等有关的参数。

（2）零件的 $S\text{-}N$ 曲线

材料的 $S\text{-}N$ 曲线，只能代表标准光滑试样的疲劳性能。实际零件的尺寸、形状和表面状况等都与标准试样有很大差别，因此其疲劳强度和寿命也与标准试样有很大差别。影响机械零件疲劳强度的因素很多，其中主要的有形状、尺寸、表面状况、平均应力、复合应力、加载频率、应力波形、腐蚀介质和温度等。为了反映形状，尺寸，表面状况的影响，一般采取在材料的疲劳极限和 $S\text{-}N$ 曲线的基础上考虑一个疲劳强度降低系数 $K_{\sigma D}$，以获得零件的疲劳极限和 $S\text{-}N$ 曲线。

$$K_{\sigma D} = \frac{K_\sigma}{\varepsilon \beta} \tag{7-39}$$

式中，$K_\sigma, \varepsilon, \beta$ 分别为零件的理论应力集中系数、尺寸系数和表面加工系数。

（3）平均应力的影响

通常载荷可以分为两类：恒幅载荷和变幅载荷。如图 7-96 所示，疲劳事件参数包括应力幅值 σ_a、平均应力 σ_m、最大应力 σ_{max}、最小应力 σ_{min}，应力比率 r（对称循环 $r=-1$，脉动循环 $r=0$）及周期。

对于平均应力的影响，通常使用材料的 Goodman 方程将非对称循环等效为对称循环进

行分析。等效应力为

$$\sigma_a = \sigma_{-1}\left(1 - \frac{\sigma_m}{\sigma_b}\right) \tag{7-40}$$

式中，σ_a、σ_m 为零件工作载荷下的应力幅值和平均应力；σ_b、σ_{-1} 为材料的强度极限和疲劳极限。

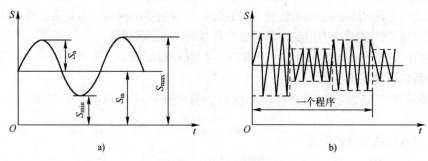

a)   b)

图 7-96   疲劳载荷参数

a) 等幅疲劳载荷   b) 变幅疲劳载荷

4．实例：轴的寿命估算

图 7-97 为一中部带缺口的轴，受 4 点弯曲对称循环载荷为 157kN，材料为合金钢，其疲劳极限为 210MPa，强度极限为 724MPa，试估算其寿命。

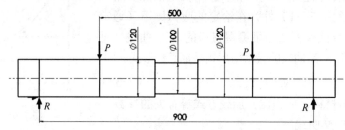

图 7-97　轴

1）确定危险断面的应力。分析可知中部缺口为危险断面，其应力为

$$\sigma = \frac{PL}{\frac{\pi}{32}d^3} = \frac{157\times10^3\times200}{\frac{\pi}{32}\times100^3}\text{MPa} = 320\text{MPa}$$

2）确定 S-N 曲线。有相关文献查得 $K_\sigma = 1.18$，$\varepsilon = \beta = 1$，则 $K_{\sigma D} = 1.18$，由经验数据知：$N_0 = 10^6$ 时，$\sigma_{-1D} = \dfrac{\sigma_{-1}}{K_{\sigma D}} = \dfrac{210}{1.18} = 178\text{MPa}$；$N_3 = 10^3$ 时，$\sigma_3 = 0.9\sigma_b = 651\text{MPa}$。得

$$m = \frac{3}{\lg\sigma_3 - \lg\sigma_{-1D}} = 5.33$$

3）估算疲劳寿命。

$$N = \left(\frac{\sigma_{-1D}}{\sigma}\right)^m \cdot N_0 = \left(\frac{178}{320}\right)^{5.33}\times10^6 = 43\ 882\ \text{次}$$

7.3.2　轴四点弯曲疲劳寿命估算

Simulation 必须基于一个静态计算结果进行疲劳分析。下面对阶梯轴进行疲劳分析，内容包括：完成静态分析、定义疲劳算例、设定疲劳算例的属性、定义零件材料的 *S-N* 曲线、定义疲劳事件、查看疲劳结果。

1．打开零件

浏览"资源文件"中的"阶梯轴疲劳.sldprt"并打开。

2．进行静态分析

在 Simulation 设计树中，右击"静态分析"按钮，在弹出的快捷菜单中选择"运行"，完成文件中原来设置好的静态分析。

3．生成疲劳算例

在 Command Manager 中的 Simulation 下选择"算例" 🔍 → "新算例"。在 Property Manager 的名称中输入"疲劳"；在"类型"下单击"疲劳" 🔁。最后，单击"确定" ✔ 按钮。

4．设置算例属性

在 Simulation 设计树中，右击"疲劳"按钮，在弹出的快捷菜单中选择"属性"，弹出"疲劳"对话框。在"计算交替应力的手段"选项栏内，单击对"等应力"（Von Mises）。在"疲劳强度缩减因子（Kf）"框内，输入 1.0。单击"确定"，如图 7-98 所示。

5．定义 S-N 曲线

材料零件的 *S-N* 曲线要在"静态算例"中定义。在"静态算例"的设计树中，右击"阶梯轴疲劳"文件夹，在弹出的快捷菜单中选择"应用/编辑材料"。在"材料"对话框中选择"疲劳 SN 曲线"选项卡，在"源"中单击"从材料弹性模量派生"和"基于 ASME 奥氏体钢曲线"。该曲线图形将出现在预览区域，并且在表格内显示出数据组，如图 7-99 所示，单击"确定"按钮。

图 7-98　设置算例属性　　　　　　图 7-99　定义 *S-N* 曲线

6．定义疲劳事件

在"疲劳"算例的设计树中，右击"负载"按钮，在弹出的快捷菜单中选择"添加事件"，弹出"添加事件（恒定）"对话框。将"循环数" 📈 设定为 1000，设定"负载类型"

为"完全反转（LR=-1）"，在"算例" 🔍 中选择"静态分析"，单击"确定" ✔ 按钮，如图 7-100 所示。

7．运行疲劳研究

在 Simulation 设计树中，右击"疲劳"按钮，在弹出的快捷菜单中选择"运行"。

8．查看生命图解

在 Simulation 设计树的"结果"文件夹中，双击"结果 2（-生命-）"按钮，将显示生命图解，如图 7-101 所示。由此生命图解可见，阶梯轴中部寿命最短，其值为 45 340，该值与理论计算结果（43 882）接近。

图 7-100　定义疲劳事件

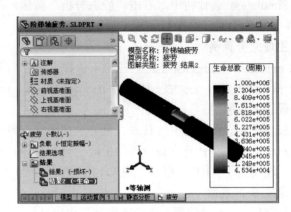

图 7-101　生命图解

7.4　优化设计

优化设计是 20 世纪 60 年代初发展起来的一门新兴学科，它将数学中的最优化理论与工程设计领域相结合，使人们在解决工程设计问题时，可以从多个设计方案中找到最优或尽可能完善的设计方案，从而提高了工程的设计效率和设计质量。目前，优化设计是工程设计中的一种重要方法，已经广泛应用于航空航天、机械、船舶、交通、电子、通信、建筑、纺织、冶金、石油、管理等各个工程领域，并产生了巨大的经济效益和社会效益，优化设计越来越受到人们广泛的重视，并成为 21 世纪工程设计人员必须掌握的一种设计方法。

7.4.1　优化设计原理

1．问题提出

什么是优化？下面通过例子进行简要说明。

仔细观察图 7-102 所示的老式茶杯，会发现此类水杯有一个共同特点：底面直径 $D=$水杯高度 H。为什么是这样呢？因为只有满足这个条件，才能在原料耗费最少的情况下使杯子的容积最大。在材料一定的情况下，如果水杯的底面积大，其高度必然就要小；如果高度变大了，底面积又大不了，如何调和这两者之间的矛盾？其实这恰恰就反映了一个完整的优化过程。

在此，水杯的材料是一定的，所要优化的目标是要使整个水杯的容积最大。由于水杯材料直接与水杯的表面积有关系，假设水杯表面积 S 不能大于 10 000，即 $S = \pi DH + \pi D^2/2 \leqslant$ 10 000，目标是通过选择合理的底面直径 D 和高度 H 使整个水杯容积 $V = \pi D^2 H/4$ 最大。

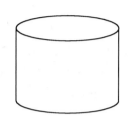

图 7-102　水杯模型

在进行优化分析时把这些需要优化的变量叫做设计变量，本例为杯子底面直径 D 和杯子高度 H；优化的目标叫目标函数，本例的目标是要使整个水杯的容积 V 最大；再者，对设计变量的优化有一定的限制条件，比如说整个杯子的材料不变，这些限制条件在优化中叫约束条件（或状态变量）。该问题的数学模型描述如下。

设计变量：底面直径 D 和高度 H
目标函数：$\mathrm{Max}\,V = \pi D^2 H/4$
约束条件：$S = \pi DH + \pi D^2/2 \leqslant 10\,000$

2．优化模型

对于通用的问题可归纳为：在满足一定约束条件下，选择设计变量，使目标函数达到最大（或最小）。其数学模型为

$$\begin{cases} \min f(x) & x \in R^n \\ s.t. \quad g_u(x) \leqslant 0 & u = 1, 2, \cdots, m \\ h_v(x) = 0 & v = 1, 2, \cdots, p \end{cases} \tag{7-41}$$

综上所述，所谓最优设计，指的是一种方案可以满足所有的设计要求，而且所需的支出（如重量、面积、应力、费用等）最小，即最优设计方案就是一个最有效率的方案。设计方案的任何方面都是可以优化的，比如尺寸（如厚度）、形状（如过渡圆角的大小）、支承位置、制造费用、自然频率及材料特性等。可见，优化设计是一种寻找确定最优设计方案的技术，其基本思想就是用最小的代价获得最大收益。

3．优化设计三要素

1）设计变量。优化结果的取得就是通过改变设计变量的数值来实现的。每个设计变量都有上下限，它定义了设计变量的变化范围。如引例中的底面直径 D 和高度 H。

2）约束条件。约束条件用来体现优化的边界条件，它们是因变量，是设计变量的函数。如引例中的表面积 $S = \pi DH + \pi D^2/2$。

3）目标函数。目标函数是最终的优化目的，它必须是设计变量的函数。也就是说，改变设计变量的数值将改变目标函数的数值，如引例中目标函数为 $V = \pi D^2 H/4$。

4．优化设计结果

1）设计序列。指确定一个特定模型的参数集合，其中也包括不是优化的参数。

2）合理的设计。也叫可行解，指满足所有给定约束条件的设计。如果其中任一约束条件不被满足，设计就被认为是不合理的，也叫不可行解。

3）最优设计。指既满足所有的约束条件又能得到最优目标函数值的设计。

5．优化方法

优化方法发展到今天可说是形形色色，比较完善了。求解工具也包括 MATLAB 优化工具箱等多种工具。SolidWorks Simulation 的优化模块中支持验算点法。

下面以引例的求解过程说明 SolidWorks Simulation 优化设计步骤。

6．SolidWork Simulation 茶杯优化

（1）参数化建模

为了简化分析不考虑杯子的壁厚。在 SolidWorks 环境建立以设计变量为驱动尺寸的厨师设计方案（底面直径 D=50mm 和高度 H=50mm），并保存为"茶杯优化.sldprt"。

（2）准备约束条件和目标函数

如图 7-103a 所示，在特征树中右击"传感器"在弹出的快捷菜单中选择"添加传感器"。如图 7-103b 所示在弹出的"传感器"对话框中选择"传感器类型"为"测量"。如图 7-103c 所示，在绘图区中选择模型表面的 3 个面，在"测量"对话框中单击"创建传感器"按钮，在"传感器"对话框中单击"确定"✔按钮，完成约束条件——表面积计算。

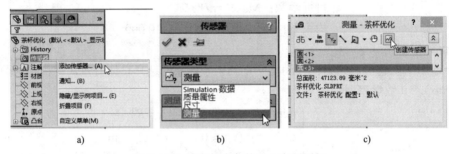

a)　　　　　　　　　　b)　　　　　　　　　　c)

图 7-103　准备约束条件——表面面积

在特征树中右击"传感器"在弹出的快捷菜单中选择"添加传感器"，如图 7-104 所示，在弹出的"传感器"对话框中选择传"感器类型"为"质量属性"，"属性"选择为"体积"，单击"确定"✔按钮，完成目标函数——体积计算。

如图 7-105 所示，在特征树中，将两者更名为"表面积"和"体积"。

（3）生成优化算例

如图 7-106，右击算例标签管理器中的"运动算例 1"，在弹出的快捷菜单中选择"生成新设计算例"。

（4）定义优化三要素

1）定义设计变量。右击 SolidWorks 的 Feature Manager 设计树 中的"注释"，在弹出的快捷菜单中选择"显示特征尺寸"，在图形内显示特征尺寸。在"优化设计管理器"中单击"变量"→"单击此处添加变量"，在图形区中选择底面直径尺寸，如图 7-107 所示，在"参数"对话框的"名称"中输入 D，单击"应用"按钮完成直径 D 设定；重复上述步骤完成高度 H 设定。单击"确定"按钮返回优化设计管理器。如图 7-108 所示，设定两者的变化范围和步长均为[30,60] 和 5。

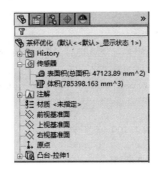

图 7-104 目标函数　　　　　图 7-105 准备结果　　　　　图 7-106 生成优化算例

图 7-107 指定设计参数

2）定义约束条件。在优化设计管理器中单击"约束"中的"单击此处添加约束"，选择"表面积"，如图 7-108 所示，设定其小于 10000mm^2。

3）定义目标函数。在优化设计管理器中单击"目标"中的"单击此处添加目标"，选择"体积"，如图 7-108 所示，设定为"最大化"。

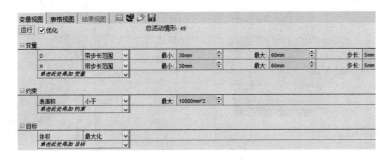

图 7-108 优化三要素设定

（5）运行优化研究

在优化设计管理器中单击"运行"按钮，经过 51 个循环之后得到优化设计结果，如图 7-109 所示。

（6）优化设计结果分析

由图 7-109 可见，最优解是 $D=H$=45mm。

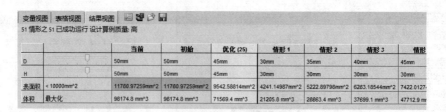

		当前	初始	优化 (25)	情形 1	情形 2	情形 3	情形
D		50mm	50mm	45mm	30mm	35mm	40mm	45mm
H		50mm	50mm	45mm	30mm	30mm	30mm	30mm
表面积	< 10000mm^2	11780.97259mm^2	11780.97259mm^2	9542.58814mm^2	4241.14987mm^2	5222.89798mm^2	6283.18544mm^2	7422.0127-
体积	最大化	98174.8 mm^3	98174.8 mm^3	71569.4 mm^3	21205.8 mm^3	28863.4 mm^3	37699.1 mm^3	47712.9 mm

图 7-109 优化结果

7．SolidWorks Simulation 优化设计步骤

由以上分析过程，可将 SolidWorks Simulation 优化设计步骤归结为：定目标、选变量、取约束、做优化。

7.4.2 带孔板轻量化设计

1．问题描述

带有小圆孔的板，板端受 18kN 的拉力，设计板宽，使最大应力小于 200MPa 时重量最轻。

2．分析步骤

（1）打开零件

浏览"资源文件"中的"带孔板轻量化.sldprt"并将其打开。

（2）进行应力分析

进行优化设计之前，必须完成静态分析以获得应力约束，本例取 1/4 模型计算。生成名称为"应力分析"算例，"材料"为"碳钢板"，在如图 7-110 所示的 3 个面上施加"在平面上"的法向约束，在端面上施加法向拉力，大小为 9000N。Von Mises 应力分析结果如图 7-111 所示。

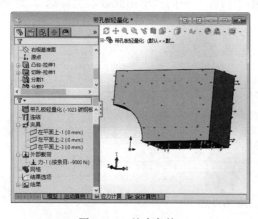

图 7-110 约束条件

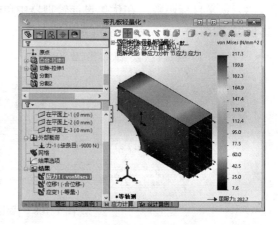

图 7-111 应力分析结果

（3）准备约束条件和目标函数

如图 7-112 所示，在特征树中右击"传感器"在弹出的快捷菜单中选择"添加传感器"，在"传感器"对话框中选择"传感器类型"为"Simulation 数据"，设数据为"von Mises 应力"，单位为 MPa，单击"确定" ✔ 按钮，完成应力约束条件设定。如图 7-113 所示，在特征树中右击"传感器"，在弹出的快捷菜单中选择"添加传感器"，在弹出的"传感器"对话框中选择"传感器类型"为"质量属性"，属性选择"质量"，单击"确定" ✔ 按钮，完成目标函数——质量设定。

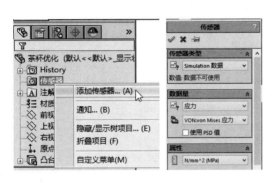

图 7-112　准备约束条件——应力

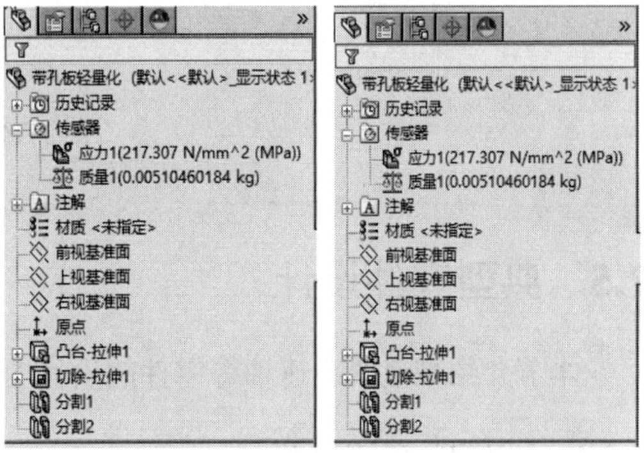

图 7-113　准备质量优化目标

（4）生成优化算例

右击"算例"标签管理器中的"运动算例"，在弹出的快捷菜单中选择"生成新设计算例"，打开优化设计管理器。

（5）定义优化三要素

1）定义设计变量。在优化设计管理器中单击"变量"中的"单击此处添加变量"，在图形区中单击板厚尺寸，在"参数"对话框的"名称"中输入 B，单击"确定"按钮完成板厚 B 设定。如图 7-114 所示，设变化范围为[30,60]，步长为 1mm。

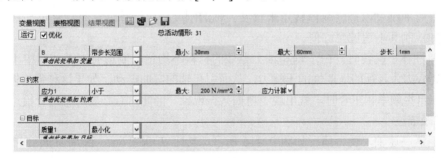

图 7-114　优化三要素设定

2）定义约束条件。在优化设计管理器中单击"约束"中的"单击此处添加约束"，选择"应力 1"，如图 7-114 所示，设定为"<200N/mm^2"。

3）定义目标函数：在优化设计管理器中单击"目标"中的"单击此处添加目标"，选择"质量 1"，如图 7-114 所示，设定为"最小化"。

（6）运行优化研究

在优化设计管理器中单击"运行"按钮，经过 33 个循环之后完成优化设计，并切换到结果视图。

（7）观察优化设计结果

由图 7-115 可见，最优解是板宽 B=40mm，应力为 197.72MPa。

		当前	初始	优化 (11)	情形 1	情形 2	情形 3	
B		38mm	38mm	40mm	30mm	31mm	32mm	33mm
应力1	< 200 N/mm^2	217.31 N/mm^2	217.31 N/mm^2	197.72 N/mm^2	363.98 N/mm^2	336.09 N/mm^2	305.1 N/mm^2	286.69
质量1	最小化	0.0051046 kg	0.0051046 kg	0.0054146 kg	0.0038646 kg	0.0040196 kg	0.0041746 kg	0.0043

图 7-115　优化结果

7.5　典型零件设计

本节介绍减速器高速轴等零件的设计内容及设计方法。

7.5.1　减速器高速轴设计

1．轴的设计内容

通常减速器轴所受的载荷是变化的，因此以疲劳强度分析为主。有时轴所受的瞬时过载即使作用的时间很短和出现次数很少，虽不至于引起疲劳，但却能使轴产生塑性变形，因此应进行静强度分析以检查轴对塑性变形的抵抗能力。

如果轴的刚度不足，在工作中就会产生过大的变形，从而影响轴上零件的正常工作。对于一般的轴颈，如果由于弯矩所产生的偏转角过大，就会引起轴承上的载荷集中，造成不均匀的磨损和过度发热；轴上安装齿轮的地方如有过大的偏转角或扭转角，也会使轮齿啮合发生偏载。因此，在设计有刚度要求的轴时，必须进行刚度的校核计算。轴的扭转刚度以扭转角来量度；弯曲刚度以挠度或偏转角来量度。轴的刚度校核计算通常是计算出轴在受载时的变形量，并控制其不超过允许值。

轴是弹性体，旋转时，由于轴和轴上零件的材料不均匀、制造有误差或对中不良等，就要产生以离心力为表征的周期性的干扰力，从而引起轴的弯曲振动。如果这种强迫振动的频率与轴的弯曲自振频率相重合时，就出现了弯曲共振现象。因此，有必要对轴进行模态分析。

2．问题描述

一减速器高速轴，受力情况如图 7-116 所示，转矩 $T=960\text{N·m}$，圆周力 $F_t=5000\text{N}$，径向力 $F_r=1840\text{N}$，轴向力 $F_a=700\text{N}$，试对该轴进行静强度、刚度、疲劳强度和模态分析。

3．轴静强度与刚度分析

高速轴的静态分析内容包括：如何确定加载区域和加载方向，如何进行周向约束，如何施加转矩和离心力。

（1）打开零件

浏览"资源文件"中的"高速轴.sldprt"并打开。

（2）分割加载面

为了在轴的圆柱面上确定加载区域，需要对圆柱面进行分割。选择"前视基准面"为草图绘制平面，利用"矩形"绘制工具绘制一个与左轴承座等宽，长度超出齿轮座圆柱面的矩形。

选择"插入"→"曲线"→"分割线"命令，如图 7-117 所示，设置分割线的类型为

"投影"，在图形区选择"左轴承座圆柱面"，单击"确定" ✔ 按钮，创建齿轮座圆柱面处分割线1。

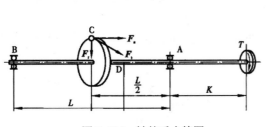

图 7-116 轴的受力简图

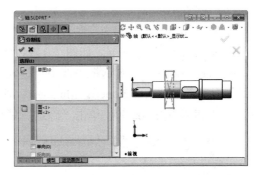

图 7-117 分割加载面

（3）生成静态算例

单击 Command Manager 中，单击"算例" 🔍 → "新算例"。在 Property Manager 的"名称"下输入"静态分析"；在"类型"下单击 🔲 "静应力分析"。最后，单击"确定" ✔ 按钮。

（4）定义材料属性

单击 Command Manager 中的"应用材料"，在"材料"对话框中选择"自库文件"和"solidworks material"材料库中"钢"下的"1023 碳钢板（相当于 45 钢回火）"，单击"应用"按钮，再单击"关闭"按钮。

（5）添加约束

1）左轴承座约束。右击 Simulation 设计树上的"夹具" 🔩，在弹出的快捷菜单中选择"固定铰链"，弹出"Property Manager"对话框。如图 7-118 所示，在图形区中，选择左轴承座圆柱面，单击"确定" ✔ 按钮。Simulation 约束左轴承座 3 个方向的线位移。

图 7-118 添加约束

2）右轴承座约束。右击 Simulation 设计树上的"夹具" 🔩，在弹出的快捷菜单中选择"高级夹具"，弹出"Property Manager"对话框，选择"在圆柱面上"。在图形区中，选择齿轮座圆柱面。在"平移"中选择"径向" 🔲，单击"确定" ✔ 按钮，约束径向位移。

3）联轴器扭转约束。右击 Simulation 设计树上的"夹具" 🔩，在弹出的快捷菜单中选择"高级夹具"，弹出"Property Manager"对话框，选择"在圆柱面上"。在图形区中，选择联轴器座圆柱面。在"平移"中选择"圆周" 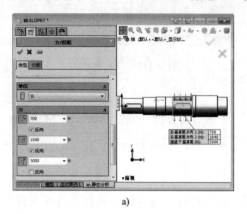，单击"确定" ✔按钮，约束圆周位移。

（6）施加力

右击 Simulation 设计树上的"外部载荷" ⊥，在弹出的快捷菜单中选择"力"，弹出"Property Manager"对话框。如图 7-119a 所示，在图形区中，选择齿轮圆柱面作为加载面；在"Property Manager"对话框中选中"选定的方向"单选按钮，在图形区中，选择齿轮键槽底面作为参考面；在"Property Manager"对话框中的"力"区依次输入轴向力 700N、径向力 1840N 和圆周力 5000N，单击"确定" ✔按钮。

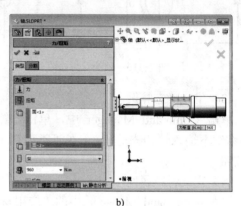

a)　　　　　　　　　　　　　　　　　　b)

图 7-119　施加载荷

a) 施加力　b) 施加转矩

（7）施加转矩

右击 Simulation 设计树中的"外部载荷" ⊥，在弹出的快捷菜单中选择"扭矩"，弹出"Property Manager"对话框。如图 7-119b 所示，在图形区中，选择齿轮圆柱面作为加载面，单击左轴承座圆柱面作为参考面；在"Property Manager"对话框中的区输入转矩 960，单击"确定" ✔按钮。

（8）求解

单击 Simulation 工具栏中的"运行" 按钮，划分网格并运行分析。

（9）观察 Von Mises 应力图解

在 Simulation 设计树中，单击"结果"文件夹 结果旁边的"加号" ，双击"应力 1"，显示如图 7-120 所示的 Von Mises 应力分布，可见为 63.30MPa。

（10）观察合成位移图解

在 Simulation 设计树中，单击"结果"文件夹 结果旁边的加号 ，双击"位移 1"，显示如图 7-121 所示的合成位移应力分布。

（11）静强度和刚度分析

由图 7-120 可见最大应力为 63.30MPa，该值小于 45 钢的屈服极限（280MPa），轴不会发生塑性变形。

由图 7-121 可见为最大弯曲变形为 0.04545mm，该值小于轴的挠度许用值（$[f]=0.0002L$ $=0.0002×402$mm$=0.0804$mm），轴弯曲刚度合格。

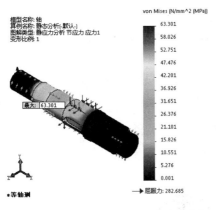

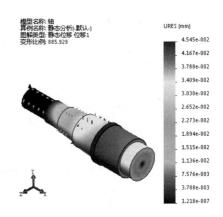

图 7-120　Von Mises 应力分布　　　　图 7-121　合成位移分布

4. 轴疲劳强度校核

通常由弯矩所产生的弯曲应力是对称循环变应力，而由转矩所产生的扭转切应力则常常不是对称循环变应力。为了考虑两者循环特性不同的影响，引入折合系数 α 进行计算。当扭转切应力为静应力时，取 $\alpha=0.3$；当扭转切应力为脉动循环变应力时，取 $\alpha=0.6$；若扭转切应力亦为对称循环变应力时，则取 $\alpha=1.0$。此次扭转切应力按脉动循环变应力，取 $\alpha=0.6$。

（1）复制静态算例

由于疲劳应力计算和静态分析仅转矩值不同，故可复制静态分析后，再进行修改。过程为：右击"静态分析"选项卡，在弹出的快捷菜单中选择"复制"，并重命名为"疲劳应力"，单击"确定"按钮。完成"疲劳应力"算例复制，如图 7-122 所示。

（2）更改转矩值

如图 7-123 所示，在"疲劳应力"算例的设计树中右击"外部载荷"中的"扭矩 1"，在弹出的快捷菜单中选择"编辑定义"，在弹出的对话框中输入"960*0.6"，并选择"solidworks material"材料库中"钢"下的"1023 碳钢板（相当于 45 钢回火）"，单击"应用"按钮，再单击"关闭"按钮。

图 7-122　复制算例　　　　　　　　图 7-123　施加载荷

（3）求解

单击 Simulation 工具栏中的"运行" ，划分网格并运行分析。

（4）观察 Von Mises 应力图解

在 Simulation 设计树中，单击"结果"文件夹 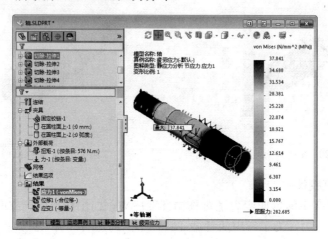 旁边的"加号" ⊞，双击"应力1"，显示如图 7-124 所示的 Von Mises 应力分布。

图 7-124　疲劳应力分布

（5）疲劳强度校核

由图 7-124 可见最大应力为 37.841MPa，该值小于 45 钢的疲劳许用应力（55MPa），轴的疲劳强度合格。

5．轴的疲劳寿命估算

利用静态分析获得的应力数据，即可进行疲劳寿命估算。

（1）生成疲劳算例

在 Command Manager 中的 Simulation 下选择"算例" 🔍→"新算例"。在 Property Manager 的"类型"下单击"疲劳"，在 名称中输入"寿命估算"；最后，单击"确定" ✔ 按钮。

（2）设置算例属性

在 Simulation 设计树中，右击"疲劳"按钮，在弹出的快捷菜单中选择"属性"，弹出"疲劳"对话框。在计算交替应力的手段框内，单击"对等应力"（Von Mises）。在"疲劳强度缩减因子（Kf）"框内输入 1.0。单击"确定"按钮，如图 7-125 所示。

（3）添加事件

在"寿命估算"算例的设计树中，右击"负载"按钮，在弹出的快捷菜单中选择"添加事件"。弹出"添加事件（恒定）"对话框。将"循环数" 设定为 1 000。设定"负载类型" 为"完全反转（LR=-1）"，在"算例" 🔍 中选择"疲劳应力"，单击"确定" ✔ 按钮，如图 7-126 所示。

（4）定义 S-N 曲线

在"寿命估算"算例的设计树中，右击"轴"按钮，在弹出的快捷菜单中选择"应用/编辑疲劳数据"，如图 7-127 所示，在"材料"对话框中选择"定义"单旋钮，在"表格数据"栏中选择"单位：$N/mm^2(MPa)$"，输入 3 个数据点（1000,130）、（$1×10^6$,55）、（$1×10^7$,35），单击"应用"按钮，再单击"关闭"按钮。

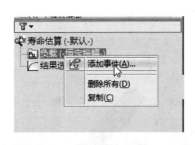

图 7-125 设置算例属性   图 7-126 添加事件

（5）运行疲劳研究

在 Simulation 设计树中右击"寿命估算"按钮，在弹出的快捷菜单中选择"运行"。

（6）查看生命图解

在 Simulation 设计树的"结果"文件夹中，双击"结果 2（-生命-）"按钮，将显示生命图解，如图 7-128 所示。由此生命图解可见，轴最短寿命为 884 800h。

图 7-127 设置 S-N 曲线

6．轴的模态分析

（1）生成频率分析算例

在 Command Manager 中的 Simulation 下选择"算例" 🔍 →"新算例"。在"算例"对话框的"类型"下，单击"频率" 💱，在"名称"中输入"固有频率分析"，单击"确定"✅按钮。

（2）复制材料

切换到"静态分析"算例，右击其设计树中的"轴"，在弹出的快捷菜单中选择"复制"；切换回"固有频率分析"算例，右击其设计树中的"轴"，在弹出的快捷菜单中选择

"粘贴"完成材料复制，如图 7-129 所示。

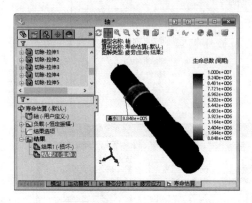

图 7-128　生命图解

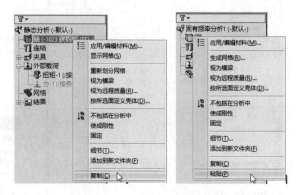

图 7-129　从另一个算例中复制材料

（3）复制约束

切换到"静态分析"算例，右击其设计树中的"夹具"，在弹出的快捷菜单中选择"复制"；切换回"固有频率分析"算例，右击其设计树中的"夹具"，在弹出的快捷菜单中选择"粘贴"完成约束复制。

（4）网格化模型和运行

在 Command Manager 中的 Simulation 下单击"运行" 按钮，默认方式划分网格并运行。

（5）列举共振频率

在 Simulation 设计树中，右击"结果"文件夹，在弹出的快捷菜单中选择"列举共振频率"。"列举模式"对话框将列举模式编号、共振频率（弧度/秒或赫兹）以及对应的周期秒数。如图 7-130 所示，模式 1 的频率为 2005.2Hz。

（6）查看模态形状

在 Simulation 设计树中，右击"载荷/约束"文件夹，在弹出的快捷菜单中选择"隐藏所有"以隐藏所有约束符号。单击 Simulation 设计树中"结果"文件夹，双击位移 2，列出模式形式图，如图 7-131 所示。图说明中包括：模式号和固有频率大小。

图 7-130　列举共振频率

图 7-131　第 2 阶模态

（7）动画演示

单击 Simulation 设计树中"结果"文件夹，双击对应的"位移"文件夹，打开模态图解。

302

然后，右击对应项，在弹出快捷菜单中选择"动画"，以便对各阶模态进行深入的认识。

7.5.2 直齿圆柱齿轮强度设计

1．齿轮传动强度计算的内容

（1）齿根弯曲疲劳强度计算

为了保证在预定寿命内不发生轮齿断裂失效，应进行齿根弯曲疲劳强度计算。其计算准则为：齿根弯曲应力小于或等于许用弯曲应力，即

$$\sigma_F = \frac{KF_t Y_{Fa} Y_{Sa}}{bm} = \frac{2KT_1}{bmd_1} Y_{Sa} Y_{Fa} \leqslant [\sigma]_F \tag{7-42}$$

式中，Y_{Fa} 为齿形系数，表示齿轮齿形对 σ_F 的影响其大小只与轮齿形状有关（z、h_a^*、c^*、α）而与模数无关；Y_{Sa} 为考虑齿根过渡曲线引起的应力集中系数，其影响因素同 Y_{Fa}，F_t 切于分度圆的圆周力；K 为载荷系数；T_1 为转矩。

由于齿轮轮体的刚度较大，因此可将轮齿看作为悬臂梁。其危险截面可用 30°切线法确定，即作与轮齿对称线成 30°角并与齿根过渡圆弧相切的两条切线，通过两切点并平行于齿轮轴线的截面即为轮齿危险截面。

（2）齿面接触疲劳强度计算

为了保证在预定寿命内齿轮不发生点蚀失效，应进行齿面接触疲劳强度计算。因此，齿轮接触疲劳强度计算准则为：齿面接触应力小于或等于许用接触应力。

由于直齿轮在节点附近往往是单对齿啮合区，轮齿受力较大，故点蚀首先出现在节点附近。因此，通常计算节点的接触疲劳强度。由齿面接触疲劳强度计算公式

$$\sigma_H = Z_E Z_H Z_\varepsilon \sqrt{\frac{2KT_1}{\phi_d \cdot d_1^3} \frac{u \pm 1}{u}} \leqslant [\sigma]_H = \frac{Z_N \sigma_{H\min}}{S_H} \tag{7-43}$$

式中，σ_H 为齿面接触应力；$[\sigma]_H$ 为许用接触应力；Z_E 为材料弹性系数；Z_H 为节点区域系数；Z_ε 为重合度系数；ϕ_d 为齿宽系数；T_1 为齿轮传递的转矩；Z_N 为接触强度计算的寿命系数；S_H 为接触强度计算的安全系数；$\sigma_{H\min}$ 为齿面接触疲劳极限；d_1 为分度圆直径。

（3）齿轮组合过盈联接计算

齿轮组合设计可以在平键联接、花键联接、过盈配合联接 3 种方案中选择。比较以上 3 种联接方案，采用圆柱面过盈配合联接结构简单，重量最轻，轴向长度最短。过盈联接装配方法包括：温差法装配（即在包容件加热后再进行装配）和压装法（用手锤加垫块敲击压入或用各类压力机压入）。

只受到转矩 T 作用，而没有轴向力作用时，联接中零件不发生相对滑动的条件为：在转矩 T 的作用下，配合面间所能产生的摩擦阻力矩 Mf 应大于或等于转矩 T。即

$$p = \frac{\Delta}{d} \cdot \frac{1}{\left(\dfrac{C_1}{E_1} + \dfrac{C_2}{E_2} \right)} \geqslant \frac{2T}{\pi d^2 L f} \tag{7-44}$$

$$C_1 = \frac{d^2 + d_1^2}{d^2 - d_1^2} - \mu_1 \qquad C_2 = \frac{d_2^2 + d^2}{d_2^2 - d^2} - \mu_2$$

式中，p 为配合面间的径向压力；d 为配合的公称直径；E_1、E_2 分别为被包容件和包容件材

料的弹性模量；C_1、C_2分别为被包容件的刚性系数和包容件的刚性系数；d_1、d_2分别为被包容件的内径和包容件外径；μ_1、μ_2分别为被包容件与包容件材料的泊松比；f为配合面间的摩擦系数；L为配合长度；T为转矩；Δ为过盈量。

2. 齿轮传动强度计算

（1）问题描述

设计一搅拌机减速器，输入功率P_1=7kW，小齿轮转速n_1=540r/min。减速器高速级一对相互啮合的齿轮材料均为45钢，弹性模量E=2.06×10^{5}N·mm^2，泊松比μ=0.3。给定齿轮的基本参数如下：齿轮模数m为3，压力角α为20°，齿数z_1、z_2分别为24、77，齿宽b为75mm。

（2）实体建模

采用SolidWorks软件进行齿轮实体建模，使用SolidWorks的ToolBox完成齿轮实体建模。进行齿轮接触应力分析要将传动的齿轮装配到一起，并保证正确的啮合位置。装配并正确啮合的模型如图7-132所示。

（3）接触应力和弯曲应力计算

1）生成接触对。利用接触向导将啮合小齿轮的齿廓面1和大齿轮的齿廓面2设置为接触对，使齿廓面1为源接触面，齿廓面2为目标接触面。设置接触面摩擦系数0.25。同理设置啮合小齿轮的齿廓面3和大齿轮的齿廓面4为接触对，如图7-133所示。

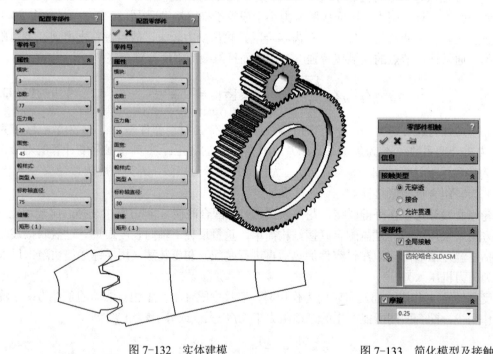

图7-132　实体建模　　　　　　　　　　　图7-133　简化模型及接触对

2）模型的网格划分。对两对齿轮接触面实施网格细化处理。网格化后节点总数为319 643，单元总数为211 787。完成网格化的模型如图7-134所示。

3）施加约束条件与载荷。根据工作的实际情况，将大齿轮内表面设定为固定约束。小齿轮内表面设定为圆柱约束，并对轴向、径向移动进行约束，使其只有绕齿轮回转中心轴的转动自由度。

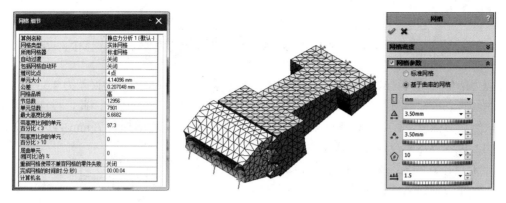

图 7-134　　　网格模型

在小齿轮内表面上施加转矩载荷，转矩载荷为

$$T_1 = \frac{95.5 \times 10^5 P_1}{1000 n_1} = \frac{95.5 \times 10^5 \times 7}{1000 \times 540} \text{N} \cdot \text{m} = 123.8 \text{N} \cdot \text{m}$$

取载荷系数 $K=1.8$，则施加载荷为 $1.8 \times 123.8 \text{N·m} = 222.84 \text{N·m}$，如图 7-135 所示。

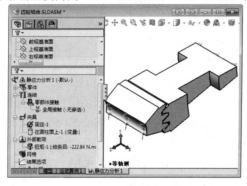

图 7-135　约束条件与载荷

4）分析结果。分析结果如图 7-136 和图 7-137 所示。由图可见，齿面接触面应力集中，最大应力为 622.391MPa。

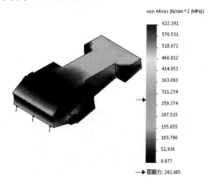

图 7-136　齿轮啮合应力分布

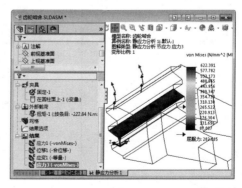

图 7-137　齿面应力分布

5）结果验证与应用。下面采用赫兹公式验证上述分析结果的正确性，按赫兹公式计算齿面接触应力。

$$\sigma_H = Z_E Z_H Z_\varepsilon \sqrt{\frac{2KT_1}{\phi_d \cdot d_1^3} \cdot \frac{u+1}{u}} = 188.9 \times 2.5 \times 0.87 \sqrt{\frac{2 \times 1.81 \times 1.238 \times 10^5}{45 \times 72^2} \cdot \frac{3.2+1}{3.2}} \text{MPa} = 650.6\text{MPa}$$

应力的仿真结果（622.4MPa）与按赫兹公式计算值（650.6MPa）的误差为4.33%。

由经查表可知，材料为45钢的齿轮接触疲劳强度极限为550MPa，因此，设计的齿轮不满足接触疲劳强度设计要求，需要增加齿轮宽度。可将齿轮宽度增加到75mm再进行校核。

（4）齿轮过盈配合强度计算

一个整体式蜗轮与轴的结构设计如图 7-138 所示，蜗轮与轴的配合选为过盈配合 ϕ60H7/r6，蜗轮内孔表面粗糙度值均为 Ra3.2，轴的表面粗糙度值为 Ra1.6，轮轴材料均为铜，采用压入法装配，试求：此过盈配合能传递多大转矩；计算所需的最大装拆力。

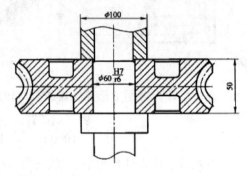

图 7-138　轮轴过盈配合

1）打开装配体文件。选择"文件"→"打开"命令，浏览"资源文件"中的"轮轴过盈配合.sldasm"装配体文件，并将其打开。

2）生成静态算例。在 Command Manager 中的 Simulation 下选择"算例" → "新算例"。在"算例"对话框的"名称"中输入"过盈配合"，在"类型"下单击"静态"，单击"确定" 按钮。

3）消除刚性实体运动。接触力已内部平衡，激活惯性卸除功能来消除刚性实体运动，而无需应用约束。要激活"使用惯性卸除"选项，在 SolidWorks Simulation 设计树中，右击"过盈配合"按钮，在弹出的快捷菜单中选择"属性"。在"静态"对话框的"选项"选项卡上，将解算器设置为 Direct sparse 并选择使用惯性卸除，单击"确定"按钮，如图 7-139 所示。

4）定义材料属性。在 Simulation 设计树中，右击"零件"按钮，在弹出的快捷菜单中选择"应用材料到所有"。如图 7-140 所示，在"材料"对话框中选择"红铜合金"中的"铜"，单击"应用"按钮，再单击"关闭"按钮。

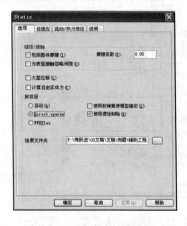

图 7-139　消除刚性实体运动

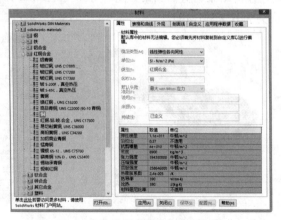

图 7-140　定义材料属性

5）定义冷缩配合接触。生成爆炸视图以展现出重叠面，以便在轴座与轮毂孔柱面间定义紧缩套合接触条件。

在 Command Manager 中的  的"连接"中选择"相触面组"，然后选择"定义接触面组"。如图 7-141 所示，在接触面组 Property Manager 中设定"类型"为"冷缩配合"。在"源"项的"面、边线、顶点"框内单击，然后选择"轴圆柱"；单击"目标"项的"面" ，然后选择轮毂孔面，在"高级"下选择"节到曲面"，单击"确定" ✔ 按钮。Simulation 在两个面上应用紧缩套合接触。

6）网格化模型和运行研究。在 Simulation 设计树中，右击"网格" 🕸，在弹出的快捷菜单中选择"生成网格"，弹出"网格"对话框，如图 7-142 所示，输入 5mm 作为整体大小。选中"运行分析"，单击"确定" ✔ 按钮。

图 7-141　定义冷缩配合接触　　　　图 7-142　"网格"对话框

7）观察结果。对于具有轴对称特性的模型，最好在圆柱坐标系中观察结果。首先需要在轮轴中心生成基准轴。

● 生成基准轴。

选择"插入"→"参考几何体"→"基准轴"命令，弹出"基准轴"对话框。单击"圆柱/圆锥面" 🔲 按钮，在图形区中选择轮轴的任意圆柱面，单击"确定" ✔ 按钮，如图 7-143 所示。

● 观察径向应力。

在 Simulation 设计树中，双击"应力 1"文件夹后，右击该文件夹，在弹出的快捷菜单中选择"编辑定义"，弹出"应力图解"对话框。在对话框中，执行以下操作：在 Property Manager 中的"显示"下，在"分量" 🔲中选择"SX：X 法向应力"（在由参考轴定义的圆柱坐标系中，SX 应力分量代表径向应力），将"单位" 🔲设为 MPa；在"高级选项"下，在弹出的 Feature Manager 设计树中选择"基准轴 1"作为坐标系。取消"变形形状"复选框的选择，单击"确定" ✔ 按钮，结果如图 7-144 所示。

● 观察接触压力。

在 Simulation 设计树中，右击"结果"，在弹出的快捷菜单中选择"添加应力图解"，在"应力图解"对话框中，执行以下操作：在"分量" 🔲中选择"CP：接触压力"，将"单位" 🔲设为 MPa。单击"确定" ✔ 按钮。

● 列举径向应力。

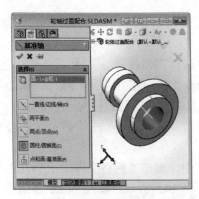
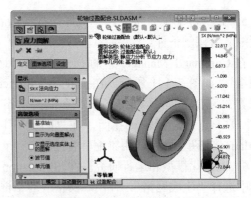

图 7-143　生成基准轴　　　　　　　　　　　图 7-144　观察径向应力

在 SolidWorks Simulation 设计树中，右击"结果"文件夹中的"应力（-X 正交-）"，在弹出的快捷菜单中选择"探测"。在 Property Manager 中的"选项"下，选择"在所选实体上"。在中选择轮座柱面，单击"更新"按钮，在"结果"下查看与选定面相关联的所有节点的径向应力，在"摘要"下查看选定面的平均应力、最大应力和最小应力。平均径向应力约为-31.18MPa。单击"确定" ✔ 按钮。

8）结果验证与应用。

● 计算最小过盈量∆min /最大过盈量∆max。

题目给出过盈配合ϕ60H7/r6，查表得轴的极限偏差，轴和孔的上下偏差值分别为：$\phi60^{+0.060}_{+0.041}$ mm 和 $\phi60^{+0.030}_{0}$ mm。根据已知轮毂孔的表面粗糙度值均为 $Ra3.2$，查表的轮毂孔的表面微观不平度十点高度 $Rz_2=10\mu m$；已知轴的表面粗糙度值为 $Ra1.6$，查表得轴的表面微观不平度十点高度 $Rz_1=6.3$mm。由配合可得最小过盈量为∆min=(41-30) -0.8(Rz_1+Rz_2) = [(41-30) - 0.8×(6.3+10)]μm=5.16μm；因采用压入法装配，考虑配合表面微观峰尖被擦去一部分，由配合可得，最大过盈量为∆max=(60-0) -0.8(Rz_1+Rz_2)=[(60-0)-0.8×(6.3+10)]μm = 46.96μm。

● 确定最小/最大配合压力。

查表得常用材料的弹性模量及泊松比：轮轴材料均为铜，弹性模量 $E_1=E_2=1.03\times10^5$MPa，泊松比 $\mu_1=\mu_2=0.37$。该连接简化为厚壁圆筒的尺寸为：$d_1=0$，$d_2=100$mm，$d=60$mm，因此刚度系数为

$$c_1 = \frac{d^2 + d_1^2}{d^2 - d_1^2} - \mu_1 = \frac{60^2 + 0^2}{60^2 - 0^2} - 0.37 = 0.63$$

$$c_2 = \frac{d_2^2 + d^2}{d_2^2 - d^2} - \mu_2 = \frac{100^2 + 60^2}{100^2 - 60^2} - 0.37 = 2.355$$

最小的配合压力为

$$p_{\min} = \frac{\Delta_{\min}}{d\left(\dfrac{c_1}{E_1} + \dfrac{c_1}{E_1}\right) \times 10^3} = \frac{5.16}{60 \times \left(\dfrac{0.63}{10^5} + \dfrac{2.355}{10^5}\right) \times 10^3} \text{MPa} = 2.88\text{MPa}$$

最大的配合压力为

$$p_{\max} = \frac{\Delta_{\max}}{d\left(\dfrac{c_1}{E_1} + \dfrac{c_1}{E_1}\right) \times 10^3} = \frac{46.96}{60 \times \left(\dfrac{0.63}{10^5} + \dfrac{2.355}{10^5}\right) \times 10^3} \text{MPa} = 26.22\text{MPa}$$

由以上分析可见：最大配合压力应力的仿真结果（31.18MPa）与按传统公式计算值（26.22MPa）的误差为 8.4%。

9）结果应用。

● 确定能传递的最大转矩。

已知装配方式按压入法，查表得，按无润滑考虑时摩擦因数 f=0.15～0.20，本例题取 0.15。

$$传递转矩\ T_{max} = \frac{1}{2}\pi p_{min}d^2Lf = \frac{1}{2}\times\pi\times2.752\times60^2\times50\times0.15N\cdot m = 116.72N\cdot m$$

● 确定压入法装配时所需的最大装拆力。

$$最大压入力\ F_i = \pi\cdot f\cdot d\cdot l\cdot p_{min} = \pi\times0.15\times60\times50\times28.90kN = 40.85kN$$

$$最大压出力\ F_o = (1.3\sim1.5)F_i = (1.3\sim1.5)\times40.85kN = (53.11\sim61.28)kN$$

7.5.3　圆柱螺旋压缩弹簧设计

弹簧是一种弹性元件，它可以在载荷作用下产生较大的弹性变形。广泛应用于车辆减振和缓冲装置中。按照所承受的载荷不同，弹簧可以分为拉伸弹簧、压缩弹簧、扭转弹簧和弯曲弹簧 4 种；而按照弹簧的形状不同，又可分为螺旋弹簧、环形弹簧、碟形弹簧、板簧和平面涡卷弹簧等。圆柱螺旋弹簧是用弹簧丝卷绕制成的，由于制造简便，所以应用最广。本节主要讲述这类弹簧的设计方法。

1. 弹簧设计内容

弹簧应具有经久不变的弹性，且不允许产生永久变形。因此在设计弹簧时，务必使其工作应力在弹性极限范围内。在这个范围内工作的压缩弹簧，当承受轴向载荷 F 时，弹簧将产生相应的弹性变形，这种表示载荷与变形的关系的曲线称为弹簧的特性曲线。

在弹簧校核时，通常为保证其缓冲效果要进行刚度验证；为避免弹簧发生断裂或并圈失效要进行强度验证和最大挠度验证；对于压缩弹簧，如其长度较大时，则受力后容易失去稳定性，故要验算其稳定性。传统的校核公式为

$$K_v = \frac{Gd^4}{8nD^3} = [K_v] \tag{7-45}$$

$$\tau_{max} = \frac{8P_{max}DC}{\pi d^3} \leqslant [\tau] \tag{7-46}$$

$$f_{max} = \frac{P_{max}}{K_v} < H_0 - H_{min} \tag{7-47}$$

$$P_c = C_u K_v H_0 > P_{max} \tag{7-48}$$

式中，d 为簧丝直径；D 为弹簧中径；n 为工作圈数；H_0 为弹簧自由高；H_{min} 为弹簧全压死高；G 为弹簧材料的剪切弹性模量，G =80GPa；C 为应力修正系数 C=(4m-1)/(4m-4)+0.615/m，m 弹簧指数 m=D/d；P_{max} 为最大工作载荷，K_v 为弹簧刚度（使弹簧产生单位变形所需的载荷称为弹簧刚度）；τ_{max} 为工作应力；f_{max} 为弹簧工作过程中的最大挠度；P_c 为压缩弹簧的稳定载荷。

下面以一个实例说明上述验证内容的 CAE 分析过程。

2．弹簧校核问题描述

已知某弹簧簧丝直径 d=41mm、弹簧中径 D=220mm、工作圈数 n=2.9 圈、自由高 H_0=256mm，承受的最大载荷 P_{max}=43kN，要求设计刚度$[K_v]$=925N/mm，弹簧材料许用应力 $[\tau]=750$MPa。试对其进行校核。

3．弹簧 CAE 分析

（1）弹簧刚度计算

根据弹簧刚度的定义，得弹簧刚度 CAE 分析的基本思想：弹簧一端固定，另外一端施加单位位移，所得固定端支反力即为弹簧刚度。

1）打开零件。浏览"资源文件"中的"弹簧 CAE.sldprt"并打开。

2）生成静态算例。在 Command Manager 中单击"算例" 🔍 →"新算例"。在 Property Manager 的"名称"中输入"刚度分析"；在"类型"下单击"静应力分析" 📄。最后，单击"确定" ✔按钮。

3）定义材料属性。单击 Command Manager 中的"应用材料"，在"材料"对话框中选"自库文件"和"solidworks material"材料库中"钢"→"合金钢"，单击"应用"按钮，再单击"关闭"按钮。

4）添加约束。右击 Simulation 设计树上的"夹具" 🛠，在弹出的快捷菜单中选择"固定几何体"，弹出"夹具"对话框。如图 7-145 所示，在图形区中，选择弹簧下支承圈圆柱面，单击"确定" ✔按钮。

5）施加强迫位移。右击 Simulation 设计树上的"夹具" 🛠，在弹出的快捷菜单中选择"高级夹具"，弹出"夹具"对话框。如图 7-146 所示，选择"类型"为"使用参考几何体"，设法线平移为 1.0mm，在图形区中，选择弹簧上支承圈圆柱面为加载位置，选择弹簧顶面为参考面，单击"确定" ✔按钮。

图 7-145　施加约束

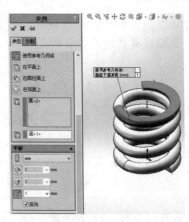

图 7-146　施加强迫位移

6）求解。单击 Simulation 工具栏中的"运行" 📊按钮，划分网格并运行分析。

7）观察约束力。如图 7-147 所示，在 SolidWorks Simulation 的工具栏中单击"结果顾问"中的"列举合力"，在"合力"对话框中选中"反作用力"单选按钮，在图形区中选择弹簧上支承圈圆柱面，单击"更新"按钮，显示约束力计算结果。

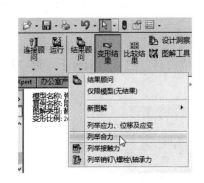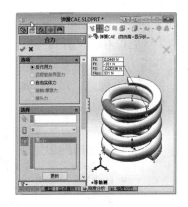

图 7-147　观察约束力

8）刚度分析。可见约束反力为 931N，即弹簧刚度为 931N/mm。与设计刚度 925N/mm 接近，弹簧刚度合格。

（2）弹簧强度计算

基本思想：弹簧一端固定，另外一端施加最大位移（$f_{max}=P_{max}/K_v=46.2mm$），所得应力即为弹簧最大应力。

1）复制静态算例。如图 7-148 所示，在"算例管理"标签中，右击前面生成的"刚度分析"选项卡，在弹出的快捷菜单中选择"复制"，输入"算例名称"为"强度分析"，单击"确定"按钮。

2）更改强迫位移。在算例管理标签中，单击前面生成的"强度分析"选项卡，如图 7-149 所示，右击 Simulation 设计树上的"夹具" → "参考几何"，在弹出的快捷菜单中选择"编辑定义"，在弹出的"夹具"对话框中修改法线平移为 46.2mm 并选中"反向"复选框，单击"确定" 按钮。

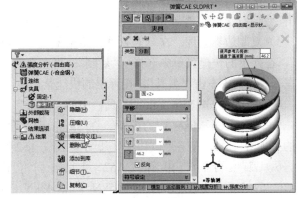

图 7-148　复制算例　　　　　　　　　图 7-149　更改强迫位移

3）求解。单击 Simulation 工具栏中的"运行" ，划分网格并运行分析。在"静态分析"对话框中单击"否"按钮。

4）观察 Von Mises 应力图解。在 Simulation 设计树中，单击"结果"文件夹 旁边的"加号" ，双击"应力 1"，显示如图 7-150 所示的 Von Mises 应力图解。

5）强度分析。由图 7-150 可见 von Mises 应力为 921MPa，当量切应力为 460.5MPa，小于材料的许用应力（750MPa），弹簧强度合格。

（3）稳定性分析

基本思想：弹簧一端固定，另外一端施加单位位移，进行屈曲分析，位移屈曲因子乘以弹簧刚度即为临界载荷。

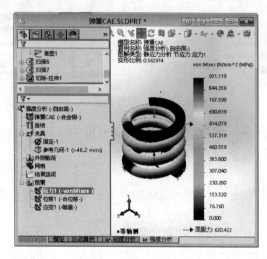

图 7-150　应力分布

1）生成屈曲算例。如图 7-151 所示，单击 Command Manager 上的"算例" 中的"新算例"。在"算例"对话框的"名称"中输入"稳定性分析"；在"类型"下单击"屈曲" 。最后，单击"确定" 按钮。

2）复制材料属性。单击"算例"选项卡中"刚度分析"选项卡，右击设计树中"弹簧CAE"，在弹出的快捷菜单中选择"复制"；再单击"稳定性分析"选项卡，并在其设计树中右击"弹簧 CAE"，在弹出的快捷菜单中选择"粘贴"，完成材料属性复制。

3）复制边界条件。在算例管理标签中单击"刚度分析"选项卡，在其设计树中右击"夹具"，在弹出的快捷菜单中选择 "复制"；再在算例管理标签中单击"稳定性分析"选项卡，并在其设计树中右击"夹具"，在弹出的快捷菜单中选择 "粘贴"，完成边界条件复制。

4）求解。单击 Simulation 工具栏中的"运行" 按钮，划分网格并运行分析。

5）观察 Von Mises 应力图解。在 Simulation 设计树中，单击"结果"文件夹 结果 旁边的"加号" ，双击"位移 1"，显示如图 7-152 所示的一阶屈曲位移模态图解。

6）强度分析。由图 7-152 可见一阶位移屈曲因子为 76.964，则临界载荷 P_c=76.964×1.0×931 kN /1000 =71.65kN>P_{max}=43kN，弹簧的稳定性合格。

7.5.4　压气机连杆动应力分析

1. 活塞式压气机机构仿真

首先按 6.3.3 节中的步骤，对活塞式压气机进行机构仿真分析。

（1）打开机构装配

打开"资源文件"中的"活塞压气机.sldasm"。

312

图 7-151　屈曲算例设置

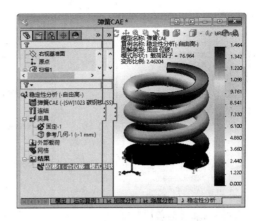

图 7-152　一阶屈曲位移模态图解

（2）启动 SolidWorks Motion 和 SolidWorks Simulation

在"办公室产品"选项卡中，单击 SolidWorks Motion 和 SolidWorks Simulation。

（3）执行仿真分析

如图 7-153 所示，单击"Motion"切换到"Motion 管理器"，选择分析类型为"Motion 分析"，单击"计算" 按钮，完成连杆反作用力仿真。单击"保存" 按钮保存计算结果。

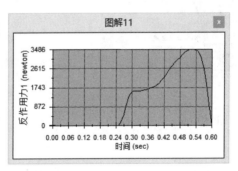

图 7-153　连杆反作用力

（4）将运动载荷输入 SolidWorks Simulation

选择"Simulation"→"输入运动载荷"命令，如图 7-154 所示。弹出"输入运动载荷"对话框，如图 7-155 所示。在"输入运动载荷"对话框的"可用的装配体零部件"中选中零件"link-rod"，单击 将其移动到"所选零部件"框中。选中"单画面算例"，将"画面号数"设为"55"（对应的运动仿真时间为 0.54s，即图 7-146 中最大反作用力处），单击"确定"按钮。

2．连杆动应力分析

（1）打开零件并进入 Simulation 界面

如图 7-156 所示，在 Feature Manager 设计树中，右击"零件 link-rod"，在工具栏中单击"打开零件" 按钮，打开零件"link-rod"。在图形窗口左下方添加了标签 CM3-ALT-Frame-101，如图 7-157 所示。单击该标签，进入 Simulation 界面，可见在"外部载荷"中已添加 4 个由运动仿真获得的载荷。

图 7-154　输入运动载荷菜单

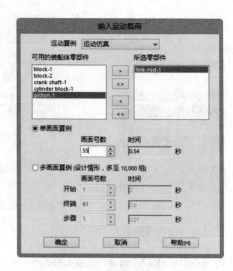

图 7-155　"输入运动载荷"对话框

图 7-156　打开零件

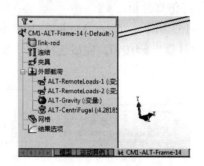

图 7-157　Simulation 管理器

（2）选材料

如图 7-158 所示，在 Simulation 管理器中右击"link-rod"，在弹出的快捷菜单中选择"应用/编辑材料"，在弹出的"材料"属性对话框中，选中"自库文件"并选择"solidworks materials"，并选中"钢"中的"1023 碳钢板"，单击"确定"按钮。

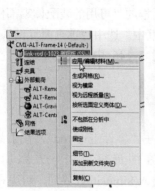

图 7-158　应用材料

（3）分网格

在 Simulation 管理器中右击"网格"，在弹出的快捷菜单中选择"生成网格"，在弹出的"网格"对话框中单击"确定" ✔ 按钮，接受默认的"网格密度"，完成网格划分。

（4）求结果

在 Command Manager 的 Simulation 选项卡中单击"运行" 🗾 按钮执行分析，在弹出的"线性静态算例"中单击"是"。如图 7-159 所示，完成分析后，在 Simulation 管理器中添加含有应力等 3 个分析结果的结果文件夹，且图形区中显示应力分布图解。

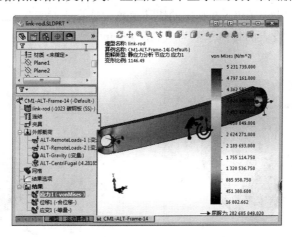

图 7-159　应力分布

7.5.5　制动零件热应力分析

车轮踏面制动是货车车辆中常见的制动方式。闸瓦作用于车轮时，通过摩擦将列车动能转化为热能，这一能量被轮辋吸收，造成车轮内部的温度梯度，再加上车轮各部分之间的制约关系，就形成了车轮内部的热应力，热负荷会形成轮辋裂纹、踏面裂纹缺损、擦伤以及辐板裂纹等多种破坏方式。踏面制动车轮热机耦合是对车轮最不利的制动工况。

1. 温度场计算

（1）打开模型

打开"资源文件"中的"车轮热机耦合.sldprt"文件。

（2）生成热分析算例

在 Command Manager 中的 Simulation 下选择"算例" 🔍 中的"新算例"。在"算例"对话框的"名称"中输入"热分析"，在"类型"下单击"热力" 🔧，单击"确定" ✔ 按钮。

（3）指派材料

在 Simulation 设计树中的零件中，右击"车轮热机耦合"，在弹出的快捷菜单中选择"应用/编辑材料"，在"材料"对话框中单击选择"钢"中的"1023 碳钢板"，单击"应用"按钮，然后单击"关闭"按钮。

（4）划分网格

在 Command Manager 中的 Simulation 下选择"运行" 🗾 中的"生成网格" 🔩，在"网

格"对话框拖动"网格参数"滑杆设置的元素尺寸及公差值，单击"确定" ✔按钮，完成网格划分。

（5）施加热载荷和边界条件

对车轮热负荷最不利的制动工况是紧急制动工况，按普通货车计算制动功率，则紧急制动工况的热流密度为 288.8 kW/m^2。

右击设计树的 🔧"热载荷"，在弹出的快捷菜单中选择"热流量"，如图 7-160 所示，选中车轮踏面，热流密度为 288 800W/m^2。

右击设计树的 🔧"热载荷"，在弹出的快捷菜单中选择"对流"，如图 7-161 所示，选中除轮毂孔外的所有面，设表面传热系数为 16W/（K·m^2），环境温度为 293K，单击"确定" ✔按钮。

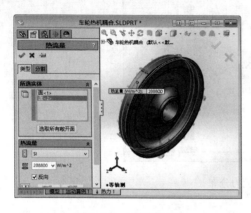 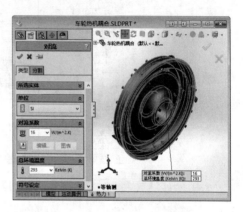

图 7-160　应用热流量　　　　　　　图 7-161　施加对流边界条件

（6）运行分析

在 Command Manager 中的 Simulation 下单击"运行" 按钮，完成分析后显示温度图解。

（7）观察温度分布

在 Simulation 设计树中的"结果"文件夹中右击"温度"，在弹出的快捷菜单中选择"编辑定义"。在"热力"对话框中将温度单位设为"Celsius"（摄氏度），单击"确定" ✔按钮，显示温度图解，如图 7-162 所示。

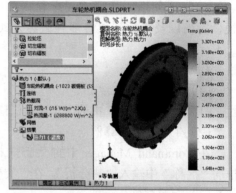

图 7-162　温度场结果

2．热应力分析

（1）生成稳态分析算例

在 Command Manager 中的 Simulation 下选择"算例" 中的"新算例"。在"算例"对话框的"名称"中输入"热应力分析"，在"类型"下单击"静态" ，单击"确定" ✔按钮。

（2）指派材料

右击热分析算例中的"热机耦合"，在弹出的快捷菜单中选择"复制"，然后切换到热应力分析算例；右击热分析算例中的"热机耦合"，在弹出的快捷菜单中选择"粘贴"，热应力

316

算例的"零件" 图标将出现选中标记，表明为所有实体指派了材料。

（3）施加约束条件

右击热应力分析算例 Simulation 设计树中的"热应力分析"，在弹出的快捷菜单中选择"属性"，在"选项"选项卡中选择"使用软弹簧使模型稳定"，单击"确定"按钮。

（4）施加热效应载荷

在热应力分析算例的 Simulation 设计树中，右击中的"外部载荷"，如图 7-163 所示，在弹出的快捷菜单中选择"热力效应"，在"静应力分析"对话框中选中"热算例的温度"单选按钮，"热算例"的下拉框中选择为"热分析"，单击"确定"按钮。

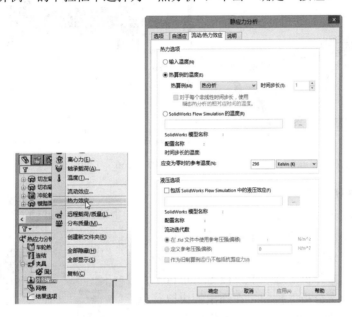

图 7-163　应用热效应

（5）网格化模型和运行研究

在 Command Manager 中的 Simulation 下单击"运行" 按钮。完成分析后，显示瞬态热分析热应力，如图 7-164 所示。

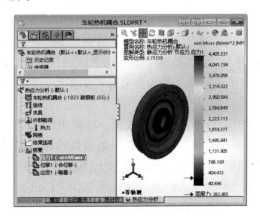

图 7-164　热应力分布

7.5.6　汽车悬架疲劳寿命估算

当车辆行驶时，图 7-165 所示的悬架承受时刻变化的载荷，这些载荷是随机的，且是非常难以（或者说是不可能）确切描述的。图 7-166 为由实测获得的载荷变化。

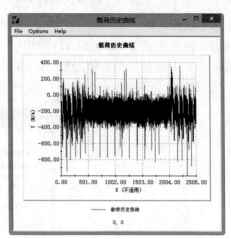

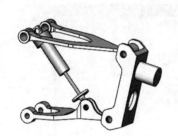

图 7-165　汽车悬架　　　　　　　图 7-166　实测汽车悬架载荷

1．运行静态算例

（1）打开装配体

打开"资源文件"中的"汽车悬架零件.sldprt"。

（2）进行静态分析

切换到"静应力分析"选项卡，在 Simulation 设计树中，右击"静态分析"按钮，在弹出的快捷菜单中选择"运行"，完成文件中原来设置好的静态分析，如图 7-167 所示。

2．变幅疲劳算例

算例中将输入变载荷幅度历史曲线，并将设置疲劳算例的属性。

图 7-167　静应力分析结果

（1）生成疲劳算例

在 Command Manager 中的 Simulation 下选择"算例" 中的"新算例"。在"算例"对话框的"名称"中输入"疲劳"；在"类型"下单击"疲劳" 。如图 7-168 所示，在"选项"下选择"可变高低幅度历史数据"作为疲劳分析的类型，最后单击"确定" 按钮。

（2）设置算例属性

在 Simulation 设计树中，右击"疲劳"按钮，在弹出的快捷菜单中选择"属性"，弹出"疲劳"对话框。如图 7-169 所示，在"可变振幅事件选项"栏的"雨流记教箱数"输入32，在"在以下过滤载荷周期"中输入 1%；在"计算交替应力的手段"选项组，单击"对等应力（Von Mises）"；在"平均应力纠正"选项组选定"Gerber"；在"疲劳强度缩减因子（Kf）"选项组，输入 0.5。单击"确定" 按钮。

图 7-168　新建随机疲劳算例

图 7-169　随机疲劳算例属性设置

（3）定义随机疲劳事件

在"疲劳"算例的设计树中，右击"负载"按钮，在弹出的快捷菜单中选择"添加事件"。如图 7-170 所示，在"添加事件"对话框中指定"算例"为"静应力分析"，单击"获取曲线"。在"载荷历史曲线"对话框中的"类型"栏选定"仅限振幅"，单击"获取曲线"；在"函数曲线"对话框的第 3 种曲线库中的选择"SAE Suspension"单击"确定"按钮，用实测数据来模拟汽车悬架承受的载荷。

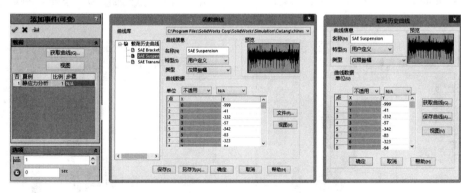
图 7-170　定义随机疲劳事件

在"载荷历史曲线"对话框中单击"视图"可查看载荷历史图表，单击"确定"按钮，关闭该图形窗。在"添加事件"对话框单击"确定" ✔ 按钮完成该事件的定义。

（4）定义 *S-N* 曲线

右击设计树中的"汽车悬架零件"，在弹出的快捷菜单中选择"应用/编辑疲劳数据"命令，在弹出的"材料"对话框中选择"疲劳 SN 曲线"选项卡，在"源"选项组，选中"从材料弹性模量派生"和"基于 ASME 碳钢曲线"单选按钮，如图 7-171 所示。该曲线图形将出现在预览区，并且在表格内显示出数据组，单击"应用"按钮后单击"关闭"按钮。

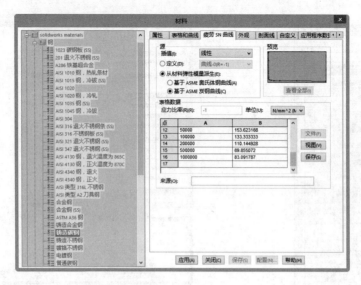

图 7-171　定义 S-N 曲线

（5）运行疲劳研究

在 Simulation 设计树中，右击"疲劳"按钮，在弹出的快捷菜单中选择"运行"。

（6）查看生命图解

在 Simulation 设计树的"结果"文件夹中，双击"结果 2（-生命-）"按钮，将显示生命图解，如图 7-172 所示。

（7）查看损伤图解

在 Simulation 设计树的"结果"文件夹中，双击"结果 1（-损坏-）"按钮，将显示损伤图解，如图 7-173 所示。

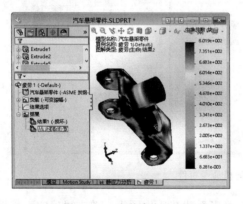

图 7-172　疲劳寿命分布

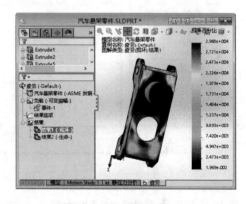

图 7-173　损伤图解

7.5.7　悬臂托架尺寸优化

在本节主要学习以下内容：生成优化算例，定义目标、设计变量和约束，观察优化流程。

1．问题描述

悬臂托架按如图 7-174 方式进行支撑和施加载荷。根据功能要求，托架的外部尺寸不能变化。中心切除大小由 D_{11}、D_{12} 和 D_{13} 控制。这些尺寸可以在一定范围内变化。

通过以下条件减小悬臂托架的体积。

1）Von Mises 应力不得超过特定值。

2）最大位移不得超过特定值。

3）基础频率应在 260～400Hz，以避免与安装机械引起共振。

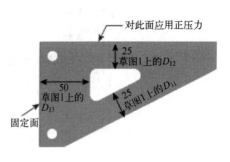

图 7-174　悬臂托架

2．分析步骤

（1）打开零件

浏览"资源文件"中的"Cantilever_Bracket.sldprt"并将其打开。

（2）优化设计准备

进行优化设计之前，必须完成约束条件相关的各种分析，本例中须完成静态分析以获得应力和位移约束；完成频率分析，以获得频率约束。

（3）进行初始静态分析

按以下步骤完成静态分析：算例名称为"初始静态分析"，零件材料为合金钢材料，对托架的竖直面应用固定约束，对托架的水平面沿垂直方向施加均匀 $5e^6N/m^2$ 的压力，运行算例分析，获得 Von Mises 应力和合力位移。

（4）进行频率分析

生成名称为"初始频率分析"的实体网格算例。将"初始静态分析"算例的"实体""约束-1"和"网格"文件夹复制到"初始频率分析"。运行"初始频率分析"，列举模型的自然频率。基础频率为 366.43Hz。

（5）生成优化算例

在 Command Manager 中的 Simulation 下选择"算例" 中的"新算例"。在 Property Manager 的"名称"中输入"优化设计"，在"类型"下单击"优化" ，然后单击"确定" 按钮。

（6）定义优化三要素

1）定义目标函数。该优化研究的目标是减小零件的体积。要定义目标：在 Simulation 设计树中，右击"目标"在弹出的快捷菜单中选择"添加"，在 Property Manager 的"目标"下选择"缩小"和"体积"，即体积最小化，单击"确定" 按钮。

2）定义设计变量。右击 SolidWorks 的 Feature Manager 设计树 中的"注释"（Annotations），在弹出的快捷菜单中选中"显示特征尺寸"，在图形区显示特征尺寸，如图 7-175 所示。

可以定义可变化的尺寸。要定义设计变量：在 Simulation 设计树中，右击"设计变量"，在弹出的快捷菜单中选择"添加"，在图形区中，选择尺寸 D_{11}。在 Property Manager 中设定"下界" 为 10，设定"上界" 为 25，单击"确定" 按钮，所选的尺寸出现在设计变量文件夹内。

重复以上步骤以将尺寸 D_{12} 添加到设计变量列表，使用与 D_{11} 相同的上下界；将尺寸 D_{13} 添加到设计变量列表；分别输入 20 和 50 作为下界和上界。设计变量文件夹列出 3 个设计变量。

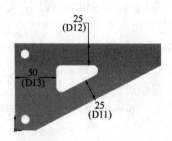

图 7-175　显示特征尺寸

3）定义约束。

● 定义 Von Mises 应力约束。

最大 Von Mises 应力不应超过 $3×10^8 N/m^2$。要定义 Von Mises 应力约束：在 Simulation 设计树中，右击"约束"，在弹出的快捷菜单中选择"添加"，在 Property Manager 中的"响应"下选择"分析类型"为"静态"，"算例"为初始静态。设定"结果类型"为"节应力"，设定"零部件"为"VON：Von Mises"应力。在"界限"下选择"N/m^2"作为单位，输入 0 作为"下界"，输入 $3×10^8$ 作为"上界"，单击"确定"按钮，von Mises 应力约束出现在约束文件夹内。

● 定义位移约束。

最大合力位移不得超过 0.21mm。要定义位移约束，则在 Simulation 设计树中，右击"约束"，在弹出的快捷菜单中选择"添加"，在 Property Manager 的响应下，选择"分析类型"为"静态"，"算例"为初始静态。设定"位移"作为"结果类型"。设定"URES：合力位移"作为"零部件"。在"界限"下，选择"毫米"作为单位，输入 0 作为"下界"，输入 0.21 作为"上界"，单击"确定"按钮，位移约束出现在约束文件夹内。

● 定义频率约束。

基础频率必须在 260～400Hz。在 Simulation 设计树中，右击"约束"，在弹出的快捷菜单中选择"添加"，在 Property Manager 中的"响应"下，选择"分析类型"为"频率"。设定"模式形状"为 1。在"界限"下，选择 Hz 作为单位，输入 260 作为"下界"，输入 400 作为"上界"，单击"确定"按钮，现有 3 个频率约束在约束文件夹内。

4）运行优化研究。在 Simulation 设计树中，右击"优化分析"按钮，在弹出的快捷菜单中选择"运行"，分析开始。完成第一个循环之后，程序更改尺寸并再次运行。经过几个循环之后，出现优化成功消息窗口，单击"确定"按钮关闭消息窗口。

5）观察优化设计结果。

● 观察初始设计。

在 Simulation 设计树中，单击"结果"文件夹旁边的"加号"。双击初始设计，托架的初始设计出现，如图 7-176 所示。

● 观察最终设计。

在 Simulation 设计树中，单击"结果"文件夹旁边的"加号"。双击最终设计，托架的最终设计出现，如图 7-177 所示。

● 优化结果列表。

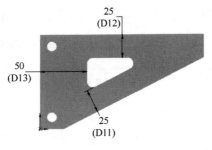

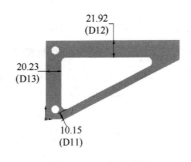

图 7-176　初始设计 　　　　　　　　　　　图 7-177　最终设计

要确定 Simulation 获得优化结果所需的迭代数，则在 Simulation 设计树中，右击"最终设计"在弹出的快捷菜单中选择"细节"，弹出"设计周期结果细节"对话框。对应于最终设计的迭代数为 15，单击"关闭"按钮，优化结果列表如图 7-178 所示。

● 观察特定设计周期内的设计。

要观察第 4 个设计周期内的设计，则在 Simulation 设计树中，右击"结果"，在弹出的快捷菜单中选择"设计周期结果"，在"设计周期结果"对话框中设定迭代数为 4，单击"确定" ✔ 按钮。显示第 4 个设计周期内的设计，如图 7-179 所示。

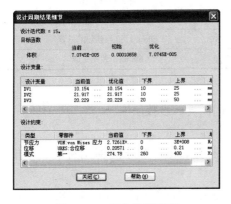

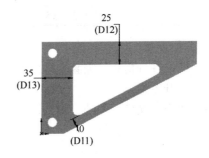

图 7-178　优化结果列表 　　　　　　　　图 7-179　第四个设计周期内的设计

● 绘制设计变量的历史图表。

在 Simulation 设计树中，右击"结果"，在弹出的快捷菜单中选择"设计历史图表"，在"设计历史图表"对话框中选择 3 个设计变量，单击"确定" ✔ 按钮，显示设计当地趋向图表，如图 7-180 所示。

● 绘制目标与设计变量关系图表。

在 Simulation 设计树中，右击"结果"，在弹出的快捷菜单中选择"当地趋向图表"，在"设计当地趋向图表"对话框中的"X 轴"下设定"设计变量"为 DV1，对应于 D_{11}，在"Y轴"下，单击"目标"并验证体积出现在菜单中。单击"确定" ✔ 按钮。绘制出目标功能与设计变量 1 关系图解，如图 7-181 所示。

7.5.8　过盈热装配过程模拟

过盈热装配是利用金属热胀冷缩原理，将工件安装紧固的装配工艺。如将齿轮安装紧固在轴上，先将齿轮加热，其轴孔膨胀了，很容易就套在轴上，待其冷却后就非常紧固了。

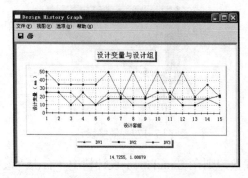

图 7-180　设计当地趋向图表

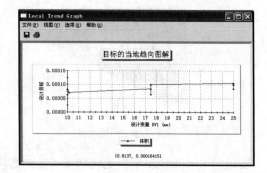

图 7-181　目标与设计变量关系

已知轮轴材料均为 45 钢，轮与轴过盈配合，轴外径 100mm，套筒内径 99mm，过盈量 1mm，把套筒加热到 900℃以后装到轴上（具体装配过程见表 7-4），求冷却后的应力分布。

表 7-4　过盈热装配过程

时间/s	轮的温度变化	轮的位移变化
0～1	加热到 900℃	0mm，等待
1～2	900℃保温	60mm，进入到装配位置
2～3	降温到室温	60mm，装配完成

1．分析步骤

可用非线性分析和冷缩套合模拟装配工艺过程，具体步骤如下。

（1）打开零件

打开"资源文件"中的"轮轴过盈热装配过程模拟.sldprt"（按周期对称取 10 的区域）。

（2）生成非线性算例

单击 Command Manager 中，单击"算例" 🔍 中的"新算例"。如图 7-182 所示，在"名称"下键入"过盈热装配"；在"类型"下单击"非线性" 按钮，单击"确定" ✔按钮。

（3）定义材料属性

单击 Command Manager 中的"应用材料"，在"材料"对话框中选"自库文件"和"SolidWorks material"材料库中"钢"下的"1023 碳钢板（相当于 45 钢回火）"，单击"应用"，再单击"关闭"。

（4）添加轴约束

在 SolidWorks Simulation 设计树中，右击"夹具"按钮，如图 7-183 所示，在弹出的快捷菜单中选择"高级夹具"，单击选中轴端面和两个切口面，选择"在平面上"，设面的法线方向约束为 0，最后单击"确定" ✔按钮。

（5）添加轮约束

在 SolidWorks Simulation 设计树中，右击"夹具"按钮，在弹出的快捷菜单中选择"高级夹具"，单击选中轮两个切口面，选择"在平面上"，设面的法线方向约束为 0，最后单击"确定" ✔按钮。

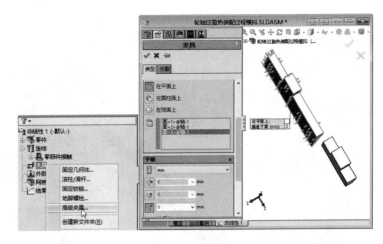

图 7-182　新建非线性算例　　　　　　　　　　　　　图 7-183　轴约束

（6）定义轮轴配合

生成爆炸视图以展现出重叠面，以便在轮座与轮毂孔柱面间定义配合接触条件。

在 Simulation 下的"连接"中选择"相触面组"，然后选择"定义接触面组"。如图 7-184 所示。在"接触"选项组中，选中"手工选择接触面组"单选按钮，设定"类型"为"无穿透"。在接触对象 框内单击，然后选择轮毂孔面；在选项下选择"节到曲面"，单击"确定"按钮 。Simulation 在两个面上应用紧缩套合接触。

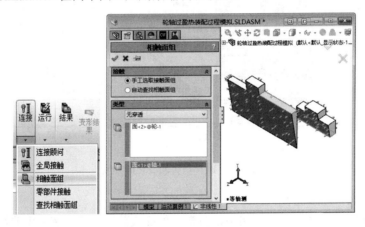

图 7-184　定义无穿透配合接触

（7）添加轮的装配位移曲线

在 SolidWorks Simulation 设计树中，右击"夹具"按钮，在弹出的快捷菜单中选择"高级夹具"，单击选中轮的端面，选择在平面上最后单击"确定" 按钮，结果如图 7-185 所示。

（8）给轮定义随时间变化的温度

在 SolidWorks Simulation 设计树中，右击"外部载荷"按钮，如图 7-186a 所示，在弹出的快捷菜单中选择"温度"，如图 7-186a 所示。在 SolidWorks 装配树中选中"轮"零件，设定温度为 1℃（作为时间-温度曲线的单位），单击"温度"对话框中"随时间变化"栏中的"编辑"按钮，如图 7-186b 所示。输入温度与时间的关系曲线，单击"确定"按钮。最后单击"确定"按钮 ✔，如图 7-186c 所示。

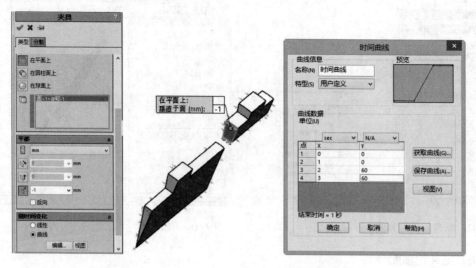

图 7-185　定义轮的装配位移曲线

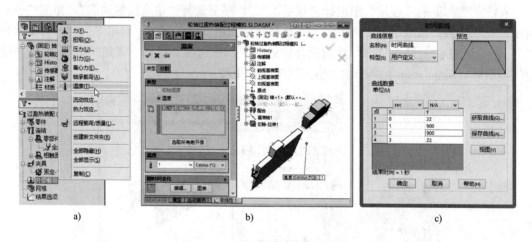

a)　　　　　　　　　　　b)　　　　　　　　　　　c)

图 7-186　施加随时间变化的温度

（9）给轴定义恒定温度

在 SolidWorks Simulation 设计树中，右击"外部载荷"按钮，在弹出的快捷菜单中选择"温度"，在 SolidWorks 装配树中选中"轴"零件，设温度为室温 22℃，最后单击"确定" ✔按钮，如图 7-187 所示

（10）配置结束时间

配置非线性分析的属性，把结束时间调整到 3s。

如图 7-188 所示，在 SolidWorks Simulation 设计树中，右击算例名称"过盈热装配"图标，在弹出的快捷菜单中选择"属性"，在"非线性-静应力分析"对话框中修改"结束时间"为 3，"初始时间增量"为 0.1，单击"确定"按钮。最后单击"确定" ✔按钮。

（11）网格化模型和运行研究

在 Simulation 设计树中，右击网格 🔳，在弹出的快捷菜单中选择"生成网格"，选中

"运行分析"，单击"确定"✔按钮。

图 7-187　施加恒定温度

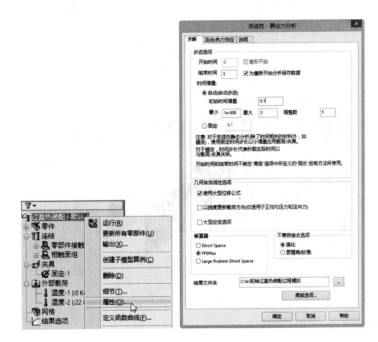

图 7-188　修改结束时间

（12）1s 结束时的径向应力状态和径向位移图解

对于具有轴对称特性的模型，最好在圆柱坐标系中观察结果。首先需要在轮轴中心生成基准轴。

1）生成基准轴。选择"插入"→"参考几何体"→"基准轴"命令，弹出"基准轴"对话框。单击"圆柱/圆锥面" 按钮。在图形区中选择轮轴的任意圆柱面，单击"确定"✔按钮。

2）观察径向应力。在 Simulation 设计树中，双击"应力 1"文件夹后，右击该文件夹，在弹出的快捷菜单中选择"编辑定义"，弹出"应力图解"对话框。在"显示"选项组，执行以下操作：在 Property Manager 中的"显示"下，在"分量"  中选择"SX：X 法向应力"（在由参考轴定义的圆柱坐标系中，SX 应力分量代表径向应力），将"单位" 设为 MPa。在"高级选项"下，在弹出的 Feature Manager 设计树中选择"基准轴 1"作为坐标系。设"图解步长"为 1s，单击"确定" 按钮，如图 7-189 所示。

图 7-189　1s 时径向应力

同理，显示径向位移，如图 7-190 所示。

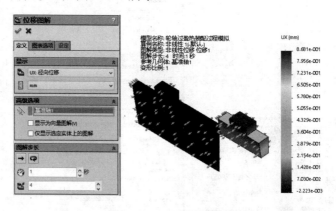

图 7-190　1s 时径向位移

同理，可观察 2s 和 3s 时的结果如图 7-191～图 7-194 所示。

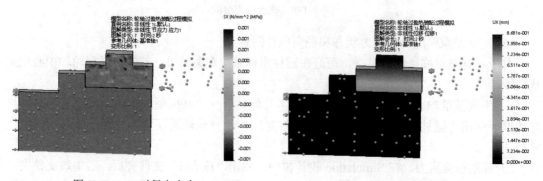

图 7-191　2s 时径向应力　　　　　　图 7-192　2s 时径向位移

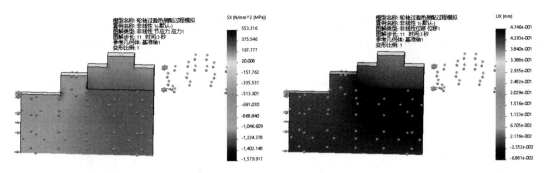

图 7-193 3s 时径向应力   图 7-194 3s 时径向位移

2．检查结果

由图 7-189～图 7-194 可有如下结论。

1） 1s 时套筒受热自由膨胀，内应力很小，轮的径向位移较大。

2） 2s 时轮轴端面重合，放大后可以看到轮轴之间的径向间隙。

3） 3s 时的轮温度降到 22℃，装配完成，最大径向装配应力为 553.31MPa。

习题 7

习题 7-1 简答题。

1）什么是有限元法？简述有限元法的基本思路。

2）简述大型有限元软件的分析步骤。

习题 7-2 如图 7-195 所示，一个 AISI304 钢材料制成的 L 形支架上端面被固定（埋入），同时在下端面施加 200N 的弯曲载荷。分析该模型的位移和应力分布情况，尤其是位于拐角处 R10mm 的倒角部分的应力分布，比较有倒角和无倒角的结果。

习题 7-3 如图 7-196 所示，一内半径为 121.82mm 的机轮边承受一外半径为 121.91mm 的轮毂的压力作用。试求出这两者中的 Von Mises 应力和接触应力。利用模型的对称性，分别选择它的 1/2、1/4、1/8 部分来进行分析。

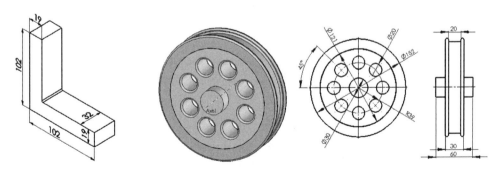

图 7-195 L 形支架   图 7-196 机轮

习题 7-4 对如图 7-197 所示的音叉进行频率分析，确定其前 5 阶固有频率和模态。

习题 7-5 如图 7-198 所示，一个轴对称的冷却栅结构管内为热流体，管外流体为空气，管道机冷却栅材料均为不锈钢，热导率为 25.96W/m·℃，弹性模量为 1.93×10⁹Pa，泊松比为 0.3，热膨胀系数为 $1.62 \times 10^{-5}℃^{-1}$，管内压力为 6.89MPa，管内流体温度为 250℃，表面传热系数为 $249.23W/(m^2 \cdot ℃)$，外界流体温度为 39℃，表面传热系数为 $62.3W/(m^2 \cdot ℃)$，试求解其温度和应力分布。

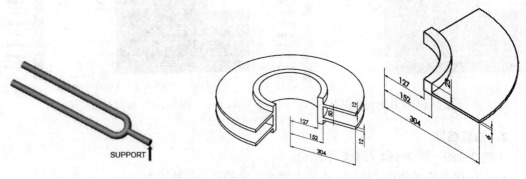

图 7-197　音叉　　　　　　　　　　　　　图 7-198　冷却栅结构管

假定冷却栅无限长，根据冷却栅结构的对称性特点构造出的有限元分析简化模型，其上下边界承受边界约束，管内部承受均布压力。

习题 7-6　一个承受单向拉伸的平板，拉伸载荷为 30MPa。板长为 100mm，初始板宽为 80mm，板厚为 10mm，在其中心位置有一个 ϕ20mm 的小圆孔。材料属性为弹性模量为 $2.06 \times 10^{11}Pa$，泊松比为 0.3，材料许用应力为 130MPa，确定重量最轻时的板宽。

第8章 计算机辅助制造

数控编程是以数控加工中的编程方法作为研究对象的一门加工技术，它以机械加工中的工艺和编程理论为基础，针对数控机床的特点，综合运用相关的知识来解决数控加工中的工艺问题和编程问题。

8.1 CAM 快速入门

数控机床程序编制方法有手工编程和自动编程两种。下面以平面凸轮零件为例，说明数控铣床的编程过程。

8.1.1 引例：平面凸轮 CAM

1．加工工艺分析

凸轮加工工序卡如表 8-1 所示。

表 8-1　凸轮加工工序卡

数控加工工序卡		零件图号	零件名称	文件编号	第　页
		NC　01	凸轮		
			工序号	工序名称	材料
			50	铣周边轮廓	45#
			加工车间	设备型号	
				XK5032	
			主程序名	子程序名	加工原点
			O100		G54
			刀具半径补偿	刀具长度补偿	
			H01＝10	0	
工步号		工步内容	工　装		
1		数控铣周边轮廓	夹具	刀具	
			定心夹具	立铣刀φ15	
			更改标记	更改单号	更改者/日期
工艺员		校对	审定		批准

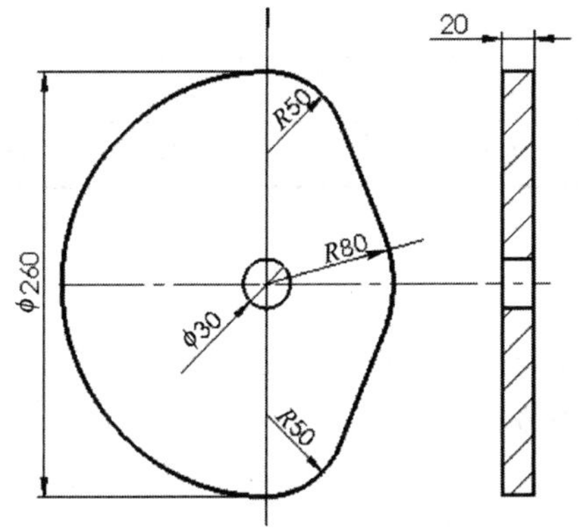

由表 8-1 可知，凸轮曲线分别由几段圆弧组成，ϕ30mm 孔为设计基准，其底面与定位孔已加工好。故取ϕ30mm 孔和一个端面作为主要定位面。因为孔是设计和定位的基准，所以对刀点选在孔中心线与端面的交点上，这样很容易确定刀具中心与零件的相对位置。铣刀的端面距零件的表面留有一定的距离。选用ϕ15mm 立铣刀。

装夹选在ϕ30mm 的孔上，并以其为对刀点，使编程简单，并能保证加工精度。确定走刀路线时，需考虑切向切入切出。在具有直线及圆弧插补功能的铣床上进行加工。其走刀路线为 O→P1→P2→P3→P4→P5→P7→ P6→P8→P9→P10→O，见表 8-2。

表 8-2　数控加工走刀路线图

数控加工走刀路线图		零件图号	NC01	工序号		工步号		程序号		O100
机床型号	XK5032	程序段号	N10～N170	加工内容	铣周边		共1页		第　页	

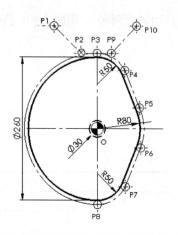

编程	
校对	
审批	

符号	⊙	⊗	◕	•——→	→	←↓—	•—•—•	⤳	⎓
含义	抬刀	下刀	编程原点	起刀点	走刀方向	走刀线相交	爬斜坡	铰孔	行切

2．手工编程

（1）数学处理

需求出平面凸轮零件图形中各几何元素相交或相切的基点坐标值。应用三角、几何及解析几何的数学方法可计算出 P1，P2，…，P10 各点的坐标为：

P1(-50，170)　　　　P2(-10，130)　　　　P3(0，130)　　　　P4(47.351，98.750)

P5(74.172，30)　　　P6(74.172，-30)　　　P7(47.351，-98.750)　　　P8(0，-130)

（2）编写程序单

按程序格式编写凸轮零件加工程序单如下。

序号	语句	注释
N100	％0033	//程序号
N110	G92 X0 Y0 Z100;	//对刀
N120	G90 M03 S700;	//主轴正转
N130	G00 X-50 Y170;	//快进到下刀点

N140	G01 Z-9 F500;	//下刀 P1
N150	G01 G41 D01 X-10 Y130;	//→P2
N160	X0;	//→P3
N170	G02 X47.351 Y98.750 R50,	//→P4
N180	G01 X74.172 Y30.00;	//→P5
N190	G02 X74.172 Y-30 R80;	//→P6
N200	G01 X47.351 Y-98.750;	//→P7
N210	G02 X0.0 Y-130.0 R50;	//→P8
N220	G02 X0 Yl30 R130;	//→P3
N230	G01 X10;	//→P9
N240	G40 G00 X50 Y170;	//→P10
N250	Z100	//抬刀
N260	G01 X0 Y0 M05;	//回刀
N100	M02;	//结束

3．CAMWorks 加工仿真

（1）零件建模

如图 8-1 所示，在 SolidWorks 中以上视基准面为草图平面创建一个 20mm 厚度的平面凸轮实体，保存为"平面凸轮.sldprt"。

1）毛坯管理。如图 8-2 所示，单击左上角的 ▦ 按钮切换到 CAMWorks 特征树，然后双击特征树中的"毛坯管理"，弹出"毛坯管理器"对话框，如图 8-3 所示，单击"确定" ✅ 按钮接受系统默认的设置自动生成毛坯。

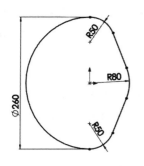

图 8-1　平面凸轮　　　　图 8-2　切换到 CAMWorks　　　　图 8-3　毛坯管理

2）确定机床坐标系。如图 8-4 所示，右击特征树中的"毛坯管理"，在弹出的快捷菜单中选择"新建铣削零件设置"，如图 8-5 所示，单击工件上表面左圆线，设定加工方向（一定要保持 Z 轴是垂直于工件的），单击"确定" ✅ 按钮，设计树中出现"铣削零件设置1"。

3）新建加工方式-2.5 轴特征。如图 8-6 所示，右击设计树中的"铣削零件设置1"，在弹出的快捷菜单中选择"新建 2.5 轴特征"，弹出 2.5 轴特征向导界面，可利用特征向导设置以下参数。

① 特征和截面定义：如图 8-7 所示，设置特征"类型"为"凹腔"，将左下侧列表框中加工轮廓草图-草图 1 选入右下侧的已选实体列表框中（当然，也可以直接在图形区中选择加工轮廓）。单击"下一步"按钮。

图 8-4　新建铣削零件设置

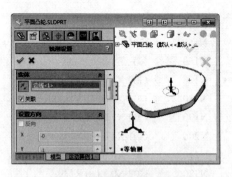

图 8-5　确定原点和 Z 轴方向

图 8-6　新建 2.5 轴特征

图 8-7　特征和截面定义

② 选择终止条件：如图 8-8 所示，设置"类型"为"直到面"，然后将工件翻转并选中底面（这样做可以确保自动适应模型厚度修改）。单击"完成"按钮，再单击"关闭"按钮完成 2.5 轴特征添加。

（2）刀路制作

1）加工坐标系设置。如图 8-9 所示，在左上角的选项卡，从"CAMWorks 特征树" ![CW] 切换到"CAMWorks 操作树" ![图标]。右击"铣削零件设置 1"在弹出的快捷菜单中选择"编辑定义"，弹出"零件设置参数"对话框。

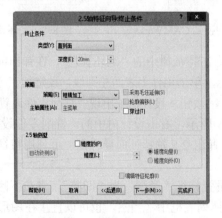

图 8-8　选择终止条件

图 8-9　编辑定义

- 设置加工原点：如图 8-10 所示，在"原点"选项卡中选择顶点，然后在 3D 工件上捕捉大圆弧起点为加工原点（即起刀点）。
- 设置 XY 轴方向：如图 8-10 所示，切换到"轴"选项卡，设 X 轴加工方向旋转 90°使其与机床坐标一致，单击图形区坐标箭头刷新，单击"确定"按钮。

2）设置铣削方式。如图 8-11 所示，右击操作树中的"铣削零件设置 1"，在弹出的快捷菜单中选择"新建 2.5 轴铣削操作"→"轮廓铣削"。如图 8-12 所示，在特征列表中选择之前创建的 2.5 轴特征，然后单击"确定" ✔ 按钮，自动创建操作，并弹出"操作参数"设置对话框。

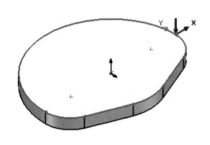

图 8-10 修改顶点位置和坐标轴角度　　　　图 8-11 插入 2.5 轴铣削操作

3）操作参数设置。

① 刀具参数设置：如图 8-13 所示，在"操作参数"的"刀具"选项卡中设置"切削直径"为 2mm，"轴肩长度"为 30mm。

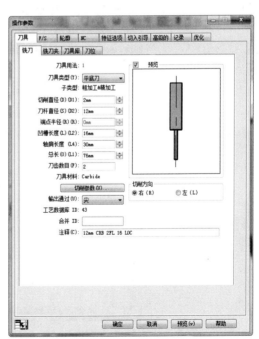

图 8-12 操作特征选择　　　　　　　　　图 8-13 刀具参数设置

② 进给参数设置：切换到"F/S（进给量）"选项卡，如图 8-14 所示，修改"主轴转

速"为1200r/min。

③ 切入方式设置：单击切换到"切入引导"选项卡，如图 8-15 所示，修改"引入类型"为"圆弧"，"之间链接"的"侧轨迹"设为"直接"（全程不提刀，加速铣削过程），单击"预览"按钮查看更改效果。

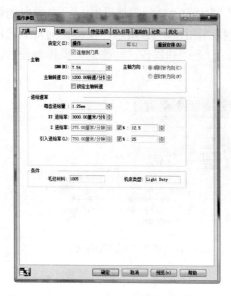

图 8-14　进给参数设置

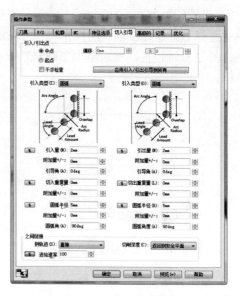

图 8-15　切入方式设置

④ 预计加工时间：切换到"优化"选项卡，如图 8-16 所示，查看加工时间。

图 8-16　预计加工时间

（3）后处理

1）模拟刀具轨迹。如图 8-17 所示，选择左上角的"模拟刀具轨迹"，单击模拟刀具轨迹工具栏中的"播放"按钮观看铣削过程模拟。

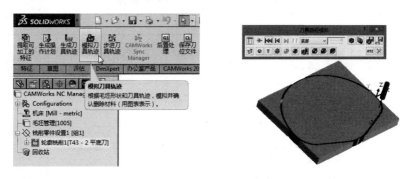

图 8-17　刀具轨迹模拟

2）输出 G 代码。如图 8-18 所示，单击"后置处理"按钮，选择生成的文件的保存位置并输入文件名"平面凸轮加工"，选择"播放"来输出 G 代码文件。

图 8-18　生成 NC 代码文件

8.1.2　CAMWorks 数控编程基础

CAMWorks 是一个集成于 SolidWorks 软件中的 CAM 软件产品。CAMWorks 将传统 CAD/CAM 软件中的计算机辅助加工编程方法与先进的人工智能技术结合，成为当今国际上为数不多的优秀计算机辅助制造软件之一。CAMWorks 在自动可加工特征识别（AFR）以及交互特征识别（IFR）方面处于国际领先地位。CAMWorks 提供了真正跟随设计模型变化的加工自动关联，减少了设计更新后重新进行编程的时间。

1. CAMWorks 的特点

CAMWorks 采用用户熟悉的 SolidWorks 界面，特征管理器设计树上的项目可以如 SolidWorks 相同操作过程进行压缩、展开、重命名以及移动。CAMWorks 提供了完整机床的真实仿真，使得检查刀具与零部件之间的碰撞成为可能。仿真可以在实际三维模型下显示刀具的轨迹。可以创建完整的机床包括达到 5 轴的刀具配置、加工限制等。图像可以在仿真过程中进行操作，由此可以从不同角度提供近距离的观察。

2. CAMWorks 的加工方式

CAMWorks 加工模块可以有多种组合：2.5 轴、3 轴、4 和 5 轴预先定位铣削，4 和 5 轴联动铣削，2 和 4 轴车削旋转铣削，2 和 4 轴线切割等。CAMWorks 常用的加工功能见表 8-3。

表 8-3 CAMWorks 常用加工功能

名 称	功 能	示 例
2.5 轴铣削	2.5 轴铣削包括自动粗加工、精加工、螺纹铣削、表面铣削以及单点（钻孔、镗孔、铰孔和攻丝）循环加工体素特征	
3 轴铣削	3 轴铣削包含 2.5 轴的功能，增加了模具制造和航空应用中的复杂轮廓表面的加工编程	
2 和 4 轴车削	CAMWorks 2 和 4 轴车削包括自动粗加工、精加工、切槽、螺纹加工、割断以及单点加工（钻削、镗削、铰孔和攻丝）循环	
4/5 轴联动	CAMWorks 4/5 轴联动加工编程软件允许用户在复杂形状上创建刀具轨迹，这个形状在 3 轴下无法加工。包括高性能汽车端口零件的精加工、叶轮加工、汽轮机叶片、切割刀具、5 轴修剪以及模具中的侧凹加工等	

3. CAMWorks 界面

选择"工具"→"插件"命令，打开"插件"对话框，如图 8-19 所示，在"其他插件"中选择"CAMWorks2014"复选框。启动 CAMWorks 后在 SolidWorks 的菜单栏中新增一个 CAMWorks 菜单和工具栏，在左窗口中新增特征树和操作树。

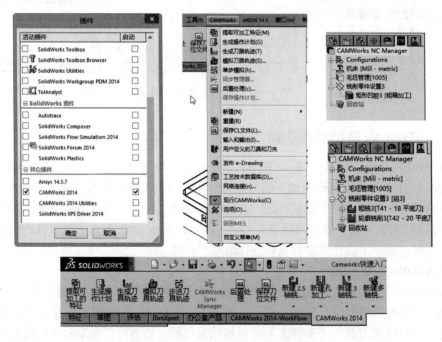

图 8-19 CAMWorks 启动方法与界面

4. CAMWork 快速入门

下面以一实例来说明 CAMWorks 如何使加工变得更便捷。

1）零件建模。在 SolidWorks 中打开"资源文件"中的"CAMWorks 快速入门.sldprt"，如图 8-20 所示。

2）提取加工特征。如图 8-21 所示，单击 CAMWorks 特征工具栏中的"提取可加工的特征"按钮，自动提取可加工的特征，并在 CAMWorks 特征树中显示。

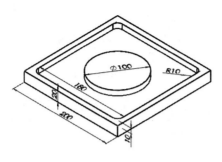

图 8-20　挖槽加工零件

图 8-21　提取可加工的特征

3）生成操作计划。如图 8-22 所示，单击 CAMWorks 特征工具栏中的"生成操作计划"按钮，自动为提取的加工特征生成操作计划，并在 CAMWorks 操作树中显示。

4）生成刀具轨迹。如图 8-23 所示，单击 CAMWorks 特征工具栏中的"生成刀具轨迹"按钮，自动按操作计划生成刀具轨迹。

图 8-22　生成操作计划

图 8-23　生成刀具轨迹

5）模拟刀具轨迹。如图 8-24 所示，单击 CAMWorks 特征工具栏中的"模拟刀具轨迹"按钮，单击模拟刀具轨迹工具栏中的"播放"按钮观看铣削过程模拟。

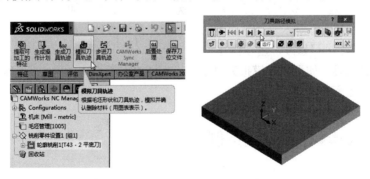

图 8-24　刀具轨迹模拟

6）输出 G 代码。如图 8-25 所示，单击 CAMWorks 特征工具栏中的"后置处理"按钮，自动为提取的加工特征生成操作计划，并在 CAMWorks 操作树中显示。

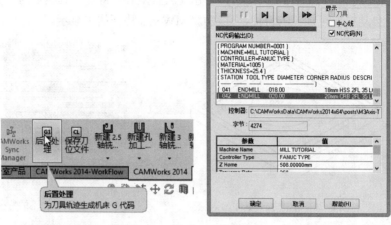

图 8-25　生成 NC 代码文件

单击"后置处理"按钮，选择生成的文件的保存位置并输入文件名"平面凸轮加工"，选择"播放"来输出 G 代码文件。

5．CAMWorks 基本步骤

由上面的实例可见，CAMWorks 数控加工主要的包括以下步骤。

1）提取加工特征。CAMWorks 是一个基于特征的 CAM 系统，提供自动特征识别和交互特征识别功能。自动特征识别分析实体几何模型，并区分铣削特征，如孔、槽、凹腔以及凸台；车削特征，如外圆、表面、槽以及割断；线切割特征，如模腔等。对于不能自动找到的特征或需要特殊定义加工的特征，可以轻松通过交互特征识别（IFR）向导来完成。

2）生成操作计划。操作计划就是对提取的特征设定加工操作，包括粗加工、精加工、钻孔等。CAMWorks 可以为提取加工的特征按国际上先进的加工工艺自动生成操作计划，也可以自定义操作计划。

3）生成刀具轨迹。在 CAMWorks 的刀具轨迹中，可以自定义刀具的进给速度、卡盘的转速、进刀点的位置、安全点位置、切削液开启或关闭。若为粗加工，还可以设置留多少余量给精加工等参数，同时还可以针对每把刀具选择不同的夹具，也可以对夹具设置其相应的参数。

4）模拟刀具轨迹。模拟刀具轨迹主要在软件里模拟出现实加工过程。看是否有刀具干涉，是否有应力过大从而损坏刀具，加工的先后顺序是否合理，如果有不合理的地方，需要返回至相应的模式下进行修改，重新操作。

5）输出 G 代码。如果通过模拟刀具轨迹，发现没有不合理的地方，就可以生成程序代码，传输至机床上就可以加工了。

8.2　CAMWorks 数控编程范例

8.2.1　外形与槽铣加工

1．问题描述

毛坯为 170mm×145mm×30mm，6 面已粗加工过，要求数控铣出如图 8-26 所示的轮廓和槽，工件材料为 45 钢。

2．加工工艺分析

1）定位基准与装卡。以已加工过的底面为定位基准。

2）工步顺序。铣削外轮廓；铣削直槽。

3．外形加工编序

（1）打开零件文件

在 SolidWorks 中打开"资源文件"中的"外形与槽铣加工.sldprt"文件。

（2）毛坯管理

单击左上角的 按钮切换到 CAMWorks 特征树，然后双击特征树中的"毛坯管理"，弹出"毛坯管理器"对话框。如图 8-27 所示。选择"毛坯类型"为"拉伸草图"，打开 SolidWorks 特征树，并选中"sketch1"，选择"方向控制方式"为"偏差顶点"，并在图形区选择下角顶点，单击"确定" 按钮，生成毛坯。

图 8-26　挖槽加工

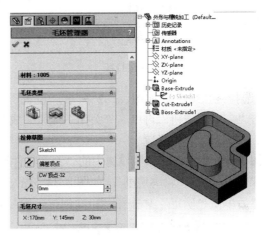

图 8-27　毛坯管理

（3）新建铣削零件设置

如图 8-28 所示，右击特征树中的"毛坯管理"，在弹出的快捷菜单中选择"新建铣削零件设置"。如图 8-29 所示，单击工件上表面，单击"确定" 按钮，设计树中出现"铣削零件设置 1"。

图 8-28　新建铣削零件设置

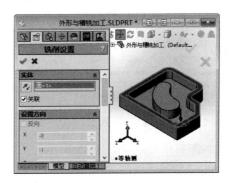

图 8-29　确定原点和 Z 轴方向

（4）新建外轮廓特征

如图 8-30 所示，右击设计树中的"铣削零件设置 1"，在弹出的快捷菜单中选择"新建 2.5 轴特征"，弹出 2.5 轴特征向导界面，可利用特征向导设置以下参数。

1）特征和截面定义。如图 8-31 所示，设置特征"类型"为"凹腔"，将左下侧列表框中加工轮廓草图"sketch1"选入右下侧的"实体选择"列表框中，单击"下一步"按钮。

图 8-30 新建 2.5 轴特征

图 8-31 特征和截面定义

2）选择终止条件。如图 8-32 所示，设置类型为"直到顶点"，然后单击选中底面顶点。单击"完成"按钮，再单击"关闭"按钮完成 2.5 轴特征添加。

（5）轮廓加工操作设置

如图 8-33 所示，右击操作树中的"铣削零件设置 1"，在弹出的快捷菜单中选择"新建 2.5 轴铣削操作"→"轮廓铣削"。如图 8-34 所示，在"特征列表"中选择之前创建的 2.5 轴特征，然后单击"确定" ✔ 按钮，自动创建操作，并弹出"操作参数"对话框。

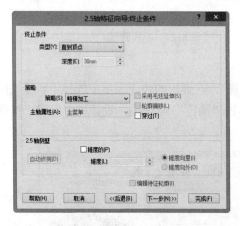

图 8-32 选择终止条件

图 8-33 插入 2.5 轴铣削操作

（6）操作参数设置

1）刀具参数设置。如图 8-35 所示，在"操作参数"的"刀具"选项卡中设置"切削直径"为 2mm，"轴肩长度"为 30mm。

2）进给参数设置。切换到"F/S（进给量）"选项卡，修改主轴速度为 1 200r/min。

图 8-34 操作特征选择

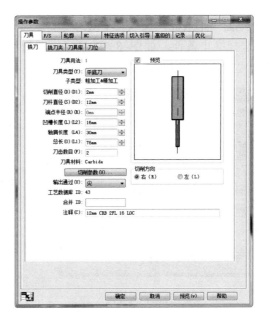

图 8-35 刀具参数设置

（7）生成刀路轨迹

右击操作树中的"轮廓铣削"，在弹出的快捷菜单中选择"生成刀路轨迹"。

（8）模拟刀具轨迹

如图 8-36 所示，选择左上角的"模拟刀具轨迹"，单击"模拟刀具轨迹"工具栏中的"播放"按钮观看铣削过程模拟。关闭"刀具路径模拟"工具栏。

4．槽铣加工

（1）新建槽特征

单击左上角的  按钮切换到 CAMWorks 特征树，如图 8-37 所示，右击设计树中的"铣削零件设置 1"，在弹出的快捷菜单中选择"新建 2.5 轴特征"，弹出 2.5 轴特征向导界面，可利用特征向导设置以下参数。

图 8-36 刀具轨迹模拟

图 8-37 新建 2.5 轴特征

1）特征和截面定义。如图 8-38 所示，设置特征"类型"为"槽"，将左下侧列表框中加工轮廓草图"sketch2"选入右下侧的"实体选择"列表框中，单击"下一步"按钮。

2）选择终止条件。如图 8-39 所示，设置"类型"为"直到面"，然后单击选中槽底面，单击"下一步"按钮。

图 8-38　特征和截面定义

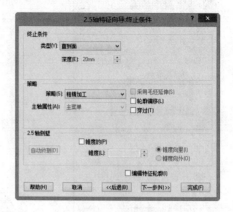
图 8-39　选择终止条件

3）岛屿设定。如图 8-40 所示，单击"岛屿图素"列表框的"添加"按钮，在图形区单击岛屿顶面，单击"完成"按钮，再单击"关闭"按钮完成 2.5 轴特征添加。

图 8-40　岛屿设定

（2）新建槽加工操作

如图 8-41 所示，右击操作树中的"铣削零件设置 1"，在弹出的快捷菜单中选择"新建 2.5 轴铣削操作"→"粗铣"。如图 8-42 所示，在特征列表中选择之前创建的槽特征，然后单击"确定" ✔ 按钮，自动创建操作，并弹出"操作参数"设置对话框。

（3）操作参数设置

1）刀具参数设置。在"操作参数"的"刀具"选项卡中设置"切削直径"为 2mm，"轴肩长度"为 30mm。

2）进给参数设置。切换到"F/S（进给量）"选项卡，修改"主轴速度"为 1200r/min。

（4）生成刀路轨迹

如图 8-43 所示，右击操作树中的"粗铣"，在弹出的快捷菜单中选择"生成刀路轨迹"。

（5）模拟刀具轨迹

如图 8-44 所示，选择左上角的"模拟刀具轨迹"，单击"模拟刀具轨迹"工具栏中的

"播放"按钮观看铣削过程模拟。

图 8-41　插入 2.5 轴铣削操作

图 8-42　操作特征选择

图 8-43　刀具参数设置

图 8-44　刀具轨迹模拟

5. 轮廓与槽铣加工后处理

（1）模拟刀具轨迹

如图 8-45 所示，右击操作树中的"铣削零件设置"，在弹出的快捷菜单中选择"模拟刀具轨迹"，单击"模拟刀具轨迹"工具栏上的"播放"按钮观看铣削过程模拟，如图 8-46 所示。

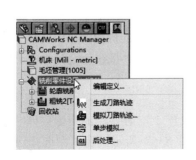

图 8-45　刀具参数设置

图 8-46　刀具轨迹模拟

（2）输出 G 代码

单击"后置处理"按钮，选择生成的文件的保存位置并输入文件名"轮廓与槽铣加工"，选择"播放"来输出 G 代码文件。

8.2.2　多轴铣削加工

CAMWorks 多轴加工可使各种车间和加工设备利用 4/5 轴机床来提高产量，提高设备柔性和产品质量。CAMWorks 4/5 轴同步加工机床可以生成 3 轴机床不能加工的复杂形状的刀具轨迹，包括高性能的汽车面板精加工、叶片、涡轮叶片、切削刀具、5 轴修边以及在模具制造中的侧向分型面的加工。

1．问题描述

下面以图 8-47 所示的零件模型为例说明生成多轴铣削刀具路径和 NC 代码主要步骤。

1）建立或打开零件模型文件。

2）选择机床。

3）定义毛坯。

4）插入零件设置和定义可加工特征。

5）生成加工计划和调整加工参数。

6）生成刀具轨迹路径和运行仿真。

7）刀具轨迹后置处理。

图 8-47　多轴铣削加工零件

2．多轴铣削加工编序

（1）打开零件文件

打开"资源文件"中的"MILL3AXII_4.sldprt"零件文件。

（2）选择机床

单击左上角的 <kbd>CN</kbd> 按钮切换到 CAMWorks 特征树，双击其中的"机床" <kbd>图标</kbd>。在图 8-48 所示的"机床"对话框中选中可用机床列表中"Mill 4 Axis"铣床，单击"选择"按钮，切换到"旋转轴"选项卡，在图形区选择右侧竖直边线为旋转轴，选择前面为参考平面，单击"确定"按钮。

（3）毛坯管理

双击特征树中的"毛坯管理"，弹出"毛坯管理器"对话框，单击"确定" ✔ 按钮生成默认毛坯。

（4）新建铣削零件设置

如图 8-49 所示，右击特征树中的"毛坯管理"，在弹出的快捷菜单中选择"新建铣削零件设置"，如图 8-50 所示，单击工件上表面，单击"确定" ✔ 按钮，设计树中出现"铣削零件设置 1"。

（5）新建多轴面特征

如图 8-51 所示，右击设计树中的"铣削零件设置 1"，在弹出的快捷菜单中选择"新建多轴面特征"，弹出"新多曲面特征"对话框。如图 8-52 所示，在"面选择选项"中选择"所有面" <kbd>图标</kbd> 按钮选中所有的 79 个面，然后，在图形区中选择去除不需要加工的 7 个面，只保留要加工内腔 72 个面，单击"确定" ✔ 按钮。

图 8-48　铣床选择与旋转轴定义

图 8-49　新建铣削零件设置

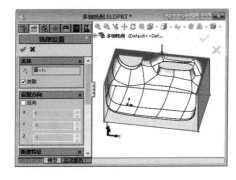

图 8-50　确定加工方向

图 8-51　新建多轴面特征

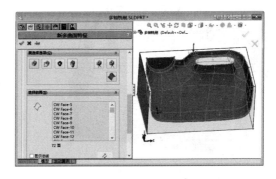

图 8-52　多曲面特征创建

（6）轮廓加工操作设置

如图 8-53 所示，右击操作树中的"铣削零件设置 1"，在弹出的快捷菜单中选择"新建多轴铣削操作"→"多轴铣削"。如图 8-54 所示，在"特征列表"中选择之前创建的多表面特征，然后单击"确定" ✔ 按钮，弹出"操作参数"设置对话框，单击"确定"按钮接受默认的刀具参数、进给参数等设置。

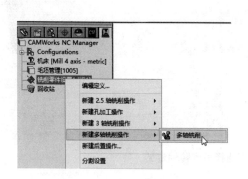

图 8-53　插入 2.5 轴铣削操作

图 8-54　操作特征选择

（7）生成刀路轨迹

右击操作树中的"多轴铣削"，在弹出的快捷菜单中选择"生成刀路轨迹"，生成图 8-55所示的刀路轨迹。

（8）模拟刀具轨迹

选择左上角的"模拟刀具轨迹"，单击模拟刀具轨迹工具栏中的"播放"按钮观看铣削过程模拟，如图 8-56 所示。

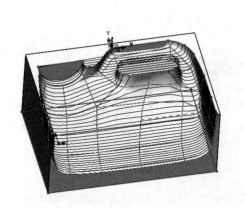

图 8-55　刀具轨迹

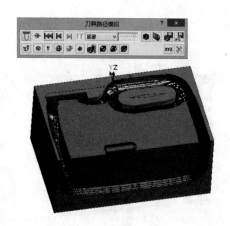

图 8-56　刀具轨迹模拟

（9）输出 G 代码

单击"后置处理"按钮，选择生成的文件的保存位置并输入文件名"轮廓与槽铣加工"，选择"播放"来输出 G 代码文件。

8.2.3　手柄车削加工

CAMWorks 车削 2D 加工系统中包括车削粗/精加工、沟槽粗/精加工、钻孔、螺纹、切断等多种特征加工。下面以图 8-57 所示手柄为例，介绍该自动识别特征和交互识别特征的车削加工。

1. 自动识别特征车削入门

1）零件建模。在 SolidWorks 中打开"资源文件"中的零件"手柄.sldprt"，如图 8-57 所示。

2）机床选择。如图 8-58 所示，切换到 CAMWorks 特征树，并双击其中的"机床"，在"机床"对话框中选中可用机床列表中的"Turn Single Turrent"，单击"选择"按钮，再单击"确定"按钮。

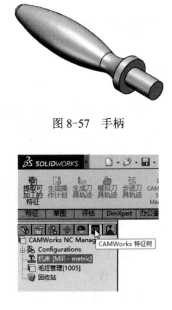

图 8-57　手柄

图 8-58　车床选择

3）提取加工特征。单击 CAMWorks "特征"工具栏中的"提取可加工的特征"按钮，自动提取可加工的特征，并在 CAMWorks 特征树中显示。

4）生成操作计划。单击 CAMWorks "特征"工具栏中的"生成操作计划"按钮，自动为提取的加工特征生成操作计划，并在 CAMWorks 操作树中显示。

5）生成刀具轨迹。单击 CAMWorks "特征"工具栏中的"生成刀具轨迹"按钮，自动按操作计划生成刀具轨迹。

6）模拟刀具轨迹，如图 8-59 所示，单击 CAMWorks 特征工具栏中的"模拟刀具轨迹"按钮，单击模拟刀具轨迹工具栏中的"播放"按钮观看铣削过程模拟。

7）输出 G 代码。单击 CAMWorks "特征"工具栏中的"后置处理"按钮，自动为提取的加工特征生成操作计划，并在 CAMWorks 操作树中显示。

单击"后置处理"按钮，选择生成的文件的保存位置并输入文件名"平面凸轮加工"，选择"播放"来输出 G 代码文件。

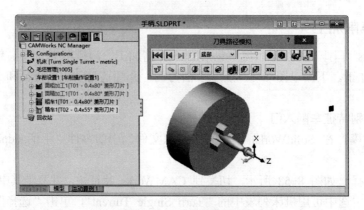

图 8-59 刀具轨迹模拟

2. 交互识别特征车削

交互识别特征的车削加工包括实体毛坯设置、特征的生成以及精车操作等。

（1）零件建模

在 SolidWorks 中打开如图 8-57 所示零件"手柄.sldprt"。

（2）机床选择

单击左上角的 按钮切换到 CAMWorks 特征树，双击其中的"机床"。在"机床"对话框中选中可用机床列表中"Turn Single Turrent"车床，单击"选择"按钮，再单击"确定"按钮。

（3）毛坯管理

对于数控车床加工系统，被加工工件的毛坯形状可设置为圆柱体或型材，CAMWorks 系统会自动识别出在 X 坐标方向上，包括该实体零件半径的最小外形轮廓尺寸和 Z 坐标方向上该实体零件的最小外形长度轮廓尺寸数据，并生成以线框状态显示的毛坯实体，用户根据工作需要可对该毛坯实体在 X-Z 两个坐标方向上设置用于车削加工的毛坯尺寸值。

具体设置方法：双击特征树中的"毛坯管理"，弹出"毛坯管理器"对话框，如图 8-60 所示，单击"确定" 按钮接受默认的材料（1005）和毛坯类型（圆条形毛坯）设置。

（4）新建车削设置

右击特征树中的"毛坯管理"，在弹出的快捷菜单中选择"新建车削设置，如图 8-61 所示，单击"确定" 按钮，设计树中出现"车削设置 1"。

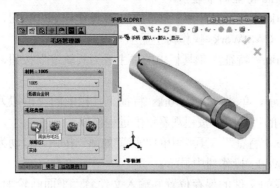

图 8-60 "毛坯管理器"对话框

图 8-61 新建车削设置

（5）新建车削特征

如图 8-62 所示，右击设计树中的"车削设置 1"，在弹出的快捷菜单中选择"新建车削特征"，弹出"新建车削特征"对话框，选中"零件轮廓"和所选实体下面的"窗选"，在图形区选择零件上半部分（注意不包括中线），单击"确定" ✔ 按钮创建车削特征。

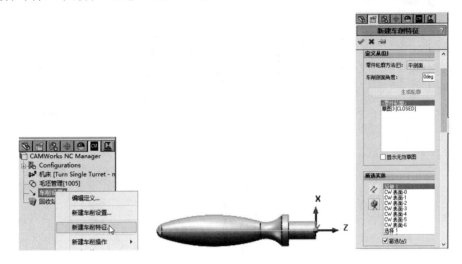

图 8-62　新建车削设置

（6）新建车削操作

在左上角的选项卡从"CAMWorks 特征树" （包含加工"特征"）切换到"CAMWorks 操作树" 。如图 8-63 所示，右击操作树中的"车削设置 1"，在弹出的快捷菜单中选择"新建车铣削操作"→"精车"。如图 8-64 所示，在"特征列表"中选择之前创建"OD 特征 1"，然后单击"确定" ✔ 按钮，自动创建操作，并弹出"操作参数"对话框。

（7）操作参数设置

1）刀具选择。如图 8-65 所示，在"操作参数"对话框的"刀具"选项卡"刀具库"中选中"01 号刀具"，单击"选择"按钮。

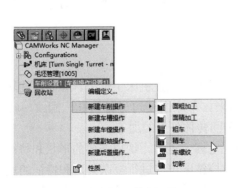

图 8-63　插入精车操作

图 8-64　操作特征选择

2）引入方式设置。如图 8-66 所示，单击切换到"引入/引导"选项卡，修改"引入类型"为"垂直"，单击"确定"按钮。

图 8-65　刀具参数设置

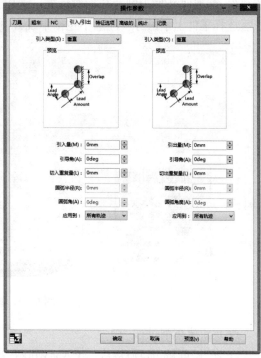

图 8-66　切入方式设置

（8）生成刀具轨迹

单击 CAMWorks 特征工具栏中的"生成刀具轨迹"按钮，自动按操作计划生成刀具轨迹。

（9）模拟刀具轨迹

单击 CAMWorks 特征工具栏中的"模拟刀具轨迹"按钮，单击模拟刀具轨迹工具栏上的"播放"按钮观看铣削过程模拟。

（10）输出 G 代码

单击 CAMWorks 特征工具栏中的"后置处理"按钮，自动为提取的加工特征生成操作计划，并在 CAMWorks 操作树中显示。

8.2.4　车轮铣削与车削加工对比

车削用来加工回转体零件，把零件通过三爪卡盘夹在机床主轴上，并高速旋转，然后用车刀按照回转体的母线走刀，切出产品外形来。车床上还可进行内孔、螺纹、咬花等的加工，后两者为低速加工。数控车床可进行复杂回转体外形的加工。

铣削是将毛坯固定，用高速旋转的铣刀在毛坯上走刀，切出需要的形状和特征。传统铣削较多地用于铣轮廓和槽等简单外形特征。数控铣床可以进行复杂外形和特征的加工。铣镗加工中心可进行三轴或多轴铣镗加工，用于加工模具、薄壁复杂曲面、人工假体、叶片等。

下面以铁路客车用辗钢整体车轮为例对 CAMWorks 铣削与车削加工进行对比。

1．3 轴铣削加工编序

（1）加工准备

1）打开零件文件。打开"资源文件"中的"辗钢整体车轮.sldprt"零件文件。

2）毛坯管理。双击特征树中的"毛坯管理"，弹出的"毛坯管理器"对话框，单击"确定" ✔ 按钮生成默认毛坯。

（2）外壳面加工

1）新建铣削零件设置。如图 8-67 所示，右击特征树中的"毛坯管理"，在弹出的快捷菜单中选择"新建铣削零件设置"，如图 8-68 所示，单击轮毂孔边线，单击"确定" ✔ 按钮，设计树中出现"铣削零件设置 1"。

图 8-67　新建铣削零件设置

图 8-68　确定加工方向

2）新建多轴面特征。如图 8-69 所示，右击设计树中的"铣削零件设置 1"，在弹出的快捷菜单中选择"新建多轴面特征"，弹出"新多曲面特征"对话框。如图 8-70 所示，依次单击选择车轮内壳面，单击"确定" ✔ 按钮。

图 8-69　新建多轴面特征

图 8-70　多曲面特征创建

3）轮廓加工操作设置。如图 8-71 所示，右击操作树中的"铣削零件设置 1"，在弹出的快捷菜单中选择"新建 3 轴铣削操作"→"区域间隙"。如图 8-72 所示，在特征列表中选择之前创建的多表面特征，然后单击"确定" ✔ 按钮，自动创建操作，并弹出"操作参数"设置对话框，单击"确定"按钮接受默认的刀具参数、进给参数等设置。

4）生成刀路轨迹。右击操作树中的"多轴铣削"，在弹出的快捷菜单中选择"生成刀路轨迹"，生成刀路轨迹。

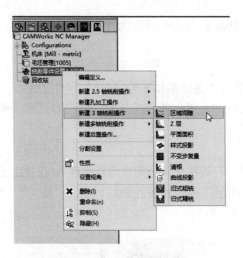

图 8-71 插入 3 轴铣削操作

图 8-72 操作特征选择

（3）内壳面加工

重复外壳面加工的各个步骤完成内壳面加工。

（4）后处理

1）模拟刀具轨迹。如图 8-73 所示，右击操作树中的"铣削零件设置"，在弹出的快捷菜单中选择"模拟刀具轨迹"，单击"模拟刀具轨迹"工具栏上的"播放"按钮观看铣削过程模拟。

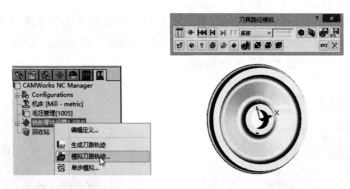

图 8-73 刀具轨迹模拟

2）输出 G 代码。单击"后置处理"按钮，选择生成的文件的保存位置并输入文件名"轮廓与槽铣加工"，选择"播放"来输出 G 代码文件。

2. 车削加工编序

（1）加工准备

1）零件建模。打开"资源文件"中的"辗钢整体车轮.sldprt"零件文件。

2）机床选择。单击左上角的 按钮切换到 CAMWorks 特征树，双击 "机床"。在弹出的"机床"对话框中选中可用机床列表中的"Turn Single Turrent"，单击"选择"按钮，再单击"确定"按钮。

3）毛坯管理。双击特征树中的"毛坯管理"，弹出的"毛坯管理器"对话框，如图 8-74

所示,选择"毛坯类型"为 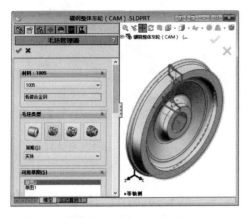,选中"可用草图"中的"草图 2",单击"确定" ✔ 按钮。

（2）车踏面

1）新建车削设置。如图 8-75 所示,右击特征树中的"毛坯管理",在弹出的快捷菜单中选择"新建车削设置,单击"确定"按钮,设计树中出现"车削设置 1"。

图 8-74　毛坯管理　　　　　　　　　　图 8-75　新建车削设置

2）新建车削特征。如图 8-76 所示,右击设计树中的"车削设置 1",在弹出的快捷菜单中选择"新建车削特征",弹出"新建车削特征"对话框,在图形区选择踏面草图线,单击"确定" ✔ 按钮创建车削特征。

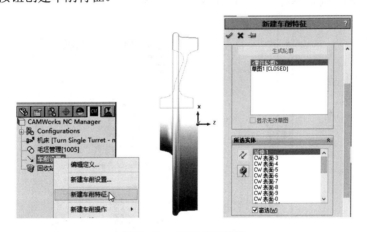

图 8-76　　新建车削设置

3）新建粗车操作。在左上角的选项卡从"CAMWorks 特征树" 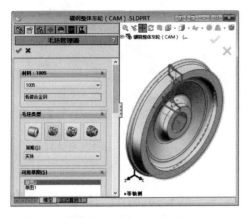切换到"CAMWorks 操作树" 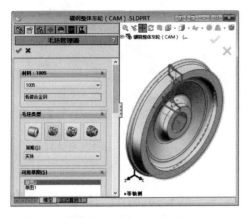。如图 8-77 所示,右击操作树中的"车削设置 1",在弹出的快捷菜单中选择"新建车削操作"→"粗车"。如图 8-78 所示,在"特征列表"中选择之前创建"OD 特征 1",然后单击"确定" ✔ 按钮,自动创建操作,并弹出"操作参数"设置对话框,单击"确定"按钮接受默认加工参数。

4）新建精车操作。重复上述步骤新建精车操作。

5）生成刀具轨迹。单击 CAMWorks"特征"工具栏中的"生成刀具轨迹",自动按操作计划生成刀具轨迹。

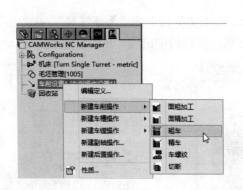

图 8-77 插入粗车操作　　　　　　图 8-78 操作特征选择

（3）车外壳面

1）新建车削设置。在左上角的选项卡从"CAMWorks 操作树" 切换到"CAMWorks 特征树" ，右击特征树中的"毛坯管理"，在弹出的快捷菜单中选择"新建车削设置"，单击"确定"按钮✔，设计树中出现"车削设置 2"。

2）新建车削特征。右击设计树中的"车削设置 2"，在弹出的快捷菜单中选择"新建车削特征"，弹出"新建车削特征"对话框，如图 8-79 所示，选择"特征类型"为"ID 特征"，在图形区选择外壳草图线，单击"确定"✔ 按钮创建车削特征。

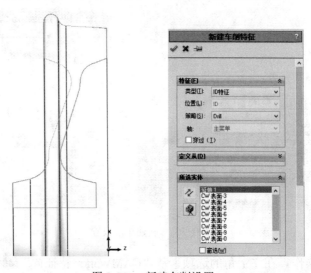

图 8-79 新建车削设置

3）新建槽粗加工削操作。在左上角的选项卡中，从"CAMWorks 特征树" 切换到"CAMWorks 操作树" 。如图 8-80 所示，右击操作树中的"车削设置 2"，在弹出的快捷菜单中选择"新建车槽操作"→"槽粗加工"。如图 8-81 所示，在特征列表中选择之前创建 ID 特征，然后单击"确定"✔ 按钮，自动创建操作，并弹出"操作参数"设置对话框，单击"确定"按钮接受默认加工参数。

图 8-80　插入槽粗加工操作　　　　　　　图 8-81　操作特征选择

4）新建槽精加工操作。重复上述步骤新建槽精加工操作。

5）生成刀具轨迹。单击 CAMWorks "特征"工具栏中的"生成刀具轨迹"，自动按操作计划生成刀具轨迹。

（4）镗轮毂孔

1）新建车削设置。在左上角的选项卡从"CAMWorks 操作树"  切换到"CAMWorks 特征树" ，右击特征树中的"毛坯管理"，在弹出的快捷菜单中选择"新建车削设置"，单击"确定" ✔ 按钮，设计树中出现"车削设置3"。

2）新建车削特征。右击设计树中的"车削设置3"，在弹出的快捷菜单中选择"新建车削特征"，弹出"新建车削特征"对话框，如图 8-82 所示，选择"特征类型"为"ID 特征"，在图形区选择轮毂孔柱面，单击"确定" ✔ 按钮创建车削特征。

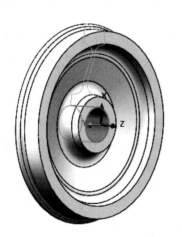

图 8-82　新建车削特征

3）新建粗镗加工操作。在左上角的选项卡从"CAMWorks 特征树"  切换到"CAMWorks 操作树" 。如图 8-83 所示，右击操作树中的"车削设置3"，在弹出的快捷菜单中选择"新建车镗操作"→"粗镗"。如图 8-84 所示，在"特征列表"中选择之前创建"ID 特征"，然后单击"确定" ✔ 按钮，自动创建操作，并弹出"操作参数"设置对话框，

单击"确定"按钮接受默认加工参数。

4）新建精镗加工操作。重复上述步骤新建精镗加工操作。

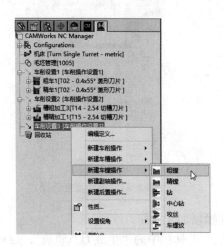

图 8-83　插入粗镗操作

图 8-84　操作特征选择

5）生成刀具轨迹。单击 CAMWorks 特征工具栏中的"生成刀具轨迹"按钮，自动按操作计划生成刀具轨迹。

（5）车内壳面

1）新建车削设置。在左上角的选项卡，从"CAMWorks 操作树" 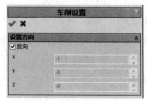 切换到"CAMWorks 特征树" ，右击特征树中的"毛坯管理"，在弹出的快捷菜单中选择"新建车削设置"，如图 8-85 所示，选中"反向"复选框，单击"确定" 按钮，设计树中出现"车削设置4"。

图 8-85　新建车削设置

2）新建车削特征。右击设计树中的"车削设置 4"，在弹出的快捷菜单中选择"新建车削特征"，弹出"新建车削特征"对话框，如图 8-86 所示，选择"特征类型"为"ID 特征"，在图形区选择内壳面各面，单击"确定" 按钮创建车削特征。

3）新建槽粗加工操作。在左上角的选项卡从"CAMWorks 特征树" 切换到"CAMWorks 操作树" 。右击操作树中的"车削设置 4"，在弹出的快捷菜单中选择"新建车槽操作"→"槽粗加工"，在特征列表中选择之前创建 ID 特征，然后单击"确定" 按钮，自动创建操作，并弹出"操作参数"设置对话框，单击"确定"按钮接受默认加工参数。

4）生成刀具轨迹。单击 CAMWorks 特征工具栏中的"生成刀具轨迹"按钮，自动按操作计划生成刀具轨迹。

（6）后处理

1）模拟刀具轨迹。单击 CAMWorks 工具栏中的"模拟刀具轨迹"按钮，如图 8-87 所示单击模拟刀具轨迹工具栏上的"截面视图"为"全部"，选择"四分之三"，单击"播放"按钮观看铣削过程模拟。

2）输出 G 代码。单击 CAMWorks 特征工具栏中的"后置处理"按钮，自动为提取的加工特征生成操作计划，并在 CAMWorks 操作树中显示。

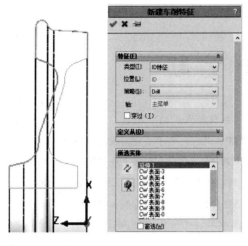

图 8-86 操作特征选择

图 8-87 刀具路径模拟

习题 8

习题 8-1 回答下列问题。

1）简述数控编程的内容和步骤。

2）CAMWorks 的主要功能有哪些?

习题 8-2 图 8-88 所示的两工件厚度均为 10mm，编写外轮廓加工程序。

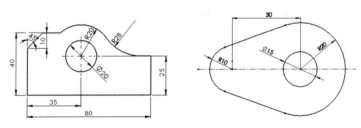

图 8-88 外轮廓加工

习题 8-3 编写图 8-89 所示的两工件的铣内腔程序。

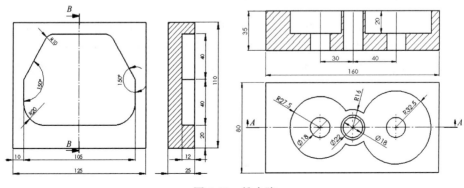

图 8-89 铣内腔

参 考 文 献

[1] 赵罘，王平，张云杰. SolidWorks 2008 中文版典型范例[M]. 北京：清华大学出版社，2008.

[2] 高广镇. SolidWorks 2008 机械设计一册通[M]. 北京：电子工业出版社，2009.

[3] 胡仁喜. SolidWorks 2008 中文版标准实例教程[M]. 北京：机械工业出版社，2008.

[4] 商跃进，曹茹. SolidWorks 三维设计及应用教程[M]. 北京：机械工业出版社，2008.

[5] 窦忠强，续丹，陈锦昌. 工业产品设计与表达[M]. 北京：高等教育出版社，2006.

[6] 江洪，陆利锋，魏峥. SolidWorks 动画演示与运动分析实例[M]. 北京：机械工业出版社，2006.

[7] 郑长松，谢昱北，郭军. SolidWorks 2006 中文版机械设计高级应用实例[M]. 北京：机械工业出版社，2006.

[8] 江洪，郦祥林，李仲兴. SolidWorks 2006 基础教程[M]. 2 版. 北京：机械工业出版社，2006.

[9] 胡仁喜，郭军，王佩楷. SolidWorks 2005 机械设计及实例解析[M]. 北京：机械工业出版社，2005.

[10] 实威科技. SolidWorks 2004 原厂培训手册[M]. 北京：中国铁道出版社，2004.

[11] 江洪，陆利锋，魏峥. SolidWorks 动画演示与运动分析实例[M]. 北京：机械工业出版社，2006.

[12] 张晋西，郭学琴. SolidWorks 及 COSMOSMotion 机械仿真设计[M]. 北京：清华大学出版社，2007.

[13] 刘国良，刘洛麒. SolidWorks 2006 完全学习手册——图解 COSMOSWorks [M]. 北京：电子工业出版社，2006.

[14] 杨岳，罗意平. CAD/CAM 原理与实践[M]. 北京：中国铁道出版社，2002.

[15] 林政忠，等. MicroStation CAD/CAE/CAM 整合应用[M]. 北京：科学出版社，2001.

[16] 祝效华，等. CAD/CAE/CPD/VPT/SC 软件协作技术[M]. 北京：中国水利水电出版社，2004.

[17] 张宏文，吴杰. 传动齿轮接触应力的有限元分析[J]. 石河子大学学报（自然科学版），2008，26(2)：238-240.

[18] 曹茹. SolidWorks 2009 三维设计及应用教程[M]. 2 版. 北京：机械工业出版社，2010.

[19] 于惠力，冯新敏. 连接零部件设计与实用数据速查[M]. 北京：机械工业出版社，2011.

[20] 曹茹，商跃进. 货车车轮制动热疲劳数值仿真分析[J]. 中国工程机械学报，2012，8(3)：269-273.